“十二五”职业教育国家规划教材
经全国职业教育教材审定委员会审定

# 宠物内科病

张　磊　石冬梅　主　编

化学工业出版社
·北京·

## 内容提要

本书以宠物临床中常见的实际内科病例为主，共设计了8个教学模块、22个项目化教学内容，其中涵盖100项学习任务、14项专项技能训练。本书采用“案例式任务驱动”思路编写，每项学习任务从具体的病例（任务导入）开始，引导学生根据临床症状明确诊断宠物疾病（任务分析），通过理解疾病概念和病因（必备知识），从而给出科学有效的治疗方案，流程与内容设置符合宠物疾病临床诊治实际和规律，可操作性强，便于学生学以致用。

本书结合宠物内科病临床诊疗的实际需要，注重疾病诊断和治疗技能的介绍，内容实用、新颖、通俗易懂，可作为高职高专及中高职贯通宠物类专业师生的教材，也可供兽医与宠物临床工作人员以及相关科研技术人员参考。

**图书在版编目(CIP)数据**

宠物内科病/张磊，石冬梅主编．—北京：化学工业出版社，2016.2（2024.7重印）
“十二五”职业教育国家规划教材　经全国职业教育教材审定委员会审定
ISBN 978-7-122-25868-7

Ⅰ.①宠…　Ⅱ.①张…②石…　Ⅲ.①宠物-兽医学-内科学-高等职业教育-教材　Ⅳ.①S856

中国版本图书馆CIP数据核字（2015）第299170号

责任编辑：梁静丽　　文字编辑：李　瑾
责任校对：边　涛　　装帧设计：史利平

出版发行：化学工业出版社（北京市东城区青年湖南街13号　邮政编码100011）
印　　装：北京盛通数码印刷有限公司
787mm×1092mm　1/16　印张13　字数329千字　2024年7月北京第1版第9次印刷

购书咨询：010-64518888　　售后服务：010-64518899
网　　址：http://www.cip.com.cn
凡购买本书，如有缺损质量问题，本社销售中心负责调换。

定　价：30.00元

# 《宠物内科病》编写人员名单

**主　编**　张　磊　石冬梅

**副主编**　皇甫和平　刘庆新　陆江宁

**编　者**　（按照姓名汉语拼音排列）

陈　爽（黑龙江农业工程职业学院）

付志新（河北科技师范学院）

皇甫和平（河南牧业经济学院）

姜　汹（湖北三峡职业技术学院）

李四豪（郑州小俏皮动物医院）

李红飞（河南牧业经济学院）

刘庆新（江苏农林职业技术学院）

陆江宁（黑龙江农业职业技术学院）

孔春梅（保定职业技术学院）

石冬梅（河南牧业经济学院）

张　磊（河南牧业经济学院）

赵　彬（江苏农林职业技术学院）

赵　瑜（信阳农林学院）

郑全芳（信阳农林学院）

近年来，在城市宠物热的带动下，与宠物有关的饲养、美容与疾病诊治已发展成为一类新兴的热门产业，高职高专宠物类专业建设跟随宠物热市场应运而生。宠物内科病是高职高专宠物养护与疫病防治专业四大临床重点课程之一，主要讲述宠物内科疾病诊断与治疗的相关知识和技能，是该专业学生就职宠物疾病防治岗位必修课程。本书是在宠物内科病课程建设与改革的经验基础上，结合《国家中长期教育改革发展规划纲要（2010—2020年）》和《国家高等职业教育发展规划（2011—2015年）》文件精神，以及教育部对职业教育国家规划教材的要求进行编写的。

本书在编写之初，得到了多所院校宠物医院内科医师的指导和支持，他们参与制订了本书的大纲与内容框架，并提供了丰富的临床病例。所以本书在编写时一改传统模式，以符合现代高职高专教学改革和教学目标为重点，采用“案例式任务驱动”思路编写，将宠物内科疾病相关的知识与技能分为8个模块，22个项目化教学内容，其中涵盖100项学习任务、14项专项技能训练；每项学习任务从具体的病例（任务导入）开始，启发学生根据临床症状明确诊断宠物疾病（任务分析），引导学生结合疾病概念和病因（必备知识），从而给出科学有效的治疗方案，正确实施治疗及预防，流程与内容设置符合宠物疾病临床诊治实际和规律，可操作性强，便于读者学以致用，以顺利进入宠物临床相关岗位从业。

本书内容在广泛调研课程内容及宠物临床实际的基础上选取组织：强化了宠物临床上常见的疾病，如消化系统疾病、呼吸系统疾病；增加了最近几年在宠物临床上发病率和增长比较快的疾病，如血液和心脏疾病、内分泌系统疾病等；弱化了临床上不常见和日益减少的疾病，如营养代谢病和中毒病；重点突出临床上高发的疾病，客观、全面、翔实地反映了目前国内外宠物临床内科疾病的新进展。

为满足职业教育信息化教学的需要，在教材编写时本书配套建设了电子课件，可登录至 www.cipedu.com.cn 下载使用。

本书的编写得到了编者单位及相关宠物医院的大力支持，并参考了同行及前辈、专家的文献和资料，才得以顺利成稿。在此，编者对相关个人和单位表示诚挚的谢意！

由于编写水平和能力有限，书中疏漏与不足之处在所难免，真诚希望广大师生和读者批评指正。

**编者**

**2015年12月**

目
录

# 模块一　宠物消化器官疾病

【模块介绍】

本模块主要阐述了犬、猫常见的消化系统疾病，分为口、唾液腺、咽和食道疾病、胃肠疾病，肝、胰及腹膜疾病三大部分。主要包括口炎、齿龈炎、牙结石、舌炎、咽炎、食管炎、食管梗阻、胃内异物、胃扩张、胃炎、便秘、胃肠炎、肝炎、胰腺炎、腹水等疾病。通过本模块的学习，要求了解重要消化系统疾病发生的机制；熟悉主要消化系统疾病发生的原因、临床表现、转归、诊断及治疗的知识点；重点掌握犬、猫主要消化系统疾病的诊断与治疗操作技能，并具备在实践中熟练应用上述常见消化系统疾病知识和相关技能的能力。

## 项目一　口、唾液腺、咽和食道疾病

### 任务一　口炎的诊断与治疗

任务导入

京巴犬，7岁，公，临床表现流涎，口腔恶臭，打开口腔可见黏膜肿胀、发红，有大量溃疡灶，已有2日不食，精神不好。

任务分析

根据京巴犬临床表现，最终诊断为口炎。

**1. 口炎症状有哪些**

(1) 采食、咀嚼发生障碍　咀嚼缓慢小心，拒食粗硬食物，喜食流质或较软的肉类，有时在咬较硬食物时，常突然吐出食物并发出惊叫声，重则完全不敢咀嚼。

(2) 流涎　口角常附有白色泡沫，或呈牵丝状流出，重剧病例可出现大量流涎，并常混有血液或脓汁。

(3) 口腔见有黏膜潮红、肿胀，口温增高，感觉过敏，呼出气有腥臭或恶臭味。

(4) 水泡性口炎　舌、唇、齿龈、上颚及颊等处有时可见大小不等的水泡。

(5) 溃疡性口炎　黏膜可出现糜烂、坏死或溃疡。患病宠物表现口臭、口痛、食欲不振或厌食、多涎。宠物可能有长期的牙周病，而且反复进行预防性治疗效果不佳。口腔检查发现口腔黏膜广泛充血、严重的牙龈炎并伴有牙龈退缩。黏膜经常发生溃疡和坏死。

(6) 若为霉菌感染　可见有白色或灰白色稍高于口腔黏膜的菌斑。患病宠物表现出长期的吞咽困难、食欲不振或厌食、多涎、口臭，有时在皮肤黏膜交界处有明显的损伤。检查可发现嘴角处溃疡结痂，慢性牙龈炎、牙龈退缩，有些宠物有舌炎（舌部以白色斑块样病变为特征）。可能见到不同程度的耳炎、外阴阴道炎和甲沟炎。

（7）中毒性口炎　重金属铊中毒的早期宠物只表现出精神萎靡等非特异性症状。随后在脚爪、口腔黏膜、唇和结膜上出现散在性的深色红斑，发展为渗出性炎。抗凝血灭鼠药中毒表现为口腔内出血或口腔黏膜瘀血，亦或两种情况皆有。止痛剂（对乙酰氨基酚）中毒引起的口炎，在口腔和牙龈上有蓝色着色斑。

（8）长期慢性口炎　可因咀嚼不充分而致消化不良，逐渐消瘦。

**2. 口炎如何诊断**

根据病史调查和临床症状可做出诊断。但应注意与咽炎、唾液腺炎、食道阻塞及某些中毒病相区别。对于真菌性口炎和细菌感染性口炎可通过病料分离培养来确诊。

猫慢性口炎的诊断，需在增生的组织处取标本进行组织学检查，经常可以发现溃疡的黏膜下有致密的炎性细胞浸润，以浆细胞、中性粒细胞、淋巴细胞和组织细胞占优势为特征，称为猫淋巴细胞性龈口炎。常规实验室检查对诊断和找到准确的病因没有任何帮助。病程较长的病例可能会出现轻微贫血；有些猫的白细胞增多，同时伴有嗜中性粒细胞或嗜酸性粒细胞增多，而另外一些表现为淋巴细胞减少。血清生化诊断基本正常，但许多患猫的总蛋白有所升高。电泳发现与慢性炎症相关的球蛋白区内多克隆因子升高。

## 必备知识

**1. 什么是口炎**

口炎是口腔黏膜炎症的总称，包括颚炎、齿龈炎、舌炎、唇炎等。临床上可分为卡他性口炎、水泡性口炎、溃疡性口炎及霉菌性口炎等类型，以卡他性口炎较多见。临床上以流涎、采食咀嚼障碍为特征。

**2. 口炎的病因**

（1）原发性口炎　主要由于局部受到不良刺激而引起。包括机械性因素，最常见的原因是粗硬的骨头或尖锐的牙齿、钉子、铁丝、鱼刺等物体直接损伤口腔黏膜，进而继发感染而发生口炎；化学因素如强酸、强碱、霉败食物、辛辣食物及浓度过大的刺激性药物的刺激；另外，过冷食物的冻伤、过热食物的烫伤等也可引起本病。溃疡性口炎的病因不清楚，但相信与正常犬口腔内常在菌中的梭形杆菌和螺旋体有关。免疫有缺陷的宠物口腔内菌群过度增殖，也会发生本病。

（2）继发性口炎　多见于舌伤、咽炎、鼻炎等临近器官炎症的蔓延；微量元素及维生素A缺乏；汞、铜、铅等中毒；犬瘟热、钩端螺旋体感染等传染性疾病。

## 治疗方案

**1. 口炎的治疗措施**

（1）消除病因　首先应找出病因，并尽可能加以排除，必要时在全身麻醉后进行，如拔除口腔黏膜上的异物、修整锐齿等。

（2）治疗

① 卡他性口炎和水泡性口炎　可用1%食盐水、0.1%高锰酸钾溶液、2%硼酸溶液等冲洗口腔，然后涂布碘甘油，病毒灵和磺胺嘧啶钠溶液，中药冰硼散。

② 霉菌性口炎　可涂以制霉菌素软膏、1%龙胆紫溶液或B族维生素等。体质衰弱者，可用5%葡萄糖或葡萄糖盐水静脉注射。当有并发败血症危险时，要应用抗生素和磺胺类药。

③ 溃疡性口炎　需要适度清洗或拔除牙齿，清除坏死黏膜，给予广谱抗生素（林可霉

素、头孢菌素、四环素或甲硝唑）。通常需要进行长期治疗（6～8 周）。用 1.5%过氧化氢溶液进行口腔清洗可能会有一定帮助。无论是利用咽造手术、胃造手术，还是用手饲方式，给予柔软的高蛋白食物，总之需要给予营养支持，此外还应该加入多种维生素添加剂。

有些猫可能会对环孢素和金霉素注射有反应。有报道称用 $CO_2$ 激光切除病变组织效果很好。止痛剂可以帮助病猫恢复食欲以改善其营养状况。有些患猫拒绝吃干猫粮，可能因为会造成口腔过度疼痛，但尽管如此还是应该恢复坚持饲喂干猫粮，因为干猫粮对口腔健康是非常有益的。

（3）对症治疗　一般可用生理盐水、2%～3%硼酸溶液、2%～3%碳酸氢钠溶液冲洗口腔，每日 2～3 次；口臭严重时，用 0.1%高锰酸钾溶液冲洗；口腔分泌物过多时，用 1%明矾液冲洗口腔。口腔黏膜或舌面发生溃疡时，在冲洗口腔后，用 5%碘甘油或 1%龙胆紫涂布创面，每日 1～2 次。久治不愈的溃疡，可涂擦 5%～10%硝酸银溶液进行腐蚀，促进愈合。

（4）护理与饲喂　患病犬、猫喂以营养丰富又易于消化的流质食物（如牛奶、肉汤、鱼汤等）。当不能进食时，应输注葡萄糖、电解质溶液、复方氨基酸等制剂以维持营养。为增强黏膜的抵抗力和修复，可注射或口服复合维生素 B（尤其维生素 $B_2$）、维生素 C、维生素 A 制剂。

犬、猫患有口炎后，感觉十分疼痛，因此而无法自己梳理被毛，不愿进食，而且咀嚼、吞咽食物和饮水都受到很大影响。选择适当的治疗方法治疗原发病是至关重要的，如果能同时对犬、猫进行精心的护理和营养补充，它们就可以渐渐恢复。毫不夸张地说，支持性护理有时甚至可以关系到患病犬、猫的生死。

对那些不愿或不能吃东西的犬、猫，必须供应足够的能量摄入。损伤和疾病加大了对日粮中蛋白质的需要量，因为机体在组织再生与修复的过程中需要消耗更多的蛋白质，而且食物摄入不足或蛋白质过度缺失会严重抑制宠物的免疫功能。用手饲喂，喂给适口性好的食物、罐头或以肉为主的食物时，患病程度较轻微的厌食宠物会主动进食。对于严重病例，应避免给予干谷类为主的食物，因为这类食物会造成咀嚼和吞咽时的疼痛，使犬、猫恢复期延长。但口腔损伤后干粮还是非常有益的，因为它们可以降低口炎、牙龈炎的发病率和严重程度。

当口腔损伤非常严重时或总是不能愈合时，需要通过鼻或胃造口插管进行喂食。如果犬、猫因口腔损伤造成的严重疼痛不能进食而不得不进行强制性饲喂时，不妨试试插管饲喂方法。其中胃造口术是宠物最容易耐受也是最有效的。不能给患有上呼吸道疾病的猫进行鼻食道插管。

护理主要是保证患病宠物的清洁、活动，给其梳理毛发并使其感到舒适。定期梳理是非常必要的。温柔、爱、体贴（TLC）可以使许多宠物尽快恢复。

（5）处方

① 处方 1

a. 1%食盐水，或 2%～3%硼酸液，或 2%～3%碳酸氢钠溶液，或 0.1%雷佛奴尔溶液。

b. 用法：冲洗口腔，每日 2～3 次。

c. 说明：流涎较多者，用 2%明矾溶液清洗。口腔黏膜溃疡者，先用 5%硝酸盐溶液腐蚀后再用生理盐水冲洗，并在患处涂布碘甘油或抗生素软膏，每天 1～2 次。也可用西瓜霜喷涂口腔，每天 2～3 次，具有清热消肿、促进愈合的作用。在食物中添加适量的 B 族维生素、维生素 A 和微量元素，有利于本病的愈合。

② 处方 2

a. 青黛 15g，黄连 10g，黄柏 10g，桔梗 10g，薄荷 5g，儿茶 10g。

b. 用法：研磨成细末，装入细长布袋，衔于口中，两端用带子固定于头颈之上，给食时取下，每天 1 次，连用 2～3 天。或将细末直接吹入口内，每天 2～3 次。

c. 说明：中药治疗。

**2. 防治原则**

确定并消除病因，积极控制炎症的蔓延。

## 任务二　咽炎的诊断与治疗

### 任务导入

金毛犬，2 岁，公，采食减少已有 3 日，临床表现精神不佳，采食缓慢，流涎，尤其在吞咽时较为严重，吞咽时头颈伸直，不敢转头，难以下咽，咽部触诊敏感。

### 任务分析

根据病史调查以及临床症状，最终诊断为咽炎。

**1. 咽炎有哪些症状**

精神沉郁，采食缓慢，食欲减退，吞咽困难，常出现食物和饮水由口、鼻中喷出。严重时头颈伸直、不敢转头。口腔内常蓄积有多量黏稠的唾液，呈牵丝状流出，或开口时大量流出。有时伴有咳嗽、体温升高。触诊，咽部发热、肿胀，按压因疼痛而躲闪。下颌淋巴结肿胀，并压迫喉、气管，引起呼吸困难，甚至发生窒息。病犬吞咽食物困难，或将食块吐出。病犬常因吞咽障碍、采食减少而迅速消瘦。继发性咽炎，全身症状明显。

**2. 咽炎如何诊断**

诊断根据病史和临床症状可以做出诊断，应注意区别原发病和继发病。

### 必备知识

**1. 什么是咽炎**

咽炎是指咽部黏膜及其深层组织的炎症，临床上以流涎、吞咽障碍、咽部肿胀及敏感为特征。

**2. 咽炎的病因**

(1) 原发性咽炎　主要由于局部受到不良刺激而引起。机械性刺激如骨渣、鱼刺、尖锐异物以及胃管投药时动作粗暴等造成的损伤；刺激性化学物质如强酸、强碱的灼伤；过热食物和饮水的烫伤，进而引起的炎症。本病也可继发于口炎、喉炎、感冒等疾病过程中。

(2) 继发性咽炎　多继发于口炎、扁桃体炎、感冒或邻近组织器官的炎症。亦见于狂犬病、犬瘟热、犬钩端螺旋体病、犬传染性肝炎、猫泛白细胞减少症、猫尿毒症、维生素 A 缺乏症等。

**3. 咽炎的发病机理**

咽是呼吸道和消化道的共同通道，上为鼻咽、中为中咽、下为喉咽，易受到物理化学因素的刺激和损伤。咽的两侧、鼻咽和口咽部均有扁桃体，咽的黏膜组织中有丰富的血管和神经纤维分布，黏膜极其敏感。因此，当机体抵抗力降低，黏膜防卫机能减弱时，极易受到条件致病菌的侵害，导致咽黏膜的炎性反应。特别是扁桃体炎使各种微生物居留及侵入门户，容易发生炎性变化。

在咽炎的发生、发展过程中，由于咽部血液循环障碍，咽黏膜及其黏膜下组织呈现炎性浸润，扁桃体肿胀，咽部组织水肿，引起卡他性、格鲁布性或化脓性咽炎的病理反应。并因炎症的影响，咽部红、肿、热、痛和吞咽困难，因而患病宠物头颈伸展、流涎、食糜以及炎性渗出物从鼻孔溢出甚至因会厌不能完全闭合而发生误咽，引起腐败性支气管炎或肺坏疽。当炎症波及喉时，引起咽喉炎，喉黏膜受到刺激而发生频频咳嗽。

在重剧性咽炎，由于炎性产物吸收，引起恶寒战栗、体温升高，并因扁桃体高度肿胀，深部组织胶样浸润，喉口狭窄，可出现呼吸困难甚至发生窒息。

**1. 治疗措施**

(1) 加强饲养管理　将病犬、猫置于温暖、干燥、通风良好的犬、猫舍内。对轻症犬、猫，可给予流质食物，并勤饮水；对重症病例，应该禁食，静脉注射10%～25%葡萄糖液，并辅以维生素类药物或行营养性灌肠（切忌用胃管经口投药）。

(2) 消除炎症　采用0.25%普鲁卡因青霉素溶液5～10mL进行咽喉周围皮下封闭有很好疗效，或用2%～3%硼酸液蒸气吸入，或氨苄青霉素肌内注射，每日2～3次。在炎症初期，可用复方乙酸铅溶液在咽部冷敷，2～3天后改用20%硫酸镁溶液温敷，每日1次，连用2～3天。

(3) 处方

① 处方1

a. 青霉素每千克体重2万～4万国际单位（IU），地塞米松每千克体重0.1～0.5mg。

b. 用法：肌内注射，每天2次，连用3～4天。

c. 说明：抗菌消炎。

② 处方2

a. 氨苄青霉素每千克体重0.2～0.4mg，地塞米松每千克体重0.1～0.5mg，2%普鲁卡因0.5mL。

b. 用法：咽部封闭，每天2次。

c. 说明：抗菌消炎。

③ 处方3

a. 青黛1.5g、硼砂1.5g、雄黄0.2g、冰片0.5g、甘草3g，共研细末，加入白糖15g、鸡蛋清10mL、凉开水150mL。

b. 用法：调匀，一次灌服，每天1剂，连用3～5剂。

c. 说明：中药治疗，幼犬用量减半。

**2. 防治原则**

消除病因，减少咽部不良刺激。检查咽部，如有异物，可在麻醉后用镊子取出，并消毒处理。轻症的可给予流质食物，重症者要通过输液来补充营养加强护理，避免受寒、感冒，保证营养充足，提高机体抵抗力，减少本病的发生。

## 任务三　唾液腺炎的诊断与治疗

**任务导入**

贵宾犬，4岁，母，临床表现精神不振，流涎，下颌有拳头大肿胀，触诊疼痛敏感，穿刺有黏稠淡红色液体流出。体温升高，食欲不振，采食、咀嚼困难，甚至吞咽困难。

## 任务分析

根据病史调查以及临床症状，最终诊断为唾液腺炎。

**1. 唾液腺炎有哪些症状**

患病宠物精神不振，流涎，唾液腺局部肿胀，触诊敏感。体温升高，食欲不振，采食、咀嚼困难，甚至吞咽困难。不同腺体发病其肿胀发生部位有如下差异。

(1) 腮腺炎　急性腮腺炎时，患病宠物单侧或双侧腮腺部分及其周围肿胀、增温、疼痛，腮腺管口红肿。发生化脓性腮腺炎时，肿胀部分增温，触诊有波动感，并有脓液从腮腺管口流出，口腔有恶臭味；严重化脓性腮腺炎还波及颊、口腔底部及颈部，体温升高；血液学检查则发现白细胞数增多。患慢性腮腺炎时，临床症状不明显，触诊肿胀部位硬固。

(2) 颌下腺炎　颌下腺肿胀、增温、疼痛，舌下颌下腺开口处红肿。当腺体化脓时，触压舌尖旁侧、口腔底壁的颌下腺管时，有唾液流出，口腔恶臭。

(3) 舌下腺炎　口腔底部和舌下皱襞红肿，颌下间隙肿胀、增温、疼痛，腺叶突出于舌下两侧黏膜表面，最后化脓并溃疡，口腔恶臭。

**2. 唾液腺炎如何诊断**

根据唾液腺的解剖部位和临床症状，结合病史调查和病因分析，可作出诊断。但需与咽炎、腮腺下淋巴结炎或皮下蜂窝织炎、犬瘟热等进行鉴别诊断。

## 必备知识

**1. 什么是唾液腺炎**

唾液腺炎是指唾液腺及其导管发生的炎症，是腮腺炎（耳下腺）、颌下腺和舌下腺炎症的统称，包括腮腺炎、颌下腺炎和舌下腺炎。

**2. 唾液腺炎的病因**

(1) 原发性病因　多因骨渣、鱼刺、铁丝等尖锐物刺伤腮腺管（或颌下管、舌下腺导管），并受到附着的病原微生物的侵害所致；或与其他宠物玩耍、打斗时被咬伤，病原微生物直接经伤口侵入而发生感染。

(2) 继发性唾液腺炎　常继发于口炎、舌炎、唾液腺管结石、维生素 A 缺乏症、咽喉炎以及犬瘟热等疾病。

## 治疗方案

**1. 治疗措施**

应注意护理，宠物所在环境要清洁、通风；给予易消化且富有营养的食物，并注意安静休息。

中兽医称唾液腺炎为腮黄或腮肿，治以清热解毒、消黄止痛、活血排脓为主。可肌内注射板蓝根或鱼腥草注射液。内服加味消黄散（下文处方 2），外敷白及拔毒散（下文处方 3），颌下腺炎可口服加味黄连栀子汤。(见下处方 4)

(1) 处方 1

① 青霉素每千克体重 2 万～4 万国际单位。

② 用法：稀释、溶解后，肌内注射，每天 2 次，连用 3～5 天。

③ 说明：抗菌消炎。

(2) 处方 2

①知母、黄芩各 3g，栀子、大黄、连翘各 4g，黄药子、贝母、白药子、郁金、白芷、甘草、升麻各 2g，朴硝、生石膏各 10g。

②用法：水煎去渣，加蜂蜜 20g，蛋清 1 个，同调，一次内服。

③说明：中药治疗。

(3) 处方 3

① 白及 3g，白蔹 3g，白矾 2g，大黄 3g，雄黄 2g，黄柏 2g，木鳖子 1g。

② 用法：共研细末，用鸡蛋清调成糊状，涂敷患部。

③ 说明：中药治疗，消肿。

(4) 处方 4

① 黄连 1g，栀子、连翘、板蓝根各 3g，知母、薄荷、黄芩、甘草各 2g，大黄 4g。

② 用法：水煎去渣，一次内服。

③ 说明：中药治疗。

**2. 防治原则**

患病初期着重消炎，可在局部用冷水或冰块（外包毛巾）进行冷敷，以抑制渗出，并减轻局部热痛反应；或在肿胀部位的皮肤用 5%酒精温敷后，涂擦碘甘油或鱼石脂软膏；并应用抗生素或磺胺类药物等抗菌药物。热痛不明显时，可于患处温敷，以促进炎性渗出物的消散、吸收，达到消肿目的。如已化脓，应切开排脓，用 3%过氧化氢或 0.1%高锰酸钾溶液冲洗脓腔，并注射抗生素。

## 任务四 牙周炎的诊断与治疗

### 任务导入

泰迪犬，8 个月，母，临床表现精神不振，流涎，采食缓慢，食欲减退；打开口腔，发现乳牙和永久齿交错生长，牙根食斑，牙齿松动，牙龈肿胀，轻微用力触动，牙周出血。

### 任务分析

根据病史调查以及临床症状，最终诊断为牙周炎。

**1. 牙周炎有哪些症状**

患病宠物大量流涎，唾液腐臭，常混有血液；口腔敏感，采食时小心，咀嚼缓慢，常突然吐出食物，尤其是采食骨头、鱼刺等硬质食物时较明显。随着时间延长，疼痛可减轻。口腔检查，可见患病牙齿松动，牙周常有少量脓汁，挤压齿龈，可流出脓汁或血液。口腔及呼出的气体具有腐臭味。

**2. 牙周炎如何诊断**

根据症状及局部病变可以确诊。

### 必备知识

**1. 什么是牙周炎**

牙周炎是指牙齿周围组织和支持组织发生的急、慢性炎症，又称牙周病、牙槽脓溢。临床上常以口臭、流涎、牙齿松动、齿龈萎缩等为特征。老年犬、猫多发。

**2. 牙周炎的病因**

牙周炎常可继发于齿龈炎。齿形、齿位不正，食物残留于齿间隙中，发生腐败分解，产生毒素；机体受寒冷刺激，抵抗力降低；口腔常在菌异常增殖感染等均可导致本病。另外，牙结石、慢性肾炎、糖尿病、甲状旁腺机能亢进等疾病过程中也可伴发本病。

## 治疗方案

**1. 治疗措施**

先用生理盐水 0.2%洗必泰溶液或者 2%～3%硼酸水清洗口腔及患齿。如有溃疡灶，则先用 5%硝酸银溶液腐蚀后再行清洗，然后用碘甘油或红霉素软膏涂抹患处。如齿龈已经增生肥大，可局部麻醉后切除或电烙除去多余的组织。

(1) 处方 1

① 0.2%洗必泰溶液。

② 用法：冲洗口腔。

③ 说明：清洗口腔后涂布碘甘油。

(2) 处方 2

① 复方新诺明片，规格 0.5g。

② 用法：内服，一次量，每千克体重 20～25mg，每天 2 次，连用 3 天。

③ 说明：抗原虫药，也可用于厌氧菌感染治疗。

(3) 处方 3

① 甲硝唑片剂，规格 0.2g。

② 用法：内服，一次量，每千克体重犬 25mg。

③ 说明：抗原虫药，也可用于厌氧菌感染治疗。遮光，密闭保存。

④ 中药治疗同口炎。

**2. 防治原则**

全身麻醉后，刮除病牙及其周围的齿垢。牙齿已明显松动者，则应拔除。术后要加强护理，全身应用抗生素，以防感染。定期用盐水清洗口腔，给予柔软、易消化的食物，以利于恢复。平时注意口腔清洁，可用橡皮玩具让宠物啃咬，以提高牙齿的抗病力。

# 任务五　牙结石的诊断与治疗

## 任务导入

泰迪犬，10 个月，公，临床表现流涎，并逐渐增多，口臭，不喜过热、过冷食物，不喜硬食，吃食逐渐减少，甚至不食。打开口腔，发现乳牙和永久齿交错生长，可见牙齿侧壁上的黄褐色结石，牙齿松动，牙龈红肿、发炎。

## 任务分析

根据病史调查以及临床症状，最终诊断为牙结石。

**1. 牙结石有哪些症状**

流涎，并逐渐增多，口臭，不喜过热、过冷食物，不喜硬食，吃食逐渐减少，甚至不食。打开口腔，可见牙齿侧壁上的黄褐色结石，多伴发牙龈红肿、发炎。

**2. 牙结石如何诊断**

发现牙结石后很容易诊断。

必备知识

**1. 什么是牙结石**

牙结石是附着在牙齿上的异物硬块，如水壶里的水锈，又俗称牙锈。主要是由无机盐（磷酸钙、磷酸镁、碳酸钙等）和有机物（蛋白质、脂肪、脱落的上皮细胞、白细胞、微生物、食物残渣等）组成。中老年犬、猫多见，更常见于只吃软食的犬、猫。

**2. 牙结石的病因**

多由于长期食用柔软且黏性较大的食物，又不经常清洁口腔所致。因宠物口腔中的细菌种类繁多，牙齿的表面常有细菌及其产物附着性沉积并进而形成牙菌斑。牙菌斑黏性很大，易吸附有机物和无机物而形成结石。牙结石本身更易吸附更多的细菌及毒素，随着细菌及牙结石的局部长期刺激，可使牙龈发生炎症，出现齿围组织的水肿、充血，牙齿缘糜烂、出血。随着牙龈炎的继续发展造成牙周组织溢脓，出现口臭、牙槽骨破坏、牙龈萎缩、牙根暴露，出现牙周炎，进一步发展为牙齿松动。由于牙龈的反复感染，造成细菌进入血液，引起肾炎、心内膜炎等严重危及生命的疾病。

治疗方案

**1. 治疗措施**

麻醉后用牙科器械去除牙结石，清洗口腔，若牙龈有出血则用灭菌纱布止血，于牙龈上涂布碘甘油。注意猫对碘甘油较敏感。若牙结石情况严重，可请宠物医师以超声波洗牙机为其洗牙，以去除牙结石。

**2. 防治原则**

牙齿的健康与宠物的健康和寿命有很大的关系。最好让宠物吃优质且较硬的宠物食品，因为这些食品不但营养全面，而且其硬度还能起到磨牙与清洁牙齿的作用。平时可给宠物吃一些狗咬胶之类磨牙的产品，其中含有分解酶及药物成分。一旦发现牙结石应及时清除。

## 任务六　舌炎的诊断与治疗

任务导入

狼青犬，2岁，公，临床表现采食、饮水、咀嚼障碍，甚至不敢采食、饮水，有时会吐出食物、饮水，口角常流出带泡沫的唾液，口腔气味恶臭。口腔检查，可见舌体局部潮红、肿胀，触之敏感，舌边缘出现红肿或溃疡；流涎，涎液黏稠、有腐臭味，有时混有血液。下颌淋巴结肿胀，触之发热、疼痛。

任务分析

根据病史调查以及临床症状，最终诊断为舌炎。

**1. 舌炎有哪些症状**

患病宠物采食、饮水、咀嚼障碍，甚至不敢采食、饮水，有时会吐出食物、饮水，口角常流出带泡沫的唾液，口腔气味恶臭。口腔检查，可见舌体局部潮红、肿胀，触之敏感。由锐齿、畸形齿引起者，舌边缘出现红肿或溃疡；机械损伤引起者，可见局部伤痕、肿胀、敏感；如舌体广泛红肿，多为感染所致。病程长者，则流涎，涎液黏稠、有腐臭味，有时混有血液。下颌淋巴结肿胀，触之发热、疼痛。

**2. 舌炎如何诊断**

根据临床特征，结合舌体检查即可确诊，但应注意区别原发病。

## 必备知识

**1. 什么是舌炎**

舌炎是舌的一种急性或慢性炎症。临床上常以采食、饮水及咀嚼困难，舌体运动障碍等为特征。

**2. 舌炎的病因**

（1）原发性病因　舌炎是由各种不良刺激引起。机械性因素，如口内异物的刺激、畸形齿的刮伤，甚至还可见橡皮筋的勒伤；物理性刺激，如食物和饮水烫伤；化学性刺激，如强酸、强碱及其他腐蚀性药物的灼伤等。

（2）继发性病因　本病还可继发于维生素 A 缺乏症、尿毒症、钩端螺旋体病、犬瘟热等传染性疾病。

## 治疗方案

**1. 治疗措施**

当发生张口困难时应给予流食。清洗口腔可用生理盐水、双氧水、利凡诺液或硼酸溶液。清洗后选择碘甘油涂抹患处。出现全身症状时可给予抗生素或抗真菌药物。如舌体损伤较大者，须手术进行修补。

（1）处方 1

① 2%～3%的硼酸溶液。

② 用法：冲洗舌体，每天 3～4 次。

③ 说明：先除去口腔内的异物。

（2）处方 2

① 碘甘油或红霉素软膏。

② 用法：涂布患处，每天 2～3 次。

③ 说明：先除去口腔内的异物，并用消毒液清洗。

**2. 防治原则**

发生舌炎时，以消除病因、结合对症治疗为原则。

# 任务七　食道疾病的诊断与治疗

食道疾病在犬和猫来说相对比较常见，疾病可能只影响食道的一部分，也可包含整个食道。咽喉和食道上段的疾病最常见的表现是吞咽困难；食道体的疾病则表现为反流和多涎；而食道后段疾病最主要的症状是食欲缺乏和多涎。反流是最常见的症状，所有类型的食道疾病都会出现反流。

解剖学差异也会影响食道疾病的症状。犬的食道全由横纹肌组成，但猫的食道只有前 1/3 由横纹肌组成，后 2/3 则由平滑肌组成。因此犬的食道也会更多地受到其他疾病的影响。

(1) 吞咽和食道运动性　食道的蠕动是由吞咽反射引发的。大块食物穿过咽喉时神经兴奋开始传导，从传入纤维向孤束传导并最终到达位于侧网状结构的吞咽中枢。吞咽时呼吸暂时受到抑制。运动纤维从吞咽中心向凝核传导并最终到达迷走神经和食道肌肉。整个吞咽过程形成一个机械波，使食块前段的食道松弛，后段收缩，将食物推入胃内。这个过程称作初级食道蠕动波。只有在食块到达后段食道前食道下括约肌才松弛，以便让食物进入胃内。食道内残留的食物由次级食道蠕动波逐渐送入胃内。当宠物患有食道疾病时偶尔可以见到食道的第三次蠕动收缩，由不规则的收缩运动组成。许多食道疾病由内窥镜检查发现宠物食道内的残留食物和唾液，说明这些疾病都普遍损害了食道的次级蠕动功能。

(2) 食道疾病的诊断　如果宠物出现反流、多涎、吞咽困难，以及厌食和体温升高时应该首先考虑是否是食道的疾病。宠物主人很少能认识到宠物的反流，因此在更多的时候医生听到的主诉可能是呕吐而不是反流。因此如何将两者进行区分是非常重要的。可以向主人询问当时的情况以帮助判断原发病。与呕吐相比，宠物反流时通常不需要太用力，而且腹部没有剧烈的收缩。表 1-1 中列出了反流与呕吐的主要区别。反流的食物通常还没有被消化，这一点可以作为判断原发病的主要线索。

**表 1-1　反流与呕吐的区别**

| 反　　流 | 呕　　吐 |
| --- | --- |
| 被动过程，有时几乎毫不用力地喷出食道内的食物； | 主动过程，通常伴有腹部强有力的收缩； |
| 很少有其他前驱症状，只在发生食道炎症和阻塞性疾病时伴有多涎的症状； | 前驱症状明显，包括多涎、踱步、吞咽、舔嘴唇和心动过速； |
| 吐出的食物为半成型食物，有发酵味。经常含有黏液（唾液），很少有血液，未被胆汁染色，内容物的 pH 不定 | 没有特定的黏稠度，可能有刚刚被消化的食物，也有可能是液体，还可能伴有胆汁、血液和黏膜。可能含有草。内容物的 pH 不定 |

## 子任务一　食道阻塞的诊断与治疗

### 任务导入

边境牧羊犬，3 岁，公，临床表现精神沉郁，突然不食，头颈伸直，触诊食道部位出现疼痛狂躁，骚动不安，并不停用前肢刨抓颈部；呕吐，大量流涎，打开口腔检查，口腔恶臭。

### 任务分析

根据病史调查以及临床症状，最终诊断为食道阻塞。

**1. 食道阻塞有哪些症状**

本病经常在采食过程中或玩耍时突然发生。表现为突然中止采食，或突发惊恐不安；大量流涎，连续吞咽，张口伸舌，食物和饮水可从口、鼻流出；反射性咳嗽，不断用前肢搔抓颈部。如为不完全堵塞，则尚可饮水或吞咽稀饭等流质食物，但拒食肉、肝脏等块状食物；如发生完全堵塞，则饮食完全停止，胃管探查时，不能通过。

如堵塞发生在颈部，则呕吐严重，在颈部可触摸到硬的堵塞物；如发生在胸段以下，可见左颈静脉沟处隆起，用手触压有波动感，并有食物和饮水从口鼻中流出；如为尖锐异物造成的堵塞，可造成食道壁创伤、坏死、炎症甚至穿孔，若发生于胸段食道可继发胸膜炎、脓胸、气胸，乃至窒息死亡。

**2. 食道阻塞如何诊断**

根据病史和突然发生的特殊症状，结合用胃管探诊发现阻塞部位等，即可确诊。借助X射线透视或拍片有助于确定阻塞物的性状和部位。

## 必备知识

**1. 什么是食道阻塞炎**

食道阻塞是指食团或异物停留于食道内不能后移的疾病。临床上常以突发吞咽障碍、流涎为特征。食道阻塞可发生于食道的任何部位，但以咽后与食道起始段及食道的胸腔入口处等最易发生。分为完全阻塞与不完全阻塞。

**2. 食道阻塞的病因**

（1）原发性疾病　见于粗大的饲料团块（骨块、软骨块、肉块、鱼刺）、混于饲料中的异物（铁丝、针、鱼钩等）及由于嬉戏而误咽的物品（手套、木球、玩具等）都可使食道发生阻塞。饥饿过甚，采食过急（成群争食），或采食中受到惊恐而突然扬头吞咽，或呕吐过程中从胃内返逆食物进入食道后突然滞留是发生本病的常见诱因。

（2）继发性因素　见于食道狭窄、食道痉挛、食道麻痹以及食道扩张等病。

## 治疗方案

**1. 治疗措施**

临床上应根据阻塞物的种类采取不同的措施。

（1）上段食道阻塞　宠物麻醉后，用钳子钳住异物小心取出，亦可用食道内窥镜和异物钳将异物取出。

（2）坚硬难消化异物阻塞　以催吐（非尖锐异物阻塞）或手术取出梗塞物为上策，因异物入胃后易引起肠梗阻。

（3）饲料团块阻塞　催吐排除异物或用胃管将阻塞物送入胃中。

①催吐　皮下注射盐酸阿朴吗啡每千克体重0.04～0.08mg，或肌内注射846合剂每千克体重0.04～0.08mL。

②胃管推送法　首先镇静或麻醉，然后应用植物油或液体石蜡10～20mL灌服以润滑食道，同时皮下注射3%硝酸毛果芸香碱3～20mg（犬），插入胃管将阻塞物送入胃中。

（4）尖锐的或穿孔性的异物阻塞　以手术为上策，切开食道还是切开胃，主要取决于阻塞物体的大小和位置。如果条件允许，可用食道内窥镜和异物钳将异物取出。

（5）控制继发感染　梗阻物排除后，选用有效的抗生素连续注射数日。同时补充营养和水分，如静脉注射糖盐水或行营养性灌肠，其后给予流质食物，逐渐恢复正常饮食。

（6）处方

① 处方1

a. 液状石蜡或植物油10～15mL。

b. 用法：灌服。

c. 说明：润滑食道壁，利于阻塞物吐出或后送。

② 处方2

a. 硝酸毛果芸香碱每次3～20mg。

b. 用法：皮下注射。

c. 说明：加强食道蠕动。

③ 处方3

a. 青霉素G钠，每千克体重4万～8万国际单位。
b. 用法：肌内注射，每天1～2次。
c. 说明：全身抗感染治疗。
④ 处方4
a. 威灵仙100g，水煎成100mL，另加100mL醋。
b. 用法：灌服。使用2～4天。
c. 说明：中药保守疗法。当患犬能吃小块食物时，在补充营养的同时，改用威灵仙100g、白及100g，水煎成200mL，在2～4天内频频灌服。

**2. 防治原则**

取出堵塞物，疏通食道。饲喂一定要做到定时定量，不能饥饿过度，应在其他食品吃完之后再喂给骨头。训练中要防止犬误食异物。

## 子任务二　食道扩张的诊断与治疗

### 任务导入

蝴蝶犬，1岁，公，临床表现精神沉郁、消瘦，吞咽障碍、饮食反流，食道充满食物，形成带囊突出于食道表面，按摩时能向前、后移动，打开口腔，口腔恶臭，沿食道探查，食道扩张呈纺锤状，形成憩室。

### 任务分析

根据病史调查以及临床症状，最终诊断为食道扩张。

**1. 食道扩张有哪些症状**

食道扩张发生缓慢，病程较长，其主要症状是吞咽障碍、饮食反流和进行性消瘦。有时食道充满食物，若发生于颈部食道，食道扩张呈纺锤状、梨状，按摩时能向前、后移动。先天性食道扩张，幼犬哺乳期多无异常，在食入固体食物后才发生咽下障碍和食物反流。

反流食物的形状多为表面覆盖有一层黏膜的管状，或是混有大量泡沫状黏膜，偶尔还可以看到血液。继发的症状为体重减轻、多食、虚弱、脱水、颈部食道扩张，有流水声和嗳气的声音，咳嗽和口臭。从吃东西到反流的间隔取决于食道扩张的程度和蠕动，可从几分钟到24h甚至更长时间。

**2. 食道扩张如何诊断**

（1）症状诊断　临床检查时，食道探子有时能顺利地通过而达到胃部，但有时管端只能插入到膨大的盲囊或憩室内，不能继续通过。

（2）实验室诊断　用X射线检查可确诊本病。

（3）德国牧羊犬、大丹犬、爱尔兰赛特犬、迷你髯犬和硬毛㹴易患先天性食道扩张。

### 必备知识

**1. 什么是食道扩张**

食道扩张是指某段食道沿横轴和纵轴向周围扩大的一种疾病。如果食道壁仅向一个方向扩大，并形成袋囊突出于食道表面，则成为食道憩室。在猫中很少见，但在猫和犬中都可以分为先天性和后天性两种。

**2. 食道扩张的病因**

（1）原发性食道扩张　可发生于中枢神经系统或外周神经干遭受损害时，导致食道麻痹，食道肌纤维的固有弹性降低而导致食道扩张。在幼犬中，偶见于先天性食道扩张，常于断奶前后发病，一般与遗传缺陷有关。先天性食道扩张可能与肌肉迷走神经背侧运动核的传导缺陷有关，但大多数病例的原因仍不清楚。

（2）继发性食道扩张　主要见于食道狭窄。

治疗方案

**治疗措施**

对于先天性食道扩张的病犬，应给予流质食物，少喂多餐；饮食盘放在比头高的位置，让犬站立吃食，借助重力作用使食物进入胃内。对于病情严重的犬通过胃造口插管进行饲喂，如果在饲喂时让患病犬保持直立体位，大多数患病犬表现良好。应该喂给患病犬粥或小块的食物。大多数病犬很爱吃用手喂的“肉球”（罐头和干狗粮混合成的小球）。如果在饲喂后让病犬保持直立位 10～15min 以保证在重力的作用下食道的排空时间，似乎对本病的治疗有一定的帮助。睡觉前应拿走所有的食物和水。后遗症包括吸入性肺炎和不同程度的食道炎。有些病例可能已经患有该病很多年，但是一直没有被诊断出来，直到中老年时出现吸入性肺炎的异常症状才会被发现。

对先天性食道扩张的病犬，在喂食前将其提起，以减少食道所受压力，直至食道功能正常。

上述方法无效者，可施行手术疗法。颈部食道扩张者，切除多余的食道壁；由贲门痉挛或狭窄引起者，可行贲门括约肌切开术或贲门成形术。

## 子任务三　食管狭窄的诊断与治疗

任务导入

博美犬，10 岁，公，临床表现精神沉郁、机体消瘦，饥饿贪食，吞咽困难，吞咽时呈痛苦状，头颈伸直，摇头，食物反流，左侧颈部有一土豆大肿物突出于食道表面。

任务分析

根据病史调查以及临床症状，最终诊断为食道狭窄。

**1. 食道狭窄有哪些症状**

患病宠物饥饿贪食，咀嚼能力正常，咽下动作困难。吞咽时呈痛苦状，头颈伸直，摇头，食物反流。机体消瘦。

**2. 食道狭窄如何诊断**

根据临床症状可初步诊断。使用胃导管做食管探诊、X 射线检查，可确定食管狭窄部位、性质及程度。

必备知识

**1. 什么是食道狭窄**

食管狭窄是指由各种因素引起的食管通道变窄，阻止食物通过的一种疾病。

**2. 食道狭窄的病因**

本病主要由外部压迫、食管不完全梗塞及瘢痕等因素造成。甲状腺肿、淋巴瘤、脓肿、放线菌肿及骨瘤等都可压迫食管造成狭窄。食管异物、食管黏膜肿瘤及食管寄生虫形成的结节等，会引起食管狭窄。腐蚀性化学药品、创伤及手术也会使食管形成瘢痕，进而促使食管发生狭窄。

**治疗措施**

去除病因，如切除肿瘤、消除脓肿、去除食管内异物等。对于瘢痕引起的食管狭窄较难治疗。

# 项目二　胃肠疾病

## 任务一　胃内异物的诊断与治疗

### 任务导入

博美犬，1岁，公，临床表现食欲减退，呕吐，吃狗粮呕吐剧烈甚至带血，呻吟，总弯腰，不让触摸腹部。

### 任务分析

根据病史调查以及临床症状，最终诊断为胃内异物。

**1. 胃内异物有哪些症状**

食欲减退，呕吐，尤其是在采食固体食物时比较明显。时间延长，营养不良，逐渐消瘦，精神不振。如吞入尖锐物体或较粗糙物体，如铁丝、铁钉及多棱角的硬质塑料玩具等，还可刺激胃黏膜，引起损伤、出血及炎症，甚至胃壁穿孔。呻吟，起卧时弓腰、肌颤，有时呕吐物中可见血丝，触诊胃区敏感。

**2. 胃内异物如何诊断**

（1）症状诊断　病犬呈现急性或慢性胃炎的症状，长期消化障碍。当异物阻塞于幽门部时，症状更为严重，呈顽固性呕吐，完全拒食，高度口渴，经常变换躺卧地点、位置，表现出痛苦不安，呻吟，甚至嚎叫。精神高度沉郁，触诊胃部有疼痛感。尖锐的异物损伤胃黏膜而引起呕血，或发生胃穿孔。

（2）实验室诊断　胃部X射线检查，可见到异物。根据病史、临床症状及X射线检查容易确诊。

### 必备知识

**1. 什么是胃内异物**

胃内异物是指误食难以消化的物体，不能被胃液消化，不能呕出或经肠道排出体外，长期停留胃中，造成胃黏膜损伤，引起胃功能紊乱的一种疾病。

**2. 胃内异物的病因**

犬、猫误食各种异物，如石块、砖瓦片、煤块、金属、塑料、骨骼、布头、线团、缝针、鱼钩等，特别是犬、猫吞食梳理脱落下的被毛，在胃内积聚形成毛球；或在训练时和嬉戏时误咽训练物、果核、小玩具等。此外，营养不良、维生素与矿物质缺乏、寄生虫病及胰腺疾病等，伴有异嗜，从而导致本病。

### 治疗方案

**1. 治疗措施**

（1）处方1

① 0.5%硫酸铜溶液 20～50mL。
② 用法：灌服。
③ 说明：催吐。
(2) 处方 2
① 石蜡油或植物油 20～50mL。
② 用法：灌服。
③ 说明：泻下。
(3) 处方 3
① 5%葡萄糖注射液 100～500mL。
② 用法：静脉滴注，每天 1～2 次。
③ 说明：支持疗法。
(4) 处方 4
① 庆大霉素注射液，每千克体重 1000～1500IU。
② 用法：肌内注射，每天 1～2 次，连用 3～5 天。
③ 说明：抗菌消炎。
(5) 处方 5
① 头孢拉定胶囊 (250mg/粒)，0.5～1 粒。
② 用法：内服，每天 2～3 次，连用 3～5 天。
③ 说明：抗菌消炎。

**2. 防治原则**

对于少量而小的异物，可试用催吐药促其排出，或用胃镜取出。遇多量而大的异物时，可用胃切开手术把异物取出。对出现异嗜的犬及时补给相应的微量元素，训练与嬉戏时要注意防止犬误食。

## 任务二　胃扩张的诊断与治疗

### 任务导入

牧羊犬，4 岁，公，临床表现犬突然躺卧在地，不敢行动，腹部膨胀并迅速剧增，食欲降低，哽噎，但无呕吐。

### 任务分析

根据病史调查以及临床症状，最终诊断为胃扩张。

**1. 胃扩张有哪些症状**

患病宠物往往突然发生腹痛，茫然呆立或躺卧于地，行动拘谨，常变换躺卧地点，继之腹部膨胀并迅速剧增，叩诊呈鼓音、金属音，如急剧地振动胃下部，可听到拍水音。食欲降低，哽噎，但无呕吐。食管探诊，如果仅仅是急性胃扩张，可放出大量气体和液体。严重病例，呼吸高度困难，脉搏增快，最后脉搏微弱，多于 24～48h 以内死亡。轻症病例，病程可延至 5 天或 5 天以上。

**2. 胃扩张如何诊断**

根据病史和突然发病，腹痛、前腹部膨大等临床症状可初步诊断。结合胃管探诊时有大量气体排出则可确诊。但应与胃扭转（胃管难以插入胃内）、食道异物（无腹痛和腹胀）、肠扭转（有呕吐和轻度腹胀）、腹膜炎（有呕吐、腹胀和体温升高）等相鉴别。必要时可剖腹探查确诊。

**1. 什么是胃扩张**

胃扩张是指采食过量或胃内容物排空障碍，导致胃体积突然扩大、胃壁过度扩张的一种腹痛性疾病。大型犬多见。

**2. 胃扩张的病因**

胃扩张可分为原发性胃扩张和继发性胃扩张。原发性胃扩张多见于一次过食干燥、易发酵、易膨胀及难消化的食物，继而剧烈运动，饮用大量冷水，使食物和气体积聚于胃内；另外，养护不当引起胃消化机能紊乱；或饮水不足、机体脱水、胃分泌功能不足导致的胃壁干涩，内容物后排障碍而引起本病。继发性胃扩张见于幽门痉挛、小肠阻塞、胃扭转、胰腺炎、蛔虫阻塞等。

### 治疗方案

**1. 治疗措施**

（1）处方 1

① 盐酸吗啡注射液，每千克体重 0.5～1mg。

② 用法：皮下注射、肌内注射。

③ 说明：该药毒性大，应严格控制用量。

（2）处方 2

① 盐酸哌替啶注射液，每千克体重犬、猫 5～10mg。

② 用法：皮下注射、肌内注射。

③ 说明：腹痛严重时止痛。

（3）处方 3

① 5%葡萄糖注射液 100～500mL，氢化可的松每千克体重 5～10mg。

② 用法：静脉滴注。

③ 说明：有脱水症状的病犬应及时补液。

**2. 防治原则**

应根据不同的病情，给以适当的治疗。对继发性胃扩张应着重治疗原发病。对急性胃扩张，首先应设法排除胃内气体，可用插入胃管的方法排气，或用粗针头经腹壁刺入胃内进行放气。注意控制宠物过食是杜绝胃扩张发生的有效措施。剧烈运动后，不应急于喂给宠物过多食物或饮水。此外，严禁饮食后急剧运动。定期用药驱除肠道寄生虫，平时注意饲喂富含营养的食物。

## 任务三　胃扭转的诊断与治疗

### 任务导入

藏獒，4 岁，母，临床表现突然发生腹痛，神态淡漠、呆立或躺卧于地，行动谨慎，继而迅速发生腹部膨胀。病犬食欲废绝，烦渴、贪饮、作呕，呼吸困难，脉搏增数。

## 任务分析

根据病史调查以及临床症状，最终诊断为胃扭转。

**1. 胃扭转有哪些症状**

突然发生腹痛，神态淡漠、呆立或躺卧于地，行动谨慎，继而迅速发生腹部膨胀，叩诊呈鼓音或金属音。腹部触诊，触摸到球状囊袋。急剧冲击胃下部，听到拍水音。病犬食欲废绝，烦渴、贪饮、作呕，呼吸困难，脉搏增数，可达 200 次/min 以上。胃探子插入后停留于贲门附近，或用力推送可推入胃内，且有酸臭的气体和血样液体逸出。由于呼吸高度困难，多于 24～48h 死亡。

**2. 胃扭转如何诊断**

（1）症状诊断　根据突然腹痛、行动拘谨、腹部膨胀、叩诊呈鼓音或金属音及胃管插入困难等，可以做出诊断。

（2）实验室诊断　胃扭转的确诊应通过 X 射线检查。由于用力搬动会增加患病宠物的应激反应和增加死亡的危险，所以 X 射线检查应在初步抗休克治疗和胃减压后进行。必要时需剖腹探查进行确诊。

## 必备知识

**1. 什么是胃扭转**

胃扭转是指已发生扩张的胃沿着它的系膜轴发生旋转，伴有食管、十二指肠部分或完全阻塞的一种疾病。如果发生急性胃扩张，胃韧带松弛或断裂导致胃扭转，即所谓的胃扩张-扭转综合征，该病以发病急、病情恶化快、死亡率高为特征。

**2. 胃扭转的病因**

胃扭转是由于犬的幽门移动性较大，胃内容物过多使胃韧带松弛或断裂，即可发生本病。胃扭转导致胃的贲门和幽门发生闭锁，胃、脾血管的循环受阻，可产生急性胃扩张症状，胸部深而狭的犬多发。胃扭转多见于成熟的、中年及较老的犬。

## 治疗方案

**治疗措施**

尽快进行剖腹手术。先穿刺胃，将气体缓慢排出，然后将幽门部连同十二指肠矫正至原来位置，可获得较好效果。

# 任务四　幽门狭窄的诊断与治疗

## 任务导入

泰迪犬，35 天，母，临床表现断乳后饲喂固形食物呈喷射状呕吐，呕吐物不含胆汁，若饮水或饲喂流食时，则呕吐不明显。

## 任务分析

根据病史调查以及临床症状，最终诊断为幽门狭窄。

**1. 幽门狭窄有哪些症状**

先天性幽门狭窄时腹部膨大，断乳后饲喂固形食物可引起强烈的喷射状呕吐。呕吐物不含胆汁，若饮水或饲喂流食时，则呕吐不明显。由于持续性呕吐，可造成脱水和电解质失衡，生长发育迟缓，且逐渐衰竭，继发异物性肺炎而死亡。

后天性幽门狭窄，表现为由定期呕吐逐渐转变为食后喷射状呕吐，呕吐时间不定。精神沉郁，消化不良，胃排空减慢，采食周期较长，时有腹胀、打嗝，口气多酸臭。如幽门狭窄造成幽门完全闭塞，则可引起急性胃扩张。

**2. 幽门狭窄如何诊断**

根据症状，并通过X射线造影检查来确诊。X射线造影检查，幽门狭窄时胃内容物排空时间延长，可达5h以上（正常约为60min）。

## 必备知识

**1. 什么是幽门狭窄**

幽门狭窄是指各种原因引起的幽门孔径减小甚至完全闭塞的一种疾病。临床上以呕吐、顽固性腹胀及消化不良为特征。

**2. 幽门狭窄的病因**

幽门狭窄分为先天性幽门狭窄和后天性幽门狭窄。先天性幽门狭窄是由于幽门括约肌先天性肥厚，胃、十二指肠韧带异常所致。后天性幽门狭窄多见于各种原因引起的幽门痉挛、胃炎、胃溃疡、食物过碱或霉变、胃泌素分泌过多及局部肿瘤的压迫等，均可继发幽门狭窄。

## 治疗方案

**1. 治疗措施**

（1）处方1

① 硫酸阿托品片剂。

② 用法：内服，每千克体重犬、猫0.02～0.04mg/次。

③ 说明：解痉，适用于幽门痉挛时引起的幽门狭窄，食前30min喂服。

（2）处方2

① 盐酸氯丙嗪注射液。

② 用法：肌内注射，每千克体重犬、猫1～3mg/次。

③ 说明：安定，以缓解症状。

**2. 防治原则**

可先排除胃内容物，缓解腹痛后再对因治疗。先天性幽门括约肌肥厚，须手术切开做扩张处理。如为炎症引起的，可通过消炎来治疗。如为腹腔肿瘤压迫所致，则要采取外科手术切除肿瘤；如为幽门部肿瘤，可尝试切除肿瘤后做胃与十二指肠吻合术。

# 任务五　胃炎的诊断与治疗

## 任务导入

金毛犬，3月龄，公，近日表现流涎，想吃又不敢吃，或突然吐出食物和饮水，拉黄色稀水样粪便，局部检查，可见齿龈边缘潮红、肿胀，时有出血，牙齿松动。试着分析该犬是什么病？

## 任务分析

病史调查发现该犬最近两天发病，主要症状表现为不喜欢吃食物，主人之前喂的犬粮，发病前喂过鸡肉等，视诊发现，该犬有呕吐症状，可视黏膜潮红，实验室检查，白细胞（WBC）为 $10\times10^9$/L，CPV 化验"—"。初步诊断为胃炎。

**1. 胃炎有哪些症状**

病犬精神沉郁、呕吐和腹痛是其主要症状。初期吐出物主要是食糜，以后则为泡沫样黏液和胃液。由于致病原因的不同，其呕吐物中可混有血液、胆汁甚至黏膜碎片。病犬渴欲增加，但饮水后即发生呕吐。食欲明显降低或拒食，或因腹痛而表现不安。呕吐严重时，可出现脱水或电解质紊乱症状。检查口腔时，黄白色舌苔，闻到臭味。由腐蚀剂引起的胃炎，在呕吐物中可含有血液和黏膜碎片。拒食，偶有异嗜现象（如舔食石块或咀嚼污物等）。腹痛，抗拒触诊前腹部，喜欢蹲坐或趴卧于凉地上。严重胃炎常伴有肠炎。急性胃炎出现持续性呕吐，呈痛苦状。

**2. 胃炎如何诊断**

根据病史和临床症状可获得初步诊断。

单纯性胃炎，特别是急性胃炎，一般经对症治疗多可奏效，也可作为治疗诊断。有条件的宠物医院可采用 X 射线照片，以便发现异物，或给予造影剂，对其疾病的范围、性质等进行观察诊断。

应与食道疾患等相区别。胃炎多有呕吐症状，但呕吐不一定都是胃炎，临床上还应注意鉴别猫的病理性呕吐（胃炎、胃溃疡等）和生理性呕吐（间断性吐毛球）。

## 必备知识

**1. 什么是胃炎**

胃炎是指胃黏膜的一种急性或慢性炎症，有的可波及肠黏膜而发生胃肠炎。胃炎是犬、猫常发生的一种疾病，慢性胃炎多见于老龄宠物。

**2. 胃炎的病因**

主要原因是采食腐败变质或不易消化的食物和异物（如塑料、玩具、骨骼、毛发、鱼刺、纸张等），投服有刺激性药物等引起。胃炎也可并发于犬瘟热、犬病毒性肝炎、钩端螺旋体病、急性胰腺炎、肾炎、肝病、脓毒症、肠道寄生虫病及应激反应等。

## 治疗方案

**1. 治疗措施**

急性胃炎，首先绝食 24h 以上，防止一次大量饮水后引起呕吐，可给予少量饮水或让其舔食冰块以缓解口腔干燥。病情好转后，先给予少量多次流质食物，如牛奶、鱼汤、肉汤等，逐渐恢复常规饮食。对持续性、顽固性呕吐者，应给予镇静、止吐类药物。防止机体脱水、碱中毒，应给予等渗葡萄糖盐水。

（1）处方 1

① 硫酸阿托品，每千克体重 0.02～0.05mg/次。

② 用法：肌内、皮下注射。

③ 说明：松弛胃肠道平滑肌。

（2）处方 2

① 盐酸氯丙嗪，每千克体重 1～3mg/次。

② 用法：肌内注射。

③ 说明：镇静、止吐。

(3) 处方 3

① 硫酸卡那霉素，每千克体重犬 2～10mg、猫 0.1～5mg/次。

② 用法：肌内注射。

③ 说明：消炎。

(4) 处方 4

① 次硝酸铋，犬 0.3～2g/次。

② 用法：内服。

③ 说明：保护剂，以减轻胃内容物对其黏膜的刺激。

(5) 处方 5

① 酚磺乙胺（止血敏），犬 2～4mL/次、猫 1～2mL/次。

② 用法：肌内注射。

③ 说明：全身止血。

**2. 防治原则**

除去刺激性因素，保护胃黏膜，抑制呕吐和防止机体脱水等。

## 任务六　肠绞窄的诊断与治疗

### 任务导入

金毛犬，3 岁，母，临床表现突然发生剧烈腹痛，起卧不安，频频顾腹，有时出现打滚，痛苦嚎叫、呻吟。呕吐，无粪，口腔、眼结膜及皮肤干燥，可视黏膜发绀，肌肉震颤。腹部触诊，病处疼痛敏感，可摸到局部臌气的肠管。

### 任务分析

根据病史调查以及临床症状，最终诊断为肠绞窄。

**1. 肠绞窄有哪些症状**

突然发生，剧烈腹痛，起卧不安，频频顾腹，有时出现打滚，痛苦嚎叫、呻吟。多数伴有顽固性呕吐，排粪很快停止，口腔、眼结膜及皮肤干燥，可视黏膜发绀，肌肉震颤。腹部触诊，病处疼痛敏感，可摸到局部臌气的肠管。末期，病犬躺卧不起，脉搏虚弱无力，全身机能极度衰竭。多因发生肠坏死、肠破裂或腹膜炎而死亡。整个病程一般为 3～5 天。

血沉减慢，腹腔穿刺液呈红色。剖检可见绞窄的肠段充血、瘀血、水肿及出血性炎症，肠管呈红色或暗紫色。肠系膜淋巴结肿大、出血。

**2. 肠绞窄如何诊断**

根据突发剧烈腹痛，结合腹部触诊可初步诊断。有条件的可结合 X 射线检查确诊。病情严重者，可立即剖腹检查。

### 必备知识

**1. 什么是肠绞窄**

肠绞窄是指因外力压迫，肠蠕动功能紊乱，或被腹腔某些条索或韧带缠结等，导致肠腔闭塞不通，局部肠管血液循环障碍的重剧腹痛性疾病。如是肠管与肠管间发生缠绕引起的肠管闭塞疾病则称为肠缠结。

**2. 肠绞窄的病因**

宠物体位突然改变，是本病发生的主要原因，尤其是在采食后不久极易发生。过度的奔跑、跳跃、翻滚以及玩耍时摔跌，由于惯性的作用，游离性较大的肠段（如空肠）极易与腹腔内的索状组织（如韧带、系膜，甚至是肿瘤蒂部、炎性渗出凝固物）发生缠绕引起本病。有时肠管可与自身发生缠结。

### 治疗方案

**治疗措施**

确诊后立即施剖腹术进行整复，如局部肠管已发生严重瘀血或坏死，则须切除，再做肠管吻合术。术后用抗生素全身消炎，保持安静，避免运动。

## 任务七　便秘的诊断与治疗

### 任务导入

八哥犬，8岁，母，临床表现突然食欲不振，呕吐；尾巴伸直，步态紧张；口腔干燥、结膜无光、皮肤干燥等脱水表现。触诊后腹上部有压痛，并在腹中、后部摸到串珠状的坚硬粪块。肠音减弱或消失。直肠指诊能触到硬的粪块。

### 任务分析

根据病史调查以及临床症状，最终诊断为便秘。

**1. 便秘有哪些症状**

食欲不振或废绝，呕吐；尾巴伸直，步态紧张；脉搏加快，可视黏膜发绀。轻症病例反复努责；重症病例屡呈排粪姿势，排出少量混有血液或黏液的液体。肛门发红和水肿。时间较长病例，多呈口腔干燥、结膜无光、皮肤干燥等脱水表现。触诊后腹上部有压痛，并在腹中、后部摸到串珠状的坚硬粪块。肠音减弱或消失。直肠指诊能触到硬的粪块。血液学检查，严重便秘并有脱水时，红细胞数和血细胞比容轻度升高，间或有低钾血症。

**2. 便秘如何诊断**

根据病史和症状可以确诊。

### 必备知识

**1. 什么是便秘**

便秘是因肠管的蠕动、分泌机能减退及机械阻塞而引起的排粪障碍。临床上常以腹痛、排粪迟滞为特征。本病多见于老龄犬、猫。

**2. 便秘的病因**

饲养管理不良、饲料单一、饮水不足及运动量小等均为原发性病因。继发性便秘则见于肠内结石、粪石，肠道变位，肠内积聚大量不易消化的骨头、绳索、塑料和大量绦虫等寄生虫，腰荐部受损、腰椎增生造成腰荐神经受压，都可以引起截瘫和便秘，腹腔或盆腔内肿物压迫也可造成便秘。

**1. 治疗措施**

(1) 处方 1

① 石蜡油或豆油 20～60mL/次，或 10%硫酸镁溶液 20～50mL/次。

② 用法：内服。

③ 说明：致泻。

(2) 处方 2

① 温肥皂水或液体石蜡 50～100mL/次。

② 用法：灌肠。

③ 说明：软化粪便、润滑肠腔。如结粪靠近直肠部，灌后抬高其后躯，用手在其腹部按摩 1～2min，可取得良好效果。另用开塞露从肛门内挤入。

(3) 处方 3

① 大黄 15g，厚朴 3g，枳实 3g，芒硝 40g，青木香 5g。

② 用法：水煎取汁灌服。

③ 说明：中药治疗，大承气汤加减。对体弱宠物，可用油当归 15g、肉苁蓉 10g、番泻叶 5g、炒枳壳 5g、醋香附 5g、厚朴 4g，木香、瞿麦、通草各 3g，水煎取汁，候温加食用油 50mL，一次灌服。

如上法无效，则须剖腹直接按摩结粪。若仍不能使积粪破碎，则要切开肠管取出内容物。如局部肠管已发生严重瘀血、坏死，可切除后做肠管吻合术。

(4) 针灸治疗

白针疗法以关元俞、大肠俞、脾俞为主穴，外关、后三里、百会、后海等为配穴；血针疗法以三江为主穴，耳尖、尾尖为配穴；也可电针两侧关元俞穴。

**2. 防治原则**

防治原则主要采取润肠、通便措施。

## 任务八 肠梗阻的诊断与治疗

### 任务导入

京巴犬，5 岁，母，临床表现不食，不时嚎叫或呻吟、呕吐及卧地翻滚。有时有少量粪便。

### 任务分析

根据病史调查以及临床症状，最终诊断为肠梗阻。

**1. 肠梗阻有哪些症状**

肠梗阻的典型症状有腹痛、呕吐、腹胀、排粪停止。初期，不食，不时嚎叫或呻吟、呕吐及卧地翻滚，有时有少量粪便。随病情发展，呈持续性呕吐，严重脱水、眼球下陷、皮肤弹力下降、腹围增大及呼吸困难。随着肠管局部血液循环障碍，病变部位的肠管开始出现麻痹和坏死，此时病犬疼痛反应消失。精神高度沉郁，自体中毒，休克，如不及时抢救治疗将造成死亡。慢性肠梗阻，症状主要表现为逐渐消瘦、脱水，并有经久治疗不愈的病史。

**2. 肠梗阻如何诊断**

(1) 症状诊断　根据腹痛、排粪减少及脱水表现，结合触诊、听诊可初步诊断。

(2) 实验室诊断　X射线透视检查，可见阻塞前部的肠管扩张，有特征性的气体像；宠物取站立位时，可见液体与气体之间的水平线，阻塞物以下的肠管呈空虚像。X射线造影可见造影剂完全停滞于梗阻的前方。

## 必备知识

**1. 什么是肠梗阻**

肠梗阻是犬、猫的一种急腹症，常因小肠腔内发生机械性阻塞，或小肠正常位置发生不可逆变化（肠套叠、嵌闭及肠扭转），致使肠内容物不能顺利下行，局部血液循环严重障碍，出现剧烈腹痛、呕吐、脱水，甚至休克、死亡。

**2. 肠梗阻的病因**

原发性肠梗阻主要因为食入不易消化的食物或异物所致，如较大的骨块、毛团、砖石、果核，以及在玩耍时误吞入毛线团、玩具等堵塞肠管。另外，大量寄生虫（如蛔虫、钩虫）寄生在肠管，形成团块也可堵塞肠管。本病也可继发于肠粘连、肠变位和肠痉挛等病程中。

支配肠壁的神经紊乱、发炎及坏死，导致肠蠕动减弱或消失；肠系膜血栓，导致肠管血液循环发生障碍，继而使肠壁肌肉麻痹，内容物滞留，发生肠梗阻。

## 治疗方案

**1. 治疗措施**

(1) 保守疗法　先灌服硫酸镁（或硫酸钠）10～25g，加水适量，一次内服；或植物油（如豆油、菜油）10～30mL，一次灌服，配合腹部按摩，或直接将阻塞物捏压碎，以使内容物排出；如阻塞发生于肠管后段，可用大量液体石蜡进行深部灌肠。同时还应注意进行输液、补充维生素、纠正酸碱平衡等支持疗法。

(2) 手术疗法　保守疗法如不奏效，应尽早行手术治疗。切开腹腔，除去阻塞物。如局部肠管已经发生严重瘀血或坏死，则应切除，做肠管断端吻合术。术后禁食4天，静脉输液，以补充营养和水分，可用5%葡萄糖溶液（或林格液）200～500mL，每天1～2次；同时，给予维生素C和复合维生素B。第5天可喂流质食物，以后逐渐喂正常食物和饮水。

**2. 防治原则**

积极治疗原发病，促进阻塞物排出，防止脱水和自体中毒。

# 任务九　肠套叠的诊断与治疗

## 任务导入

比熊犬，2岁，母，临床表现剧烈腹痛，高度不安，甚至卧地打滚。排稀粪，粪中常混有多量黏液、血丝。

## 任务分析

根据X射线检查，最终诊断为肠套叠。

**1. 肠套叠有哪些症状**

病犬突然发生剧烈腹痛，高度不安，甚至卧地打滚，应用镇静剂也不能使之安静。病初排稀粪，粪中常混有多量黏液、血丝，严重时可排出黑红色稀便，后期排粪停止。发生肠管坏死时，病犬转为安静，腹痛似乎消失，但精神仍然委顿，出现虚脱症状。当小肠套叠时，常发生呕吐。触摸腹部，有时可摸到套叠的肠管如香肠样，压迫该肠段，疼痛明显。无并发症时，体温一般正常；如继发肠炎、肠坏死或腹膜炎时，则体温升高。

**2. 肠套叠如何诊断**

（1）症状诊断　根据呕吐、腹痛、血便及触诊的感觉可以初步诊断。

（2）实验室诊断　X射线检查，有助于本病的确诊。必要时做剖腹检查。

## 必备知识

**1. 什么是肠套叠**

肠套叠是指一段肠管伴同肠系膜套入邻接的肠管内，导致肠腔闭塞，消化机能障碍，局部肠管发生瘀血、水肿甚至坏死的一种疾病，多发生于回肠、盲肠段。幼龄犬、猫常发。

**2. 肠套叠的病因**

由于相邻肠管蠕动性或充盈度不一所致。如冬季暴饮冷水，或肠道寄生虫感染、肠管炎症刺激引起局部肠管痉挛性收缩，套入邻近肠管中；或饱食、暴食后剧烈运动（奔跑、跳跃、摔跤等），因惯性作用使得充盈段肠管突入邻近空虚的肠管。

## 治疗方案

**治疗措施**

（1）保守疗法　早发现、早诊断、早治疗；科学饲养管理；及时治疗肠炎等易引发本病的原发病。初期可试用温水或肥皂水深部灌肠，然后将其后肢抬高，同时用手按摩腹部，以促进肠管复位。有时用止痛药和麻醉药，也可使初期肠套叠自然复位。对脱水的病例，要充分补液，有休克症状的可静脉注射地塞米松。术后病犬感到手术部位不适，要注意看护，防止术部被撕咬，影响愈合。饮食方面，注意不要给骨头、肉及油水大的食物，要给一些易消化的流食。

（2）手术疗法　保守疗法无效时应尽快行手术整复，套叠部分肠管如已坏死，应切除后做肠吻合术；术后仍应特别注意抗菌消炎、肠管痉挛，以防套叠复发。

# 任务十　胃肠炎的诊断与治疗

## 任务导入

雪纳瑞犬，5岁，母，临床表现体温升高，食欲不振，虽有饮欲但饮水后即发生呕吐，呕吐物多为白色或棕黄色黏液。粪便呈水样，有难闻的恶臭味。

## 任务分析

根据病史调查以及临床症状，最终诊断为胃肠炎。

**1. 胃肠炎有哪些症状**

精神沉郁，呕吐、腹泻及腹痛是本病的主要症状。急性病例，体温多升高，食欲不振或完全废绝，虽有饮欲但饮水后即发生呕吐，呕吐物多为白色或棕黄色黏液。粪便呈水样，有难闻的恶臭味。如小肠严重出血，粪便呈黑绿色或黑色；若后段肠管出血，粪便表面附有血丝。肠蠕动增强，腹部听诊可闻肠鸣音。腹壁紧张，触之敏感，时而可听到低声呻吟。重症病例可出现脱水、电解质失调和酸碱平衡紊乱，甚至可出现昏迷、休克。慢性病例，症状轻微，主要表现为反复腹泻，偶呕吐，消化不良，粪便中常含有消化不全的食物，逐渐消瘦。

**2. 胃肠炎如何诊断**

根据病史和临床症状可以初步诊断，确诊需实验室检查。血常规检查可见白细胞总数升高，中性粒细胞比例增加，血细胞比容升高，如伴有严重寄生虫感染，可见酸性粒细胞增多；粪便检查可见大量脓球（坏死崩解的白细胞）等。

## 必备知识

**1. 什么是胃肠炎**

胃肠炎是指胃肠黏膜表层及深层组织发生的炎症，临床上常以消化紊乱、腹痛、腹泻、发热及迅速脱水为特征。

**2. 胃肠炎的病因**

原发性胃肠炎主要由于饲养管理不良，如采食腐败食物、辛辣食物、强刺激性药物、灭鼠药等；过度疲劳或感冒，降低胃肠的屏障机能；滥用抗生素，扰乱肠道内的正常菌群；消化道内腐败发酵产生的有害物质的刺激等原因而引起。

本病还可继发于某些传染性疾病（如犬细小病毒、犬瘟热、犬钩端螺旋体病、钩虫病、蛔虫病、球虫病、鞭虫及弓形虫病等）。

某些矿物质、维生素缺乏也可促进本病的发生。

## 治疗方案

**1. 治疗措施**

（1）处方 1

① 活性炭 0.5～2g，加水适量。

② 用法：灌服。

③ 说明：吸附止泻。

（2）处方 2

① 5%葡萄糖溶液 250～500mL，乳酸林格液 125～250mL，三磷酸腺苷（ATP）20mg，辅酶 A（CoA）50IU。

② 用法：混合，一次静脉注射。

③ 说明：补液，提供能量。

（3）处方 3

① 杜冷丁，每千克体重 10mg。

② 用法：肌内注射，隔 8～12h 可重复一次。

③ 说明：镇痛。要积极治疗原发病。

（4）处方 4

① 胃复安片，每千克体重 0.5mg/次。

② 用法：内服，每天 2～3 次。

③ 说明：消炎。

（5）处方 5

① 链霉素，每千克体重 10mg/次。

② 用法：肌内注射，每天 2 次。

③ 说明：消炎。

**2. 防治原则**

加强管理（包括饮食疗法）、清理胃肠和制止发酵、收敛消炎、支持疗法（包括输液、补液、补充维生素等）、对症处理（包括镇吐、止泻、镇痛、解痉、止血等）。

## 任务十一　结肠炎的诊断与治疗

### 任务导入

美国短毛猫，5 岁，母，临床表现出现不定时无规律的便秘，粪便干、少，颜色深，排坚硬的颗粒状粪便；有时腹泻，但很快自然恢复。

### 任务分析

根据病史调查以及临床症状，最终诊断为结肠炎。

**1. 结肠炎有哪些症状**

疾病初期很长一段时间内，出现不定时无规律的便秘，粪便干、少，颜色深，重者排坚硬的颗粒状粪便，可持续几个月；有时腹泻，多数病例很快自然恢复。后期，腹泻逐渐加重、频繁，粪便稀薄，严重时呈水样，有时带有血液、脓汁以及组织碎片，气味恶臭。食欲、体温一般无明显变化，但很快消瘦、脱水、贫血，甚至衰竭、死亡。剖检，结肠部黏膜充血、出血，外观呈暗红色，表面覆盖有黏稠的液体或脓汁，重则可见较大的溃疡灶，甚至有大片肠黏膜脱落。

**2. 结肠炎如何诊断**

根据临床症状和结肠镜检查可确诊。

### 必备知识

**1. 什么是结肠炎**

结肠炎是指结肠发生的一种慢性炎症性疾病。临床上常以顽固性便秘、腹泻、营养不良及体质低下为特征。老龄犬、猫多发。

**2. 结肠炎的病因**

一般认为本病与自身免疫反应有关。细菌性急性感染、化学刺激、全身性疾病以及精神紧张，促使结肠蠕动亢进而导致疾病。结肠黏膜损伤也可引起本病。

### 治疗方案

**1. 治疗措施**

（1）处方 1

① 阿托品，每千克体重 0.015mg；药用炭，每千克体重 10mg（鞣酸蛋白每千克体重 100mg）。

② 用法：分 3 次口服。

③ 说明：腹泻严重时，促使肠道平滑肌松弛，延长内容物在肠道内的通过时间，增加水分吸收。

（2）处方 2

① 庆大-小诺霉素，每千克体重 1～2mg/次。
② 用法：肌内注射，每天 1～2 次。
③ 说明：抗菌消炎。
(3) 处方 3
① 安络血注射液，2～4mL/次。
② 用法：肌内注射，每天 1～2 次。
③ 说明：便血严重者，止血。
(4) 处方 4
① 5%葡萄糖溶液 250～500mL；地塞米松，每千克体重 10～20mg。
② 用法：混合后一次静脉注射。
③ 说明：补液，防止脱水。

**2. 防治原则**

抗菌消炎、制酵、止泻、补充体液。平时要加强护理，喂以高蛋白、高营养、低纤维食物，如肝脏、鸡蛋及稀米饭等。注意不要喂刺激性较大的食物。

## 任务十二 肛门腺炎的诊断与治疗

### 任务导入

约克夏犬，2 岁，母，临床表现肛门部瘙痒，时常有擦肛动作，有时舔咬肛门部。拒绝抚摸臀部，接近时，可闻到腥臭味。排粪时呈痛苦状，粪便带有脓汁。肛门分泌物稀薄，带血。

### 任务分析

根据病史调查以及临床症状，最终诊断为肛门腺炎。

**1. 肛门腺炎有哪些症状**

临床表现为肛门部瘙痒，时常有擦肛动作，有时舔咬肛门部。拒绝抚摸臀部，接近犬、猫身体时，可闻到腥臭味。排粪时呈痛苦状，粪便常带有黏液或脓汁。肛门分泌物稀薄，有时呈脓性或带血。如肛门腺管长期阻塞，可见腺体突出于周围皮肤。有时脓肿可自行破溃、自愈及再破溃，反复发生，最终可形成瘘管。用手指做肛检，可见肛门腺充盈肿胀，触压敏感，分泌物多不能排出。

**2. 肛门腺炎如何诊断**

根据临床症状，结合肛门指检可确诊。

### 必备知识

**1. 什么是肛门腺炎**

肛门腺炎是指肛门腺囊内的分泌物积聚于囊内，刺激黏膜而发生的炎症。小型犬、猫多发。

**2. 肛门腺炎的病因**

本病多见于直肠积粪，特别是长期排软粪，导致肛门腺管阻塞、分泌物排出障碍而引起炎症。另外，肛门周围组织的炎症蔓延也可引起本病。

**治疗措施**

如未化脓，可用一手指插入肛门，大拇指在外压迫，可排出内容物。肛门腺化脓，可先排除囊内内容物及脓汁，再用0.1%高锰酸钾溶液或生理盐水彻底冲洗，最后向囊内注入青霉素40万～80万国际单位，并在肛门周围皮肤上涂抹红霉素软膏。

如复发，则向囊内注入碘甘油，每天3次，连用4～5天。亦可注入碘酒，每周1次，直至痊愈。如发生蜂窝织炎，形成瘘管与肿瘤者，则应手术摘除肛门腺，注意不要损伤肛门内外括约肌。

术前禁食24h，用生理盐水灌肠，清除直肠内的蓄粪，然后将肛门腺囊内脓汁排除，冲洗、消毒，用探针插入囊内底部，沿探针方向切开囊壁，分离肛门腺囊周围的纤维组织，切断排泄管，使肛门腺囊游离，摘除。用青霉素生理盐水对创面进行冲洗，创面撒布磺胺粉，从基底部开始缝合，不得留有死腔。术后护理给予抗生素防止感染，局部涂抗生素软膏。如有感染，应及时拆线，开放创口，按一般感染创处理。

# 项目三　肝、胰及腹膜疾病

## 任务一　肝胆疾病的诊断与治疗

肝脏是宠物机体的物质代谢中心，因此，其存在许多病理和生理反应，包括原发性和继发性。当这些反应进一步发展扩大时，就可能导致肝病症状的出现。

肝病的早期诊断常因为特殊症状的缺乏和临床检查结果的不足而被忽视。除非患病宠物出现黄疸或呈现明显的脑病和腹水症状，临床病理反应异常通常是肝脏的最初症状。肝病生化结果变化较为复杂，诊断需要结合放射检查、超声波检查和肝组织学检查等。

### 子任务一　急性肝炎的诊断与治疗

#### 任务导入

蝴蝶犬，10 岁，公，明显消瘦，精神沉郁，全身无力，初期食欲不振，而后废绝。体温正常或略升高。眼结膜黄染。粪便呈灰绿色、恶臭，不成形。肝区触诊有疼痛反应，腹壁紧张，于肋骨后缘可感知肝肿大。叩诊肝脏浊音区扩大。病情严重时，表现肌肉震颤、痉挛、肌肉无力、感觉迟钝、昏睡或昏迷。腹泻与便秘交替发生，粪便色淡，偶有呕吐。

#### 任务分析

根据病史调查以及临床症状，最终诊断为急性肝炎。

**1. 急性肝炎有哪些症状**

精神沉郁，全身无力，初期食欲不振，而后废绝，急剧消瘦；体温正常或略升高；眼结膜黄染，粪便呈灰白绿色、恶臭，不成形；肝区触诊有疼痛反应，腹壁紧张，于肋骨后缘可感知肝肿大，叩诊肝脏浊音区扩大；病情严重时，表现肌肉震颤、痉挛，肌肉无力，感觉迟钝，昏睡或昏迷；肝细胞弥漫性损害时，有出血倾向，血液凝固时间明显延长。

**2. 急性肝炎如何诊断**

病犬精神沉郁，食欲减退，体温正常或稍高。有的病犬先表现兴奋，以后转为沉郁，甚至昏迷，可视黏膜出现不同程度的黄染。病犬主要呈现消化不良，其特点是粪便初干燥，之后腹泻，粪便稀软，臭味大，粪色淡。肝脏肿大，于最后肋骨弓后缘触摸时，病犬有疼痛感，叩诊时肝脏浊音区扩大。采血做肝功能检查时，各项指标都可呈现阳性反应。

一般可根据黄疸，消化系统紊乱，粪便干稀不定、有恶臭、粪色淡，肝区触、叩诊的变化，初步诊断为急性肝炎。如能做肝功能检查，则更有助于本病的确诊。

早期生化异常是血清中丙氨酸氨基转移酶（ALT）的增加，ALT 含量的多少由肝细胞损伤的程度来决定。血清 ALP（碱性磷酸酶）通常正常或只是在疾病早期阶段有少量增加。更严重的损伤结果可导致血清中天冬氨酸氨基转移酶（AST）含量的增加。如果一定数量的肝细胞损伤或者损坏，或者一定数量的损伤导致胆管阻塞的情况发生时，血清中胆红素的浓度也会增加，如果能有足够功能保持肝脏活性，患病宠物就会恢复正常。

肝组织活检通常无用，也不能在实质上对肝脏做出诊断，并且可能因为肝凝血而误诊。

组织学检查对评价疾病发展的严重性程度有用。肝组织活检应该在出现已经报道的异常的ALT/AST比值时进行检查。

## 必备知识

**1. 什么是急性肝炎**

急性肝炎是指肝脏实质细胞的急性炎症，临床上常以黄疸、急性消化不良和神经症状为特征。

**2. 急性肝炎的病因**

急性肝炎的原因主要有传染性因素、中毒性因素及其他因素。

（1）传染性因素　见于病毒、细菌及寄生虫感染，如腺病毒、疱疹病毒、细小病毒、结核杆菌、化脓性细菌、真菌、钩端螺旋体及巴贝斯虫等，这些病原体侵入肝脏或其毒素作用于肝细胞而导致急胜肝炎。

（2）中毒性因素　各种有毒物质和化学药品的中毒，如误食砷、汞、氯仿、鞣酸、黄曲霉毒素等，以及反复给予氯丙嗪、睾酮、氯噻嗪等，均可引起急性肝炎。目前已经证实一些肝细胞毒素包括四氯化碳化学溶剂、黄曲霉毒素、醋氨酚、甲苯咪唑、甲氧苄氨嘧啶、磺胺和某些抗生素。临床症状、生化数据和组织学检验结果通常不能明确是哪种毒素致病，只能从组织学上诊断出是中毒性肝炎。

（3）其他因素　食物中蛋氨酸或胆碱成分缺乏时，可造成肝坏死；充血性心力衰竭、门静脉和肝脏瘀血时，可因压迫肝实质而使肝细胞发生变性、坏死。

## 治疗方案

**1. 治疗措施**

（1）处方1

① 苦黄注射液30～40mL，10%葡萄糖溶液250mL。

② 用法：静脉滴注，每天1次，连用1周以上。

③ 说明：对症疗法，清热利湿，疏肝退黄。

（2）处方2

① 茵陈30g、柴胡30g、青皮15g、枳实15g、龙胆草20g、白芍15g、甘草10g、水煎2次、合并药液。

② 用法：口服，每天1剂，连用3～5剂。

③ 说明：治疗黄疸。

（3）处方3

① 20%谷氨酰胺溶液5～20mL，乌氨酸制剂0.5～2mL。

② 用法：皮下注射。

③ 说明：氨中毒的解毒。

（4）处方4

① 亚硫酸氢钠甲萘醌（维生素$K_3$），10～30mg/次。

② 用法：肌内注射，每天1～2次，连用数天。

③ 说明：止血。

**2. 防治原则**

除去病因，护肝解毒，积极治疗原发病。如由病毒引起的，可采用抗病毒药物，应用高免血清等；由细菌引起的，应根据不同的致病菌选用相应的抗生素；由寄生虫引起的，选用抗寄生虫的药物；中毒引起的，应及时解毒。

加强护理，保持安静，给予以碳水化合物为主的易于消化的食物，避免饲喂脂肪含量高的食物，给予富含蛋白质和多种维生素的食物。选用ATP、辅酶A等能量合剂口服或肌内注射，对处于各期的肝功能恢复有一定作用。

## 子任务二 慢性肝炎的诊断与治疗

### 任务导入

拉布拉多犬，7岁，公，临床表现精神萎靡不振，倦怠，呆滞，行走无力，被毛枯焦，消瘦。腹泻，粪便色淡，呕吐。

### 任务分析

根据病史调查以及临床症状，最终诊断为慢性肝炎。

**1. 慢性肝炎有哪些症状**

精神萎靡不振，倦怠，呆滞，行走无力，被毛枯焦，逐渐消瘦。腹泻，便秘，或腹泻与便秘交替发生，粪便色淡，偶有呕吐。有的出现轻度黄疸，触诊肝脏和脾脏中度肿大，有压痛。

**2. 慢性肝炎如何诊断**

血清胶质反应阳性，碱性磷酸酶、谷-丙转氨酶的活性均明显升高。溴酚酞磺酸钠试验滞留率阳性，凝血酶原时间延长。该病组织学表现为肝门静脉炎症和纤维化，较多恶性组织学特征使病情加重。坏死区域融合在一起形成实质破坏带，这个桥带在三联口和中心静脉或分隔小叶与门脉口之间。当血清ALT和ALP轻度持续性升高时，应该怀疑为慢性肝炎。慢性肝炎持续几个月到几年会损害正常的肝脏结构，而且早期的低级肝细胞生化性坏死会发展成为其中的某一项缺乏或不足。该病很难在这个阶段的生化指标上看出，即血清AST、ACT和AP活性物质正常或只是少量的增加，而血清中白蛋白、尿素氮下降和凝血酶时间相对减少时，就要考虑肝病的发生。肝功能不足的早期诊断特征为明显的胆红素尿和血清中胆酸的增加。凝血因子合成的破坏可能导致出血，肝脏组织学活检样本确定诊断结果。

### 必备知识

**1. 什么是慢性肝炎**

慢性肝炎是由各种致病因素引起的肝脏慢性炎症性疾病。犬的慢性肝炎与钩端螺旋体有关。

有氧苯巴比妥、苯妥英、镇静安眠药治疗及异常铜代谢在贝灵顿㹴和西部高地白梗表现为慢性肝炎。另外杜宾犬和美国可卡犬也易患慢性肝炎。

**2. 慢性肝炎的病因**

慢性肝炎多由急性肝炎转化而来。各种代谢性疾病、营养不良及内分泌障碍也可继发本病。

### 治疗方案

**1. 治疗措施**

加强护理，保持安静，给予以碳水化合物为主的易于消化的食物，避免饲喂脂肪含量高的食物，给予富含蛋白质和多种维生素的食物。

特殊疗法在多数病例是无效的，通常由致病因素决定。选用 ATP、辅酶 A 等能量合剂口服或肌内注射，对处于各期的肝功能恢复有一定作用。辅助性治疗可采用维生素 E、乌索脱氧胆酸和腺苷甲硫氨酸。抗炎症治疗使用强的松、咪唑硫嘌呤和秋水仙碱可能有用。

处方如下。

（1）葡萄糖注射液 200～500mL，氨基酸 100～250mL。

（2）用法：静脉滴注，连用数天。

（3）说明：护肝解毒。出现神经症状的不能给予氨基酸制剂，每天给予复合维生素 B 0.1～1.0g 及维生素 C 100～500mg，连用数天。

**2. 防治原则**

除去病因，护肝解毒，积极治疗原发病。

## 子任务三　猫肝脏脂质沉积综合征（脂肪肝）的诊断与治疗

### 任务导入

加菲猫，4 岁，公，临床表现精神沉郁、食欲减退、脱水、呕吐、黄疸，体重下降。

### 任务分析

根据病史调查以及临床症状，最终诊断为脂肪肝。

**1. 猫肝脏脂质沉积综合征有哪些症状**

患猫精神沉郁、食欲减退或废绝、脱水、呕吐、黄疸，体重下降、肌肉萎缩，部分患猫腹部触诊肝肿大。

**2. 猫肝脏脂质沉积综合征如何诊断**

（1）病史调查　本病没有明显的品种倾向性，发病宠物多为 2 岁以上的成年猫，有肥胖史，有由于应激引起的食欲减退或废绝经历。

（2）临床症状　患猫精神沉郁、厌食、体重下降、呕吐、可视黏膜黄染等。

（3）实验室检验　血常规检查可见红细胞变形，后期红细胞溶解，贫血严重。血常规检查可见丙氨酸氨基转移酶（ALT）、碱性磷酸酶（ALP）、天冬氨酸氨基转移酶（AST）、谷氨酰转移酶（GGT）、总胆红素、直接胆红素升高，血糖升高，血钾、血磷降低。

（4）影像学诊断　X 射线检查显示部分患猫肝肿大。超声波声图显示肝脏普遍性增大，包膜光滑；肝实质回声显著增强，呈弥漫性细点状，肝内回声强度随浓度递减，深部肝组织和横膈回声减弱或显示不清；肝内血管壁回声减弱或显示不清。

（5）活组织检查　细针穿刺抽吸肝细胞。该操作前应先检查宠物的血液凝固情况，如凝血不良，应先使用维生素 $K_1$ 进行治疗。

### 必备知识

**1. 什么是猫肝脏脂质沉积综合征**

猫肝脏脂质沉积综合征（feline hepatic lipidosis，FHL）是猫常见的肝脏疾病，是指肝细胞内沉积大量的脂质，影响了肝脏的正常功能。

**2. 猫肝脏脂质沉积综合征的病因**

本病可分为原发性肝脏脂质沉积综合征（IHL）和继发性肝脏脂质沉积综合征。猫原发性脂质沉积综合征的病因还不清楚，目前认为主要与肥胖、应激和厌食等因素有关。猫继发性肝脏脂质沉积综合征与Ⅱ型糖尿病、肝病、肾病、心脏病、胰腺炎、肿瘤、甲状腺机能亢进、肾上腺机能亢进、猫的下泌尿道疾病和肠道疾病等有关。

病理生理学：确切的机理尚不完全清楚。目前主要认为由于患猫持续性食欲减退或废绝，血糖下降，机体动员大量外周脂肪、蛋白质以提供能量，导致大量脂肪进入肝脏。脂代谢需要脂蛋白，由于摄入合成脂蛋白所需的胆碱、蛋白质、必需脂肪酸不足，影响了肝脏的脂代谢，导致脂肪在肝脏大量沉积，形成脂肪肝。肝细胞功能的下降导致肝功能的下降和紊乱。

## 治疗方案

**1. 治疗措施**

由于患猫不耐应激，因此应避免对猫的刺激，食物应通过鼻饲管投服，避免强行口服。喂给的食物应是高蛋白、高能量的全价饲料，应额外补充牛磺酸、精氨酸、维生素 $B_1$ 和维生素 $B_{12}$，血钾低的病例应补钾，肉毒碱尚未被证实对 IHL 有治疗作用。出现肝脑病的患猫开始时应饲喂低蛋白食物，蛋白质的含量可随神经症状的缓解而增加。因有些患猫血液内乳酸含量高，故静脉输液时应避免使用乳酸钠林格液；因右旋糖酐可增加肝脏甘油三酯的聚积和利尿作用，故也应避免使用。

健康体重、良好的饮食习惯和好的性格可以减少本病的发生。

肥胖是本病的常见原因，但减肥时过度限制饮食，会诱发本病发生。胆小、过分依赖某个主人及挑食、偏食的猫在出现各种应激情况时更容易影响食欲，发生本病。

（1）处方 1

① 巯基丙酰甘氨酸，50mg/天。

② 用法：内服，每天 3 次。

③ 说明：蓄积脂肪的消除和肝的修复。

（2）处方 2

① 氨基酸制剂，50～100mL。

② 用法：静脉注射，每天 1～3 次。

③ 说明：血清谷丙转氨酶活性升高时使用。

（3）处方 3

① 维生素 $B_1$，100mg。

② 用法：肌内注射，每天 1～3 次。

③ 说明：血清乳酸酶活性升高和肝胆排泄障碍时，可使用利胆剂。

**2. 防治原则**

防治原则是营养支持和治疗并发症，目的是恢复蛋白质和脂肪的代谢，恢复肝功能。

### 子任务四　肝硬化的诊断与治疗

## 任务导入

德国牧羊犬，3 岁，公，临床表现食欲不振，消化不良，腹泻，时有呕吐现象；消瘦，体质虚弱，倦怠、易疲劳，不喜运动；可视黏膜黄染，腹围明显增大。

## 任务分析

根据病史调查以及临床症状，最终诊断为肝硬化。

**1. 肝硬化有哪些症状**

早期主要表现为食欲不振，消化不良，长期便秘或腹泻，时有呕吐现象；逐渐消瘦，体质虚弱，倦怠、易疲劳，不喜运动；后期，可视黏膜黄染，腹腔积液，腹围明显增大，冲击有拍水音。严重病例，因肝功能衰竭而出现肝昏迷。腹部叩诊，早期可见肝浊音区扩大，后期则缩小。腹部触诊，在腹两侧肋弓下部可触及坚实的肝脏，并可见脾脏肿大。

**2. 肝硬化如何诊断**

（1）症状诊断　食欲不振，易疲乏；恶心、呕吐、消化不良或有腹泻。严重肝硬化时，有腹水，出血性素质，肝、脾肿大，低蛋白血症，门脉高压等现象。

（2）实验室诊断　血液检查，白蛋白减少，谷丙转氨酶、谷草转氨酶活性增高，凝血酶原活性降低。尿胆红素和尿蛋白阳性。超声波检查，可发现在进出波间有多少不等的分隔波，提示可能已有腹水生成。

依据长期消化不良、消瘦、腹水、腹部触诊及血、尿检查可确诊。

## 必备知识

**1. 什么是肝硬化**

肝硬化是一种常见的慢性肝病，由一种或多种致病因素长期或反复损害肝脏所致。本病因肝细胞呈弥漫性变性、坏死，结缔组织弥漫性增生，肝小叶结构被破坏和重建，导致肝脏变硬。

**2. 肝硬化的病因**

炎性增生见于中毒病（如砷、铜及长期采食霉变食物等）、传染病（如犬传染性肝炎、钩端螺旋体病等）、寄生虫病（如肝片吸虫病、血吸虫病等），以及其他器官的炎症蔓延（如大叶性肺炎、坏疽性肺炎、胸膜炎等）等。结节性肝脏肿瘤也可造成肝脏的硬变。

病理生理学：肝血管抵抗能力增加使得静脉高压导致纤维化和结节增生，引起腹水和后天性门体静脉阻塞。

## 治疗方案

**1. 治疗措施**

（1）处方 1

① 15% 葡萄糖，500mL；胰岛素，1mg；ATP，40mg；10% 氯化钾，10mL；CoA，100IU。

② 用法：静脉滴注。

③ 说明：促进肝细胞再生，提高血清蛋白水平。

（2）处方 2

① 复合氨基酸 250～500mL。

② 用法：静脉滴注，每天 1 次。

③ 说明：促进肝细胞再生，提高血清蛋白水平。

（3）处方 3

① 肌苷，100～150mg；维生素 C，500～1000mg。

② 用法：肌内注射，每天 1～2 次。

③ 说明：促进肝细胞再生，提高血清蛋白水平。

(4) 处方 4

① 泛酸，10～50mg/次；巯丙酰甘氨酸，50～100mg/次。

② 用法：肌内注射，每天1～2 次。

③ 说明：去除肝内脂肪。

(5) 处方 5

① 磺胺脒，1～3g/天。

② 用法：口服，分 3～4 次。

③ 说明：抑菌、制酵。

**2. 防治原则**

去除病因，积极治疗原发病，加强护理，喂给低蛋白、低脂肪的易消化食物。本病为慢性疾病，早期治疗尚有恢复的可能。若病程较长、肝硬变严重，多预后不良，最终死于肝功能衰竭。高糖有利于肝细胞的修复，应避免给予刺激性和高脂肪的食物。有腹水和水肿的病例，要限制钠盐的摄入。

## 子任务五 肝外胆管阻塞的诊断与治疗

### 任务导入

暹罗猫，3 岁，公，临床表现厌食、嗜睡和黄疸。

### 任务分析

根据病史调查以及临床症状，最终诊断为肝外胆管阻塞。

**1. 肝外胆管阻塞有哪些症状**

犬、猫均出现长期的厌食、嗜睡和黄疸病史。临床上表现黄疸症状外没有其他表现。怀疑胰腺炎时，10～14 天对症治疗后仍存在黄疸，则应该考虑是否为肝外胆管阻塞。

**2. 肝外胆管阻塞如何诊断**

肝外胆管阻塞导致肝合成 AP 显著增加，同时导致血清 ALT 活性增加，持续的胆酸浓度增加也导致肝组织的损伤。阻塞时血清出现 PT（凝血酶原时间）和 PTT（促凝血酶原激酶时间）活性增加，使用维生素 $K_1$ 治疗可恢复到正常。胆红素尿测试呈强阳性，尿胆素原缺乏，胆红素代谢出无色的肠内容物，不是肝外胆管阻塞的表现。这是因为胆汁流动造成肝外损伤的不完全，可暗中出现尿胆素原。当尿胆素原的肝肠循环由于口服抗生素和腹泻而发生不同改变时，则会出现假阴性。超声波可以把膨大的肝外胆管显像，有诊断价值，且不损害宠物本身。

急性胰腺炎偶尔会引起轻微或一定程度的血清 ALT 活性增加，AP 活性显著增加，全血清胆红素浓度升高。生化分析可能与肝外胆管阻塞结果相似，或与慢性活动性肝炎肝内胆汁阻塞结果相似。出现黄疸之前，宠物反复呕吐的急性发作常暗示胰腺炎，血清脂肪和血清淀粉酶活性显著增加暗示该病发生，但不能确诊此病。肝脏测试结果暂时增加常与急性胰腺炎有关，胰脏周围组织压迫胆管发生炎症，蛋白酶释放到门脉血都可导致肝胆组织损伤。

### 必备知识

**1. 什么是肝外胆管阻塞**

肝外胆管阻塞是指肝脏和十二指肠间的胆管胆汁流动受阻。急性完全的胆汁流动性梗阻少见。临床以反复呕吐、厌食、黄疸为特征。

**2. 肝外胆管阻塞的病因**

慢性胰腺炎、胰腺肿瘤和胆管上皮损伤是最常见的病因，胆管内存在胆结石引起本病在猫、犬有报道，胆汁浓缩（常与潜在的肝脏疾病有关）和肝吸虫可能诱发本病。

病理生理学：犬、猫的急性和慢性胰腺炎可导致严重的炎症、纤维化或脂肪坏死，从而引起正常胆管发生类似毒素性阻塞。通常在胆管周围或内部形成瘢痕。

治疗方案

**治疗措施**

手术纠正治疗较好，如果剖腹中未发现阻塞，应立即进行肝脏组织活检，同时对患病宠物进行对症治疗，使用乌索脱氧胆酸和维生素 E 治疗有益。

# 任务二　胰腺疾病的诊断与治疗

犬、猫常出现消化道疾病。肝脏、胰腺和肠道的疾病症状基本相似，这就为宠物医生做出精确合理的诊断提出了挑战。

大多数有经验的宠物内科医生证明很少有能确诊的急性胰腺炎。因此，如果进行诊断，对所有出现的临床结果进行总结是必要的。

## 子任务一　急性胰腺炎的诊断与治疗

任务导入

鹿犬，3 岁，公，临床表现厌食，无精神，间有腹泻，粪中带血；呕吐，饮水或吃食后更加明显；急剧消瘦；排粪量增加；最终死亡。

任务分析

根据病史调查以及临床症状，最终诊断为急性胰腺炎。

**1. 急性胰腺炎有哪些症状**

临床特征为突发性腹部剧痛、剧烈呕吐、昏迷或休克。病初厌食，无精神，间有腹泻，粪中带血；后出现持续性顽固性呕吐，饮水或吃食后更加明显；生长停滞，急剧消瘦；排粪量增加，粪便中含有大量脂肪和蛋白质；严重时波及周围器官，形成腹水。血清淀粉酶、脂肪酶活性增高。

大多数发生急性胰腺炎的犬是中年、肥胖的雌性犬，但是，体重正常的雄性犬也可以患此病。病史中最普遍的症状包括突然呕吐、厌食和精神沉郁。某些病例报道是由于脂肪摄入过多，当然这不可能是唯一原因。刚开始，呕吐中可能含有某些部分未消化的食物，紧接着会有胆汁和水状黏液的混合物。开始呕吐后，犬可能只表现反刍运动。情绪从温顺到明显的精神沉郁，姿态正常，腹部用手压则直立，是否侧卧取决于疼痛和血容量减少的程度。偶尔也可能发生腹泻，但是由于腹膜炎导致的肠梗阻使粪便稀少也常见。

患有急性胰腺炎的猫，年龄从小到大都有，但有一项研究统计显示大多数患病猫的年龄超过 8 岁，多数体重正常。临床症状与犬相似，有时呕吐可能很少见。

身体检查结果随疾病的严重性不同而异，患有轻微胰腺炎的猫和犬只表现轻度的精神不振，其他都显示正常；温和的腹部触摸有时不能察觉异常；胰腺发生出血性坏死则会表现明显的精神萎靡、发热、呕吐、心跳过速、腹痛、呼吸急促和脉搏微弱等相关症状，甚至出现腹部粘连。

临床可见黄疸，但在坏死性胰腺炎初期不会出现，一般在第三天出现，可能是胆汁淤积导致，胆管阻塞少见。腹部膨大可能是麻痹性肠梗阻所致。红棕色的腹水液（胰腺腹水）有时是由于出血性胰腺炎坏死导致的积液。

**2. 急性胰腺炎如何诊断**

急性胰腺炎初期的鉴别诊断要与不同的临床疾病相鉴别，如急性胃肠炎、中毒、钝性腹壁创伤、胃肠梗阻、胃肠穿孔、胃扭转、肠缺血和梗阻、气囊性胆囊炎、组织破裂、急性肾衰、急性肝病。有的需要外科急诊来进行快速诊断和治疗。

（1）症状诊断　腹痛突然发生，触诊上腹部右侧疼痛，多呈持续性，进食或饮水时腹痛加剧，呈祈求姿势。病初时呕吐，呕吐物中含有食物、胃液、胆液或血液，呕吐后症状不减轻，体温升高。有的病例出现烦渴，呼吸急促，心跳加速，脱水，肝脏肿大，黏膜充血；还有的病例表现多尿，腹泻，黄染，腹部膨胀，恶病质。

（2）实验室诊断　白细胞总数增多，中性粒细胞比例增大，核左移；血清淀粉酶活性升高，多数病例于发病后 8～12h 开始升高，24～48h 达到高峰，维持 3～4 天左右。血尿素氮增多。血糖升高，血钙降低。

图像结果：两种最常用的方法是 X 射线和超声波。急性胰腺炎的猫、犬腹部 X 射线显示几处异常。在少量水肿形成过程中，胃和肠道有可能表现为正常或不正常。更严重的类型会出现腹膜炎，导致腹部出现大量渗出液体，右侧十二指肠扩张，胃扩张，以及肺部积液。其他典型症状是急性胰腺炎也能导致 X 射线显示腹膜渗出和肺部积液。

超声波在探查与胰腺炎相关的病理变化时是有用的。然而，正常胰腺很少显现，红肿发炎的器官才可见。胰腺周围脂肪炎症的出现表现有较高的遗传性。右侧胰腺的炎症可能导致十二指肠明显加厚。胰腺无回声假囊性脓肿和脓肿的形成、胰腺腹水，超声波都可探查到。过度扩张的肠环可能影响图像显示。

临床病理学诊断结果：犬、猫典型急性胰腺炎的实验室测试异常已经描述。猫血清生化指标是变化的，范围从正常到异常，包括肾、肝、葡萄糖、蛋白质和电解液参数。血象常常暗示炎症反应。

脂肪酶和淀粉酶作为诊断测试仍有争议，因为二酶水平在发生急性胰腺炎时仍然正常。当确定选择血清淀粉酶时，要了解淀粉酶的代谢过程是很重要的；患肠道疾病的犬、患胰腺炎的犬和肾衰的犬都会引起血清淀粉酶的升高。血清中淀粉酶值比正常增加 2～3 倍时，则要首先怀疑是急性胰腺炎。

已报道在诊断犬的胰腺炎时，血清脂肪酶比淀粉酶更可靠。然而，脂肪酶和淀粉酶在患几种严重的腹部疾病时也会升高，如肝病、肾病和瘤生成。在严重胰腺损伤出现时，血清淀粉酶和脂肪酶结果应该根据患病宠物的具体情况进行分析，血清淀粉酶和脂肪酶可正常或严重减少。

猫胰腺出现异常血清脂肪酶和淀粉酶升高是变动的，不应该作为诊断的唯一标准。不出现急性胰腺炎时在猫身上两种酶水平正常，肾功能正常；血清中淀粉酶和脂肪酶的活性都增加或一个增加稍高一些，都提示有急性胰腺炎的发生。

血清中类似胰岛素免疫活性（TLI）的物质在猫身上表现得非常敏感，在犬身上可能是特异性测试。超过 35μg/L 则与急性胰腺炎有关。在疾病早期血清中 TLI 升高，然后快速下降。

## 必备知识

**1. 什么是急性胰腺炎**

急性胰腺炎主要发生于犬，以突发性腹部剧痛、休克和腹膜炎为特征。在所有宠物医院治疗的不同疾病中，急性胰腺炎是最难医治的。尽管仍在不断获取胰腺生理和病理生理学方面的知识，但至今仍没有很好的方法能直接攻克急性坏死性胰腺炎导致的破坏。最理想的治疗结果取决于临床医生对犬、猫生理、病理生理、临床特征和外科治疗等临床经验的掌握程度。

**2. 急性胰腺炎的病因**

犬、猫胰腺炎的发生与人类患此类病的病因不同，但是，也有几个发病因素应该考虑，例如胰腺导管阻塞、饮食日粮情况、传染性因素、创伤、毒性药物反应、代谢异常和血管变化。

(1) 胆总管梗阻　见于胆道蛔虫、胆结石、肿瘤压迫、局部水肿、局部纤维化及黏液淤塞等。胆总管阻塞后，胆汁逆流入胰管并激活胰蛋白酶原为胰蛋白酶，后者进入胰腺及其胰腺周围组织，引起自身消化。

(2) 胰外分泌腺机能亢进　进食大量脂肪性食物，可产生明显食饵性脂血症（乳糜微粒血症），改变胰腺细胞内酶的含量，易诱发急性胰腺炎。

(3) 传染性疾病　如猫弓形虫病和猫传染性腹膜炎，犬传染性肝炎、钩端螺旋体病等可损害肝脏诱发胰腺炎。

(4) 药物　如噻嗪类、乙酰胆碱酯酶抑制剂和胆碱能拮抗剂等，长期使用也可诱发胰腺炎。

(5) 其他因素　车祸、高空摔落及外科手术导致胰腺创伤，可直接导致胰腺炎。

病理生理学：一般的特点是抗蛋白酶的保护性反应，包括许多因素导致的细胞代谢紊乱和增加，腺泡溶菌膜、水解酶周围的脂蛋白的渗透性，同时合成不成比例的酶原活性和自身消化。活化的胰腺酶的特征和它们对胰腺的作用如表 1-2 所示。

表 1-2　胰酶的特征及其对胰腺的作用

| 酶 | 催化剂 | 生化作用 | 对胰腺的主要组织学影响 |
|---|---|---|---|
| 胰岛素 | 肠激酶，组织蛋白酶 B | 蛋白质水解，酶原的激活 | 水肿，液化、坏疽，出血 |
| 胰凝乳蛋白酶 | 胰岛素 | 蛋白质水解 | 水肿，出血 |
| 胰肽酶 E | 胰岛素 | 血管弹性组织离解 | 出血 |
| 胰肽酶 A | 胰岛素、胆汁酸 | 形成溶血磷脂 | 凝血性坏疽，脂肪坏死 |
| 脂肪酶 | 胆汁酸 | 甘油三酯分离 | 脂肪坏死 |

犬、猫急性胰腺炎表现显著的血压过低，这可能是该病致死的主要因素，在人类严重胰腺炎的血液动力学结果显示：心脏指数增加，全身性的血管张力减低。这些指数与脓血症的结果相似，这个反应的作用机制涉及不同的炎症介质，包括细胞介素 IL-1、IL-2、IL-6、IL-8，肿瘤坏死因子（TNF）、血小板激活因子（PAF）和干扰素。

循环血管活性成分的组成，例如血管缓激肽和心肌镇静因子（犬类）是胰腺坏死的原因，可能加剧血管舒缩的不稳定性，低血压也可能是由于血浆中的液体进入到腹膜后的第三空间所致。犬的实验大约 35%显示在诱导急性胰腺炎后 4h，循环系统全血的体积降低。

## 治疗方案

**1. 治疗措施**

有轻微病史和临床症状而实验室测试结果不显著的患病宠物，应该采用非口服式给养 1～2 天，并提供充足的饮水，如果持续呕吐，非口服摄取的限制应该延长 5～7 天或更长，给予宠物所需的液体要采用非胃肠道给予方式。一些病例中，NPO（禁食/胃肠减压）治疗要求必须持续至少 14 天或更多天以保证效果。

治疗严重的胰腺炎，最重要的是提供充足的非胃肠道补液。犬严重低血压时采用快速注入乳酸格林液或0.9%的生理盐水，治疗最初1～2h的剂量应为每千克体重70～90mL（猫每千克体重用30～40 mL）。当危险症状稳定后，尿输出量充足时，给药维持体液比率逐渐达到每千克体重60～120 mL，22～23h为一个周期。静脉内维持溶液由氯化钾[每千克体重3～5mEq/天(具体运用应根据机体电解质的变化)]和维生素B混合补充的盐溶液中混合2.5%～5%葡萄糖组成。任何酸异常都应纠正，并给予合理治疗。严重血液蛋白不足的宠物［血清白蛋白<2.3g/dL（23g/L）］给予新鲜血浆治疗。这样不仅可以增加血浆渗透压力，而且有助于防止组织水肿形成、腹膜渗出、肺水肿和肾衰等，所以原则上治疗时应予以考虑。其他胶体溶液，如羟乙基淀粉和右旋糖酐可用作血浆代替品。患畜血浆体积充分补充后，尿输出量需要仔细监控。不连续补钾和反复脱水后出现少尿或无尿时应用速尿来诱导多尿。宠物血浆呈高渗状态时，则应避免渗透利尿的诱导。少尿时维持补液的体积应等于生成尿的体积加上其余液体的损失[10mL/(kg·天)]；无尿时，任何强迫宠物多尿的行为都可能导致肺水肿的发生。

可使用不同的药物来治疗胃肠道疾病，如阿托品和溴丙胺太林，过去常用于止吐，避免采用长时间限制食物和水来抑制呕吐的方法。如果持续呕吐，可使用灭吐灵，没有副作用，一般用于早期犬止吐。推荐剂量为每千克体重0.2～0.4mg，皮下注射，每日3～4次或1mg/天，连续静脉注射。

抗生素常用于重病。患病宠物易引发各种并发症：败血症，尿道感染（特别是采用尿道导尿时），肺炎和胰腺脓肿形成，混合感染（抗菌谱广，包括需氧菌和厌氧菌）。胰腺的细菌感染来自门淋巴结、胆管系统、结肠和身体其他部位细菌的传播。临床常用抗生素为头孢噻呋钠、恩诺沙星和甲硝唑等。氨基糖苷类抗生素的使用要小心，临床上发现其对肾脏有害，会降低肾脏功能。

治疗时应提供充足的营养。5%葡萄糖溶液能提供少量能量，治疗初期可使用，但是其提供的能量远低于患病宠物1～2周完全控制口服吸收所需要的能量，这种限制抑制胰腺蛋白水解酶的分泌。许多宠物摄入液体后可恢复健康，在非口服途径最初5～7天后要给予固体食物。犬在非口服途径过后，第一天可提供少量水，接下来的2～3天宠物若不呕吐则可给予咸饼干加牛肉和鸡肉汤；进展顺利的，4～5天时可提供少量低脂肪食物，此时呕吐会导致低脂食物缺乏。患猫的食物给予也要逐渐改变，但没有任何对脂肪限制的要求。

如果患病宠物在口服饲喂后出现呕吐，则可以考虑采用血管内非经胃肠道营养或肠管饲喂。上述方法多有争议，因为血管内注射氨基酸和脂溶液可以刺激犬的胰腺分泌。血管内营养过度常出现与血管有关的静脉炎和败血症、血浆高渗透压，所以需要仔细观测，代价很大。因此常使用大型医疗设备进行饲喂，有助于特殊治疗，空肠造口术的管道和基本营养的注入是宠物吸取营养的另一种方式，有助于延长急性胰腺炎宠物的生命。

镇痛药物可以消除宠物的极度疼痛。硫代二苯胺类药物在治疗初期禁用，因为该药物可能导致血压极度降低。小剂量的杜冷丁（每千克体重1～5mg，肌内注射，每天4～6次）或小块经皮给药的芬太奴是可用于犬的止痛药物。猫的止痛药物可用环丁甲二羟吗喃(每千克体重0.1～0.4mg，肌内注射或静脉注射或皮下注射，隔1～4h一次)。硬膜外的止痛药物用于止痛效果很好。

当血中葡萄糖值超过300mg/dL(16.7mmol/L)时可使用胰岛素注射，锌结晶胰岛素推荐的初始皮下注射剂量每千克体重为0.5U单位（U），因为该药物的作用时间短，尤其易出现暂时的低血糖症。患病宠物表现对胰岛素依赖，应该根据现有处方来处理；出现低血压时，原则上胰岛素应缓慢注射(每千克体重每小时0.1U)。

对于严重病例可采取外科手术治疗。急性胰腺炎患病宠物手术时有几个重要事项：治疗潜在性疾病如假性囊肿或囊肿时应先消除胰腺炎症状；在出血坏死性胰腺炎的败血性阶段，应摘除坏死或感染病灶；纠正并发症如胆管阻塞；治疗5～7天仍无效的病重宠物或严重出血坏死性胰腺炎的初期阶段，应采取剖腹和腹膜冲洗的方法；胰腺炎感染病例建议进行外科治疗；灌洗引起的低蛋白血症和血清电解液缺乏，应该分别用血浆和一定比例的电解液来纠正；手术中，导管空肠盲肠吻合术要做，术后应通过肠道来饲喂。

（1）处方1

① 头孢氨苄青霉素片剂，适量。

② 用法：口服，0.5～1片/次，每天2次。

③ 说明：规格250mg，控制感染。

（2）处方2

① 维生素$B_1$，每千克体重50～100mg；胃复安，每千克体重1mg。

② 用法：肌内注射，每天2次。

③ 说明：用于严重呕吐的治疗，孕犬、猫禁用胃复安。

（3）处方3

① 5%葡萄糖溶液，250～500mL。

② 用法：静脉注射，每天上、下午各一次。

③ 说明：防止脱水。如果发生休克，则可加入地塞米松0.1～1mg/次。

（4）处方4

① 硫酸阿托品0.5mg。

② 用法：肌内注射，每天3次。

③ 说明：抑制胰腺分泌。

**2. 防治原则**

精心护理，插入内置式静脉导管，减轻疼痛。在出现症状的2～4天内应禁食，以防止食物刺激胰腺分泌。禁食时需静脉注射葡萄糖、复合氨基酸，进行维持营养和调节酸碱平衡等对症治疗。脂肪泻时补充胰酶及维生素K、维生素A、维生素D、B族维生素、叶酸和钙剂来减轻临床症状。病情好转时，给予少量肉汤或柔软易消化的食物。胰腺病变难以恢复，主要靠药物维持其机能，手术切除胰腺的坏死部位。

## 子任务二　慢性胰腺炎的诊断与治疗

### 任务导入

家猫，3岁，公，临床表现剧烈腹痛，伴有呕吐；排出大量橙黄色酸臭味粪便，粪中含有不消化的食物，发油光；贪食，消瘦。

### 任务分析

根据病史调查以及临床症状，最终诊断为慢性胰腺炎。

**1. 慢性胰腺炎有哪些症状**

腹痛反复发作，疼痛剧烈时常伴有呕吐；不断地排出大量橙黄色或黏土色、酸臭味粪便，粪中含有不消化的食物，发油光；患病宠物贪食，消瘦，生长停滞；如病变波及胃、十二指肠及胆总管时，可导致消化道梗阻、阻塞性黄疸、高血糖及糖尿病。胰腺组织萎缩，分泌功能减退。

**2. 慢性胰腺炎如何诊断**

(1) 症状诊断 腹上区触诊疼痛，消化不良，脂肪便，生长停止，消瘦。有时出现多饮多尿的糖尿病症状。

(2) 实验室诊断 粪便呈酸性反应，显微镜下可见脂肪球和肌纤维。胰蛋白酶试验阴性。

① X射线软片试验 取5% $NaHCO_3$ 溶液9mL，加入粪便1g，搅拌均匀。取1滴该混合液滴于X射线软片（未曝光的软片或曝光后的黯黑部分）上，经37.5℃ 1h，或室温下2.5h，用水冲洗。若液滴下面出现一个清亮区，表示存在胰蛋白酶；如软片上只有一个水印子，表明胰蛋白酶为阴性。

② 明胶管试验 在9mL水中加入粪便1g混匀，取一试管盛7.5%明胶2mL，加热使明胶液化；然后，加入粪便稀释液和5% $NaHCO_3$ 溶液各1mL，混匀，经37.5℃ 1h或室温下2.5h，再置于冰箱中20min，若混合物不呈胶冻状，则表明胰蛋白酶为阳性。

③ B超声检查 可见胰腺内有结石和囊肿。

④ X射线检查 可见胰腺钙化和结石阴影。

注意与急性肾衰竭或小肠梗阻相区别。宠物有急性腹痛，可排除肾衰竭。应用X射线照片，胰腺炎时左右腹上部密度增加，这可与肠梗阻区别开来。

必备知识

**1. 什么是慢性胰腺炎**

慢性胰腺炎主要发生于猫，是指胰腺炎症的反复发作或持续性的炎症变化，临床上以呕吐、腹痛、黄疸、脂肪痢及糖尿病为特征。

**2. 慢性胰腺炎的病因**

多由急性胰腺炎转化而来。胆囊、胆管、十二指肠等胰腺周围器官炎症蔓延，以及胰动脉硬化、血栓形成、胰结石等也可引起。

## 任务三 腹腔疾病的诊断与治疗

### 子任务一 腹膜炎的诊断与治疗

任务导入

杜宾犬，5岁，母，临床表现体温升高，精神沉郁，食欲废绝，呕吐。腹痛，吊腹，不敢运动，走动时弓腰，迈步拘泥。腹壁紧张且敏感。呼吸浅而快，呈胸式呼吸。后期腹围增大。

任务分析

根据病史调查以及临床症状，最终诊断为腹膜炎。

**1. 腹膜炎有哪些症状**

(1) 急性广泛性腹膜炎 体温突然升高，精神沉郁，食欲废绝，有时呕吐。腹痛，吊腹，不敢运动，走动时弓腰，迈步拘泥。触诊腹部，腹壁紧张且敏感。呼吸浅而快，呈胸式呼吸。后期腹围增大，轻轻叩击触诊，有波动感，有时能听到拍水音，腹腔穿刺液多混浊、黏稠，有时带血液或脓汁。严重者虚脱、休克。整个病程一般为 2 周左右，少数在数小时到 1 天内死亡。

（2）局限性腹膜炎　主要表现为不同程度的腹痛，有时会继发肠管功能的紊乱，如便秘、消化不良、肠臌气等。

（3）慢性腹膜炎　多由急性病例转归而来，一般无明显腹痛，表现为消化不良、拉稀或便秘等慢性肠功能紊乱。由于病程较长，病犬消瘦、发育不良。少数病例继发腹腔脏器粘连和腹水。

**2. 腹膜炎如何诊断**

根据临床症状，结合腹腔穿刺，如穿刺液为渗出液可确诊，但要与肠变位、胃扭转、子宫蓄脓等相区别。

## 必备知识

**1. 什么是腹膜炎**

腹膜炎是指腹膜因细菌感染或化学性因素、物理性因素刺激而引起的一种炎症，可分为急性、慢性炎症。

**2. 腹膜炎的病因**

腹膜炎一般由腹腔、盆腔脏器的炎症蔓延而引起。球菌、化脓菌等的感染也可继发腹膜炎。急性广泛性腹膜炎见于腹部的较大创伤，肝、脾、肠淋巴结脓肿的破溃，胃肠或子宫的穿孔，肠变位的后期及各种病菌引起的败血症等。局限性腹膜炎见于腹膜的创伤，以及腹部手术时所致的创伤。

## 治疗方案

**1. 治疗措施**

（1）处方 1

① 青霉素，每千克体重 2 万国际单位。

② 用法：肌内注射，每天 2 次，连用 3～5 天。

③ 说明：消炎。

（2）处方 2

① 硫酸庆大霉素，每千克体重 0.1 万～0.15 万国际单位。

② 用法：肌内注射，每天 3～4 次，连用 3～5 天。

③ 说明：消炎。

（3）处方 3

① 槟榔皮 25g，桑白皮 20g，陈皮 10g，茯苓 20g，白术 20g，葶苈子 25g。

② 用法：用水煎煮，至 50mL，直肠深部灌入（每千克体重 2mL），每天 1 次。

③ 说明：中药治疗。

**2. 防治原则**

积极治疗原发病，对症治疗。

## 子任务二　腹水的诊断与治疗

### 任务导入

杜宾犬，5岁，母，临床表现体温升高，精神沉郁，食欲废绝，呕吐。腹痛，吊腹，不敢运动，走动时弓腰，迈步拘泥。腹壁紧张且敏感。呼吸浅而快，呈胸式呼吸。后期腹围增大。

### 任务分析

根据病史调查以及临床症状，最终诊断为腹水。

**1. 腹水有哪些症状**

病程较长，从数周到数月不等。精神沉郁，食欲减退，消瘦及贫血，可视黏膜苍白，虚弱无力，不喜运动。有时可见四肢末梢部位出现水肿，指压留痕，后期腹围逐渐膨大，伴有不同程度的呼吸困难，呈胸式呼吸。触诊腹部，有波动感，出现水平浊音。腹腔穿刺，流出大量透明、淡黄色或淡红黄色的稀薄液体。

**2. 腹水如何诊断**

依据临床症状，结合腹腔穿刺可确诊。

### 必备知识

**1. 什么是腹水**

腹水症是因腹腔脏器长期瘀血或全身循环障碍引起的大量水分渗漏到腹腔的一种疾病，其特征是腹围增大，冲击有波动感和拍水音，穿刺液为漏出液。

**2. 腹水的病因**

腹水主要见于慢性肝病如肝炎、肝硬化、肝肿瘤等，心脏病如心包炎、心力衰竭、心脏丝虫病等，肺病如大叶性肺炎、肺结核、肺肿瘤等；以及慢性肾炎等，另外，肠变位、肝门静脉或腹腔大淋巴管受到肿瘤或肿胀的压迫引起血液循环障碍也可引起腹水。

### 治疗方案

**1. 治疗措施**

(1) 处方1

① 速尿每千克体重5mg。

② 用法：口服，每天1～2次。维持量按每千克体重1～2mg。

③ 说明：促进腹水排出。也可用双氢克尿噻，每天按每千克体重1～2mg内服，或按每天12.5～25mg肌内注射。静脉注射50%葡萄糖溶液每千克体重1～4mL，或静脉注射20%甘露醇溶液，每千克体重1～2g。

(2) 处方2

① 白术、茯苓、泽泻、陈皮各12g，槟榔皮、生姜各9g，肉桂、苍术、猪苓、厚朴、甘草各6g。

② 用法：煎汤灌服，每天1剂，连用3～5天。

③ 说明：中药治疗，健脾散加减。

**2. 防治原则**

采用对因治疗和对症疗法。如腹水严重，则可做腹腔穿刺放液。在腹壁最低点用长注射针头进行穿刺，一边进针一边用注射针筒抽液。注意消毒，且一次不能抽取过多液体，以防引起腹腔器官急性充血，进而导致脑缺血，虚脱引发严重后果。放液后，用青霉素钾160万～320万国际单位，链霉素100万国际单位、生理盐水40mL，混合稀释后注入腹腔。

## 子任务三　急腹症的诊断与治疗

### 任务导入

博美犬，4岁，母，临床表现不吃不饮，精神沉郁，腹壁紧张。胃扩张，呼吸60次/min以上。

### 任务分析

根据病史调查以及临床症状，最终诊断为急腹症。

**1. 急腹症有哪些症状**

急腹症的病犬、猫不吃不饮，精神沉郁或不安，有的在地上打滚不断呕吐，腹壁紧张，抗拒触诊。塑料薄膜引起幽门阻塞的观赏犬，在胃内积气积液，继发胃扩张，呼吸60次/min以上，饮、食欲废绝，呕吐，精神沉郁，腹壁紧缩，亦抗拒触诊。棉线针刺穿小肠壁的观赏犬，精神不振，不愿走动，强迫行走也非常小心，间或吃点稀粥，排出少许带较多黏液的稀粪，腹壁紧张，也抗拒触诊。这些病例常由于不吃、呕吐引起严重脱水，2～3天以后，在梗阻部肠管血液循环障碍，发生坏死，产生的毒素被吸收，常引起中毒休克或败血症。

**2. 急腹症如何诊断**

要点在问诊的基础上，采取以下方法。

（1）犬急性胃扩张-扭转综合征　任何年龄、品种的犬都可发病，但主要发生于体型大胸廓深的犬，特别是狼种犬容易发病。暴食和喂后的运动是发生该病的主要原因。胃一般呈顺时针180°～360°扭转，食管和十二指肠也发生阻塞。患病犬突然发病，表现反复干呕，大量分泌涎水，前腹部扩张，后期则整个腹部膨胀，触诊前腹部疼痛，叩诊呈鼓音。

患犬不安，呼吸浅表快速，脉搏快弱，毛细血管充盈度降低，可视黏膜发绀，虚脱，病情恶化快，在几小时内即可发展到中毒性休克。胃导管向胃内插入困难或不能插入。

（2）吞食异物　异物造成的肠管不完全梗塞，病犬表现呕吐和厌食间歇发作。高位性肠管内异物完全阻塞，表现频频呕吐；低位性肠管内异物完全梗塞，梗塞的前方肠管扩张、积气、积液、呕吐物常含有粪便。腹部触诊可触及到吞食的异物。异物穿孔的初期因剧烈疼痛可出现休克状，穿孔的晚期和异物梗阻后的肠坏死，因细菌性腹膜炎而出现中毒性休克。

① 腹部触诊　先用846合剂肌内注射对患病宠物进行全身麻醉，待腹部肌肉松弛后行腹部触诊以判定有无阻塞，本方法适用于体积较大的异物性肠梗阻。但对其他原因引起的急腹症，不易确诊。

② X射线透视、照片　除了对梗阻性异物能准确判定外，对棉线针穿过肠壁的部位、塑料薄膜阻塞幽门引起胃扩张的范围等均可作出揭示诊断。

③ 剖腹探查　对尼龙绳、橡皮筋、塑料薄膜引起的肠、幽门梗阻等在体外不能确诊时可施行剖腹探查，确诊后可立即转入手术治疗。

（3）犬肠套叠　突然发生阵发性腹痛，病犬不安、呻吟，机体过于衰弱者，则腹痛呈隐性。腹部包块，早期无腹胀时可触及到长条状、表面光滑、稍有活动的包块，如肉肠样硬度，轻度压痛，在腹痛发作时，肿块可变硬，间歇期有变软。

便血：发病后可能排出1～2次正常粪便，4～12h后排带有黏液的血便，若不排便，应对直肠进行指检，可发现在指套上有带血迹的粪。

（4）幼犬肠蛔虫阻塞　断乳前的幼犬，有阵发性呕吐，呕吐物中常有蛔虫。营养不良，被毛粗乱，偶有神经症状。腹部触诊可触及到条索状块物。

## 必备知识

**1. 什么是急腹症**

急腹症是犬腹部某些脏器疾病引起的急性腹痛，表现为呕吐、腹泻、肠蠕动增强，或发绀、呼吸困难、食欲缺乏或废绝、精神沉郁、休克，甚至死亡。急腹症包括的范围很广，一般急腹症大多由腹腔内器官的病变引起，如犬急性胃扩张-扭转综合征、急性肠梗阻、急性胆道蛔虫、吞噬异物及异物性胃肠穿孔、急性肠胃炎、急性胰腺炎等。在临床治疗中应抓住急腹症的诊断要点，在诊断过程中应严格予以鉴别，建立正确的治疗方案，以提高急腹症的治愈率。

**2. 急腹症的病因**

（1）犬急性胃扩张-扭转综合征　犬的急性胃扩张是胃突然地不正常扩张，并伴有气体、液体和食物排空发生障碍。胃扭转是已经发生扩张的胃沿着它的系膜轴发生旋转并伴有食管和十二指肠的部分或完全阻塞。

（2）吞食异物　特别是幼犬吞食了异物，如骨片、木片、塑料、别针、玻璃球、橡胶球等，吞食较大的异物常引起肠梗阻，吞食过于尖锐的异物易导致胃、肠穿孔，是犬常见的急腹症。

（3）犬肠套叠　多见于幼犬，因肠蠕动正常节律紊乱所致，常继发于拉稀的犬和患有蛔虫病的幼犬，肠套叠分为小肠型、回肠结肠型和结肠型，其中以回肠结肠型多见。

（4）幼犬肠蛔虫阻塞　幼犬蛔虫寄生情况十分普遍，临床上曾对一只幼犬进行剖检，从肠道中检出 330 余条蛔虫，蛔虫在小肠中互相缠结成团，形成蛔虫性肠梗阻。此类梗阻常为不完全性梗阻，是幼犬最常见的急腹症之一。

## 治疗方案

**治疗措施**

（1）犬急性胃扩张-扭转综合征　对过食的犬，可皮下注射阿朴吗啡，促其呕吐。腹痛严重的犬，可皮下或肌内注射杜冷丁，用量为每千克体重 2.5～6.5mg。因胃扭转或幽门狭窄引起的胃扩张，则于放气后症状不能立即获得显著改善，应剖腹探查，并做整复或做肠吻合术。

有脱水症状的病犬，应及时补液，可在静脉注射葡萄糖盐水时，加入氢化可的松，剂量为每千克体重 5～10mg。

急性期应禁食 24h，3 天内给予流质食物。

（2）吞食异物　胃肠内异物应采用手术取出异物。异物梗阻后的坏死肠段和异物穿孔，应立即手术，切除坏死肠段，修补异物穿孔处，并取出异物。进行抗休克性治疗，术后抗菌治疗。

（3）犬肠套叠

① 非手术治疗　灌肠疗法，适用于幼犬早期的肠套叠，套叠部分尚未发生器质性变化时，对结肠型、回盲型套叠有效，对小肠型套叠效果差。可用水进行灌肠，灌肠器高出幼犬体 90～100cm，以防压力过高。若用钡剂灌肠复位，可在透视下进行，复位时在透视下可见套入肠管退出，症状缓解。

② 手术治疗　手术时注意肠管的整复，推挤和牵拉时手法要轻，使其逐渐复位，不应用力过大，以免发生肠破裂。如推挤、牵拉有困难，可用手术刀柄沾灭菌豆油，伸入套叠鞘内，扩张套叠的肠管，继而推挤使其复位。如多次整复无效，套入肠管比较多的，可剪开外层肠管，整复后，对剪开的肠管用胃肠缝合法缝合。肠管复位后，如无坏死和其他病理变化，手术即可完成。如套叠时间过长引起粘连或者坏死，则应将粘连部分和坏死肠段切除，做肠吻合术。术后为防止粘连，在套叠肠整复后，在其外壁上涂以消毒豆油，或者注入腹腔部分消毒豆油。术后进行抗菌疗法和给以滋补强化剂，以期早日康复。

（4）幼犬肠蛔虫阻塞

① 非手术治疗　用支持疗法，如强心、补液、缓解疼痛等方法，待急性肠梗阻症状消除，肠蠕动恢复后，进行驱虫。

② 手术疗法　非手术疗法无效时进行手术，探查蛔虫阻塞肠段，切开肠管取出结成团的蛔虫。

③ 手术后使用抗生素，以防术部激发感染，两周后使用驱虫药，以后定期驱虫。

## 技能训练一　犬口炎的诊断与治疗

**【目的要求】**

1. 掌握犬的口炎的发病原因、临床症状及诊断。

2. 掌握犬的口炎的治疗原则、治疗措施及注意事项。

**【诊疗准备】**

1. 材料准备　1mL一次性注射器、5mL一次性注射器、各型号一次性输液器、开口器、听诊器、体温计等。

2. 药品准备　磺胺嘧啶注射液、病毒灵注射液、林可霉素、地塞米松、复合维生素B、维生素$B_2$等。

3. 病例准备　宠物医院口炎犬一例。

**【方法步骤】**

1. 病史调查　翔实收集发病犬的品种、年龄、发病时间、症状及用药情况等信息。

2. 临床检查

（1）一般检查　观察口色，有无流涎、有无异物等。

（2）鉴别诊断　与咽炎、唾液腺炎、食道阻塞等疾病进行区别。

**【治疗措施】**

1. 治疗原则　清除病因、净化口腔、收敛、消炎。

2. 治疗

（1）除去病因。

（2）清洗口腔，磺胺嘧啶注射液、病毒灵注射液混合口腔喷施。

（3）抗生素治疗　林可霉素、地塞米松。

（4）辅助治疗　辅助维生素A、维生素$B_2$。

处方：

R：

① 磺胺嘧啶注射液　　2.0g×2

病毒灵注射液　　2.0g×2

S：混合口腔喷施

② 林可霉素　　2.0g×1
地塞米松　　1.0mg×1
S：肌内注射
③ 复合维生素 B　　2.0mL×1
维生素 $B_2$　　1.0mL×1
S：肌内注射

【作业】

1. 病例讨论　口炎的原因及症状。

2. 写出实习报告　根据实训过程及结果总结本次病例的诊断及治疗过程。

## 技能训练二　犬胃肠炎的诊断与治疗

【目的要求】

1. 掌握犬的胃肠炎的发病原因、临床症状及诊断。

2. 掌握犬的胃肠炎的治疗原则、治疗措施及注意事项。

【诊疗准备】

1. 材料准备　1mL 一次性注射器、5mL 一次性注射器、各型号一次性输液器、听诊器、体温计、B 超及 X 射线设备等。

2. 药品准备　庆大霉素注射液、爱茂尔、复合维生素 B、食母生、乳酶生、多酶片、次硝酸铋、葡萄糖盐水注射液、氨苄青霉素、樟脑磺酸钠、地塞米松、肝泰乐、维生素 $B_6$、盐水等。

3. 病例准备　宠物医院胃肠炎犬一例。

【方法步骤】

1. 病史调查　翔实收集发病犬的品种、年龄、发病时间、症状及用药情况等信息。

2. 临床检查

(1) 一般检查　观察病犬的呼吸、心跳和体温；观察宠物粪便情况以及呕吐物情况。

(2) 实验室诊断　进行 B 超和 X 射线诊断。

若口臭、食欲废绝，全身症状明显而拉稀、黄染不明显，则可能以胃为主。黄染明显、腹泻较晚，可能以小肠为主。脱水、腹泻严重者，可能以大肠为主。但传染病、中毒病的鉴别诊断还需下工夫，结合流行病学、实验室手段综合判断。在没有找到病因之前，按一般内科胃肠炎治疗是合适的。

【治疗措施】

1. 治疗原则　排除病因，清理胃肠，保护胃肠黏膜，消炎止酵，维护心脏和全身机能，解除酸中毒，预防和治疗脱水，调节电解质平衡，增加机体抵抗力，加强护理。

2. 治疗

(1) 消炎　应贯穿治疗全过程。选择主要作用于胃肠道的消炎药如庆大霉素、氨苄青霉素。

(2) 强心、补液、解毒　胃肠炎最致命的因素是脱水、酸中毒造成心衰，故一定要补液。拉稀导致丢失大量碱性离子，为一种低渗性脱水，要补充生理盐水，最好是复方盐水。

(3) 清理胃肠，保护胃肠黏膜。

① 初期粪便稍干，胃肠内容物较多时，常常要缓泻，少用盐类，多用油类，稍加些止

酵剂如鱼石脂等有好处，千万注意不能用剧泻药。

② 当已经腹泻，次数较多且有一定时间时，重在保护胃肠黏膜。

③ 若粪便混有大量黏液及消化不全的饲料，气味腥臭时，决不能止泻，越止越坏。

④ 若粪便如水，并不腥臭，可用止泻剂（鞣酸蛋白、次硝酸铋、活性炭、中药乌梅、柯子、石榴皮等）。

（4）制止渗出和出血　可用止血药、维生素 C、钙制剂，有条件时可用输血疗法。

（5）中药　郁金散、白头翁汤。

处方：

| | |
|---|---|
| ① 庆大霉素注射液 | 8 万国际单位×1 |
| | S：肌内注射 |
| ② 爱茂尔 | 2.0mL×1 |
| 复合维生素 B | 2.0mL×1 |
| | S：肌内注射 |
| ③ 食母生 | 4 片 |
| 乳酶生 | 2 片 |
| 多酶片 | 2 片 |
| 次硝酸铋 | 2 片 |
| | S：口服 |
| ④ 葡萄糖盐水注射液 | 300.0mL |
| 氨苄青霉素 | 1.0g×2 |
| 樟脑磺酸钠 | 1.0g×1 |
| 地塞米松 | 1.0mg×1 |
| 肝泰乐 | 2.0mL×1 |
| 维生素 $B_6$ | 1.0mL×1 |
| 盐水 | 50.0mL |
| | S：静脉注射 |

**【作业】**

1. 病例讨论　胃肠炎的原因及症状。
2. 写出实习报告　根据实训过程及结果总结本次病例的诊断及治疗过程。

## 技能训练三　犬肠套叠的诊断与治疗

**【目的要求】**

1. 掌握犬的肠套叠的发病原因、临床症状及诊断。
2. 掌握犬的肠套叠的治疗原则、治疗措施及注意事项。

**【诊疗准备】**

1. 材料准备：1mL 一次性注射器、5mL 一次性注射器、各型号一次性输液器、听诊器、体温计、B 超及 X 射线设备、手术刀、缝合线、止血钳等。
2. 药品准备　阿托品、止血敏、氨苄青霉素、地塞米松、舒泰、肥皂、新洁尔灭等。
3. 病例准备　宠物医院肠套叠犬一例。

**【方法步骤】**

1. 病史调查　翔实收集发病犬的品种、年龄、发病时间、症状及用药情况等信息。

2. 临床检查

(1) X射线检查　阻塞前部肠管扩张，有特征性气体像。站立位时，可见液体与气体之间的水平线，阻塞部以下的肠道呈空虚像。肠套叠可见2倍肠管粗细的圆筒状软组织阴影，严重时，套叠部的肠壁间有气体阴影或出现双层结构。

(2) 肠道造影　投服钡剂或发泡剂后，肠道造影可确定阻塞部位。

(3) 必要时剖腹探查，以便及时治疗。

**【治疗措施】**

1. 治疗原则　强心补液，纠正脱水和酸中毒；消除病因，立即进行手术，除去梗阻物，解除梗阻，恢复肠道功能。

2. 治疗

(1) 手术疗法　立即进行外科手术治疗，并采取补充体液和电解质、调整酸碱平衡、应用广谱抗生素控制感染等对症治疗措施。肠道切开（切除）病例，术后3天禁食禁水非常重要。

(2) 保守疗法　肠套叠初期可试用温肥皂水灌肠；有时用止痛药和麻醉药，可使初期肠套叠自然复位。亦可采用腹壁触诊整复：一只手握住套叠部肠管的前端往前牵引，另一只手从套入肠段的断端往前轻轻挤压，可望复位。

**【作业】**

1. 病例讨论　肠套叠的原因及症状。

2. 写出实习报告　根据实训过程及结果总结本次病例的诊断及治疗过程。

## 技能训练四　猫便秘的诊断与治疗

**【目的要求】**

1. 掌握猫的便秘的发病原因、临床症状及诊断。

2. 掌握猫的便秘的治疗原则、治疗措施及注意事项。

**【诊疗准备】**

1. 材料准备　1mL一次性注射器、5mL一次性注射器、各型号一次性输液器、听诊器、体温计、B超及X射线设备等。

2. 药品准备　硫酸镁、液体石蜡、色拉油、肥皂、小诺霉素、胃复安、呋喃西林溶液、三磷酸腺苷二钠辅酶A。

3. 病例准备　宠物医院便秘猫一例。

**【方法步骤】**

1. 病史调查　翔实收集发病猫的品种、年龄、发病时间、症状及用药情况等信息。

2. 临床检查

(1) 一般检查　观察病猫的呼吸、心跳和体温，触诊腹部。腹部触诊，可触之直肠增粗，直肠内存有大量干硬粪块。

(2) 实验室诊断　进行B超和X射线诊断。X射线摄片检查，可以看到明显增粗的直肠和肠腔内的高密度粪便影像，可确诊本病。

**【治疗措施】**

1. 破结　首先固定好猫头。站立保定，术者用两手掌从猫的后腹部向内挤压，当感觉到有硬状粪结存在时立即将左手移到腹下，手掌向上用拇指和食指从盆腔前捏断粪结，逐渐向前移动，断一节向前移动一节，最终将肠管的粪结全部捏断。

2. 灌肠　待肠道内全部粪结捏成小段后用肥皂水灌肠。用橡皮球吸取温肥皂水（约60mL）后把橡皮球尖端轻轻插入肛门内，将肥皂水全部注入直肠，稍停半分钟后抽出橡皮球，此时肠道内的粪结伴随着肥皂水向外冲出，然后再用两手掌向后挤压已断碎的粪块，待粪块移达直肠后，再用温肥皂水灌肠，如此反复多次，直到粪结彻底排出。

3. 药物疗法　内服适量的缓泻药，如硫酸镁、液体石蜡；灌服少量的色拉油。

4. 护理　为防止肠道继发炎症和促使肠道功能正常，每天可肌内注射小诺霉素、胃复安各1支，连续注射3天，同时用0.02%呋喃西林溶液灌肠。为防止机体衰竭每天可肌内注射三磷酸腺苷二钠注射液、辅酶A各一支。

**【作业】**

1. 病例讨论　猫便秘的原因及症状。

2. 写出实习报告　根据实训过程及结果总结本次病例的诊断及治疗过程。

## 技能训练五　犬肝炎的诊断与治疗

**【目的要求】**

1. 掌握犬的肝炎的发病原因、临床症状及诊断。

2. 掌握犬的肝炎的治疗原则、治疗措施及注意事项。

**【诊疗准备】**

1. 材料准备　1mL一次性注射器、5mL一次性注射器、各型号一次性输液器、听诊器、体温计、B超及X射线设备等。

2. 药品准备　谷氨酸、25%葡萄糖注射液、维生素C注射液、维生素$B_1$、维生素$B_{12}$、人工盐或硫酸镁或硫酸钠。

3. 病例准备　宠物医院肝炎犬一例。

**【方法步骤】**

1. 病史调查　翔实收集发病犬的品种、年龄、发病时间、症状及用药情况等信息。

2. 临床检查

（1）一般检查　观察病犬的呼吸、心跳和体温；触诊犬的肝脏区并进行叩诊。

（2）实验室诊断　进行血清学检测，检测乳酸脱氢酶和谷丙转氨酶。

病犬精神沉郁，食欲减退，体温正常或稍高。有的病犬先表现兴奋，以后转为沉郁，甚至昏迷。可视黏膜出现不同程度的黄染。病犬主要呈现消化不良症状，其特点是粪便初干燥，之后腹泻，粪便稀软，臭味大，粪色淡。肝脏肿大，于最后肋骨弓后缘触摸时，病犬有疼痛感，叩诊时肝脏浊音区扩大。采血做肝功能检查时，各项指标都可呈现阳性反应。一般可根据黄疸，消化紊乱，粪便干稀不定、有恶臭、粪色淡，肝区触、叩诊的变化，初步诊断为肝炎。如能做肝功能检查，则更有助于本病的确诊。

**【治疗措施】**

1. 治疗原则　主要以除去病因、解毒保肝为基本治疗原则。

2. 治疗

（1）消除病因　主要是治疗原发病，停止应用有损肝脏功能的药物等。

（2）增强肝脏解毒功能　可应用谷氨酸，每次内服0.5～2g，1天3次。

（3）保肝利胆　可用25%葡萄糖注射液50～100mL、维生素C注射液2mL、维生素$B_1$

2mL、维生素 $B_{12}$ 1mL，1 次静脉注射，每天 1 次。为促进胆汁排泄，可用人工盐或硫酸镁或硫酸钠 10～30g 内服。

**【作业】**

1. 病例讨论　肝炎的原因及症状。
2. 写出实习报告　根据实训过程及结果总结本次病例的诊断及治疗过程。

# 模块二 宠物呼吸器官疾病

【模块介绍】

呼吸器官是以环状软骨下缘为分界线的上呼吸道和下呼吸道组成，具体包括鼻、副鼻窦、喉、气管、支气管、肺和胸膜等；呼吸道是一条较长的管道，与外界直接相通；各种病原微生物（包括细菌、病毒、衣原体、支原体、真菌、蠕虫等）、粉尘、烟尘、化学刺激剂、变应原、有害气体等易随空气进入呼吸道和肺部直接引起呼吸器官疾病。通过本模块的学习，要求理解呼吸器官的功能主要是进行体内外之间的气体交换；代谢循环血液中的某些生物活性物质；维持机体内环境的稳定；维持酸碱平衡和发挥血液碱贮库的功能等。掌握呼吸器官虽具备完整的特异性和非特异性的免疫和防御功能，但在饲养管理不善、气候变化等因素下可能会导致机体的抵抗力下降，表现出以流鼻液、咳嗽、呼吸困难、发绀和肺部听诊啰音等为主要症状的疾病。本模块的重点是感冒、鼻炎、气管炎、支气管炎、肺炎、肺水肿、肺气肿、气胸、胸膜炎、胸腔积液等临床常见疾病的病因、临床症状、诊断和治疗原则；难点是肺炎、支气管炎、肺水肿等疾病的发病机制和疾病易产生耐药性导致临床治疗过程中药物应慎重选择。

## 项目一 上呼吸道疾病

### 任务一 感冒的诊断与治疗

#### 任务导入

博美犬，3.5月龄，因天气突然变冷，在门外待了一晚上，第二天发现，流清亮的鼻液，咳嗽，食欲减退，爱喝水，不爱运动。体温40℃、怕冷发抖、眼睛羞明流泪、打喷嚏、常用前爪搔鼻。

#### 任务分析

根据天气剧烈变化及咳嗽、流鼻液等，初步怀疑患感冒。

**1. 感冒有哪些症状**

多数病例体温升高，精神不振，食欲减退；病初流浆液性鼻液，后变为黄色黏稠状，鼻黏膜肿胀显著；羞明流泪，可视黏膜潮红，肿胀；脉搏，呼吸增数，咳嗽，听诊心跳加快，肺泡呼吸音增强；皮温不均，四肢末梢和耳尖发凉。

**2. 感冒如何诊断**

通过流行病学调查、临床基本检查和临床症状观察可以初步怀疑，实验室检查可以确诊。注意与流感、犬瘟热早期症状和细小病毒早期症状的鉴别诊断。

## 必备知识

**1. 什么是感冒**

感冒是指以上呼吸道黏膜炎症为主症的急性全身性疾病，多发于早春和晚秋气候多变的季节。

**2. 感冒的病因**

突然遭受寒冷的侵袭，如冬季遇贼风或在室内睡觉时遭穿堂风侵袭、寒冷季节露宿、被雨淋、给犬洗澡后没有及时将毛吹干、长途运输、过度劳累和营养不良等均可引起。某些呈现高度接触传染性和明显由空气传播引起的感冒可能是由细菌或病毒引起的流行性感冒。

## 治疗方案

**1. 治疗措施**

内服阿司匹林 0.2～2g（犬）或肌内注射 30%安乃近 2mL，每日 2 次；或肌内注射柴胡注射液。

全身应用抗生素或磺胺类药物，如青霉素 G，犬、猫每千克体重 1.5 万～2 万国际单位，每日 3 次；头孢氨苄，犬、猫 22～30mg/kg。

甘草片、强力咳喘宁、可愈糖浆、清开灵口服液等也有效果。

**2. 防治原则**

解热镇痛、镇咳祛痰。

# 任务二　鼻炎的诊断与治疗

## 任务导入

萨摩耶犬，2 月龄时在寒冷的外面流浪，回家后就出现拉稀，还有就是总打喷嚏，不发烧不咳嗽，精神食欲正常，鼻中无异物，家中也没有什么特别刺激味道的，尤其是玩耍的时候甩头就连打几个喷嚏，现在一年多了，还是没好，有时还会甩一脸鼻水，有时候呼吸时感觉狗的鼻子被堵住了，有点像打呼噜。

## 任务分析

**1. 鼻炎有哪些症状**

急性原发性鼻炎因鼻黏膜受到刺激出现充血、肿胀，敏感性增高，频打喷嚏或摇头后退，摩擦鼻部，抓挠面部。由于鼻腔被排泄物、结痂物阻塞变窄，出现呼吸促迫、鼻塞音或鼾声，严重者张口呼吸或出现吸气性呼吸困难。下颌淋巴结肿胀。鼻液为一侧性或两侧性，从浆液性到黏液性、脓性、血性，甚至鼻黏膜溃疡后出现鼻出血。

继发性或慢性鼻炎，病程长，临床表现时轻时重。犬常出现窒息或脑病，猫表现鼻骨肿胀，鼻梁皮肤增厚及淋巴结肿大。

**2. 鼻炎如何诊断**

根据鼻黏膜充血、肿胀及打喷嚏和流鼻液的等特征症状即可初步诊断，然后利用鼻液或鼻腔涂擦物培养分离细菌。由病原体引起的猫的呼吸系统疾病也呈现相似症状，因此，有时很难确诊鼻炎是否由病毒引起。因此，有条件的应通过病毒的组织学培养或中和反应进行诊断。

## 必备知识

**1. 什么是鼻炎**

鼻炎是指部分上呼吸道的鼻和鼻腔内的炎症。临床上以鼻黏膜充血、肿胀，流出浆液性、黏液性及脓性鼻液，呼吸困难，打喷嚏为主要特征。按病程分为急性和慢性鼻炎。

**2. 鼻炎的病因**

发病的病因包括：寒冷的刺激，粗暴的鼻腔检查，经鼻腔投药造成鼻黏膜的损伤，吸入粉尘、烟尘、植物纤维、昆虫、花粉及真菌孢子等物理性因素，及二氧化硫、氯化氢、氨气、硫化氢、光气等对鼻黏膜的直接刺激，某些病毒（犬瘟热病毒、犬副流感病毒、猫细小病毒、猫鼻气管炎病毒、腺病毒）、细菌（猫大肠杆菌、$\beta$-溶血性链球菌、支气管败血博氏杆菌、出血性败血性巴氏杆菌）、寄生虫（犬鼻螨、犬肺棘螨）等生物性因素和伴有鼻炎症状的疾病（咽炎、喉炎、副鼻窦炎、支气管炎和肺炎）。

## 治疗方案

**1. 治疗措施**

（1）应用抗生素　应用氨苄青霉素（每千克体重 5～10mg，静脉注射）、四环素（每千克体重 7mg，肌内注射）和磺胺类药物的甲氧苄氨嘧啶（每千克体重 30mg，肌内注射）。

（2）应用肾上腺激素　强的松龙（每千克体重 1mg，内服，同时皮下注射同量）。

（3）吸入疗法　除抗生素之外，让病猫吸入气管黏液溶解剂痰易净（2mL）或喷入祛痰剂（1～5mL）。此外，对于无法吸入时，应用气管黏液溶解剂盐酸溴苄环己铵（必嗽平）（每千克体重 1mg，每隔 12h 内服一次）。

在鼻孔周围的擦伤处涂抹凡士林或软膏。

发生鼻炎后，由于嗅觉下降，应饲喂一些带有芳香气味的食物。

对于食欲不振的病例，应强行人工营养，或者补给非经口性营养和水分。

**2. 防治原则**

除去病因，将犬猫安置在温暖、通风良好的场所，停止对犬的训练，适当休息。

# 项目二　下呼吸道疾病

## 任务一　气管炎的诊断与治疗

### 任务导入

博美犬，5月龄，平时很活跃，前一天晚上洗澡后第二天出现干咳，鼻头微凉，感觉有较多鼻液。牵遛并和别的狗玩的时间长了，或跑的时间稍长，喉部就发出类似喇叭一样的声响，就好像是吸气时，嗓子里被什么给挡住发出的噪声。

### 任务分析

**1. 气管炎有哪些症状**

咳嗽、触诊气管敏感，有时感到气管壁震颤或有痰液移动感。有的病例出现呕吐样咳嗽，甚至由于持续性咳嗽而表现痛苦；病初体温稍有升高，脉搏、呼吸加快，2～3天后体温正常，脉搏、呼吸也恢复正常。单纯性气管炎临床上较为少见，常与喉卡他、支气管炎等病同时发生。当发生细菌感染时，流出脓性鼻液；感冒时也常有气管炎症状。

**2. 气管炎如何诊断**

咳嗽，有时持续性咳嗽是其典型症状，无其他异常症状时初步诊断为气管炎，血液检查和X射线检查未见异常则可以确诊；出现分泌物时，可进行细菌培养检查；由心脏疾病或肺脏疾病引起的继发性病例，要进行原发病的诊断。

### 必备知识

**1. 什么是气管炎**

气管炎是由于气管黏膜上皮发生炎症而发生咳嗽的一种疾病。只要是原发性则一般状态正常，预后也良好。但是，由心脏疾病或肺脏疾病引起的继发性炎症，应优先治疗原发病，但往往由于原发病治愈困难而转为慢性。

**2. 气管炎的病因**

发病的病因包括：受寒感冒、烟雾和刺激性气体等物理性刺激；病毒（犬瘟热病毒、犬副流感病毒、猫鼻气管炎病毒）、细菌（嗜血杆菌、链球菌、葡萄球菌、肺炎球菌）等生物性因素；气管虚脱、心脏疾病等继发。

### 治疗方案

**治疗措施**

（1）应用抗生素　可以使用林可霉素每千克体重20mg，肌内注射；口服头孢氨苄每千克体重20～30mg，每日2次，或美浓霉素每千克体重5mg，每日1次。

（2）应用抗组胺药　盐酸苯海拉明每千克体重2mg，皮下注射；或扑尔敏每千克体重1～2mg，静脉或皮下注射，每日1次。

（3）喷雾疗法　黏液溶解剂（安利维尔、盐酸氨溴索）和经气管黏膜不能吸收的抗生素（卡那霉素或庆大霉素）。

## 任务二　支气管炎的诊断与治疗

### 任务导入

比熊犬，3月龄，公，体重2.15kg，英特威5联疫苗三针，每月驱虫一次，一周前，呼吸急促，天凉和早晚时候咳嗽，像是喉咙卡了东西似的，有痰，目前治疗3天没有明显好转。但精神、食欲、粪便都正常。

### 任务分析

**1. 支气管炎有哪些症状**

急性支气管炎，初期为短而痛的咳嗽，后转为深而长的咳嗽，疼痛减轻或无痛；鼻液由浆液性变为黏液性、脓性；下颌淋巴结和颈部淋巴结肿胀而敏感；咳嗽后鼻液增多；体温正常或稍有升高。

继发性支气管炎，长期顽固性无痛干咳，多发生于运动、采食、饮水、夜间和早晚气温较低时；鼻液少而黏稠，病情时轻时重；胸部听诊，多数病例的胸部上1/3处可听到啰音。

血液学检查：重症时白细胞总数升高，中性粒细胞增多，核左移；病情缓解期单核细胞、淋巴细胞升高。嗜酸性粒细胞增多，见于寄生虫性或过敏性支气管炎，二氧化碳分压升高。X射线检查，急性支气管炎沿气管有斑状阴影，慢性支气管炎肺部支气管阴影增重延长，发生支气管周围炎时，肺纹理增多、增粗，阴影变浓。

支气管镜检查，支气管内有呈线状或充满管腔的黏液、黏膜粗糙增厚。还可以对气管、支气管冲洗液进行细菌或真菌的培养或直接涂片检查。

**2. 支气管炎如何诊断**

根据临床症状结合实验室检验结果做出诊断。咳嗽症状伴随轻度体温升高应与犬瘟热病、流感病毒病、慢性支气管炎、犬恶心丝虫病等相区别。另外，犬的过敏性支气管炎没有明显的临床特性，其接触的过敏原常无法确认，并且临床症状与慢性支气管炎相似，常发生于成年犬，常有1～2个月的持续性咳嗽史，表现为阵发性干咳而无痰。气管触诊、兴奋或者运动时能引发咳嗽；听诊常表现为正常的呼吸音或呼吸声增强。X射线检查结果也不明显。

### 必备知识

**1. 什么是支气管炎**

支气管炎是支气管黏膜、黏膜下组织和气管周围组织的炎症。临床上以咳嗽、胸部听诊有啰音为主要特征。单纯性支气管炎比较少见，多数由病毒感染或细菌的继发感染引起。根据病情可分为急性和慢性两种。

**2. 支气管炎的病因**

传染性疾病：病毒性鼻气管炎、卡里病毒感染、衣原体、链球菌、葡萄球菌、大肠杆菌等直接或继发感染。

机械和化学性原因：吸入灰尘、刺激性气体等，寒冷刺激、在夏天使用制冷设备（空调）、冬天使用暖炉（温度、湿度和灰尘等）、烟雾和杀虫剂。

误吞异物、肿瘤和寄生虫：比较少见。

## 治疗方案

**1. 治疗措施**

加强饲养管理，在治疗过程中，保持安静并注意保温、换气和增加湿度等。

根据药敏试验，选择理想的药物，常用青/链霉素、阿莫西林、阿莫西林克拉维酸钾、头孢拉定等。

强的松龙（每千克体重 1.0mg，肌内注射）可减轻流鼻液和咳嗽等症状，但往往延迟病程，而应用消化酶类制剂（胰凝乳蛋白酶，0.1mL/只，肌内注射）和免疫增强剂效果良好。

**2. 防治原则**

去除病因、抗菌消炎、类固醇制剂。

# 任务三　肺炎的诊断与治疗

## 任务导入

萨摩耶犬，3 月龄，体重 3.6kg，因淋雨感冒，后来腹泻，基本好后，现在喷嚏咳嗽，流黄色鼻液，鼻镜干燥，经医生检查，诊断为肺炎。

## 任务分析

**1. 肺炎有哪些症状**

由于本病常是急性支气管炎蔓延或进一步发展的结果，所以临床以支气管和肺实质的炎症为特征，临床常说的肺炎多为支气管肺炎。所以病初常有急性支气管炎症状，如明显的咳嗽和流水样或黏液性鼻液。发展到肺泡后全身症状比较严重，其特征性表现是呼吸困难，腹式呼吸明显，精神极为沉郁，食欲废绝。检查体温显著升高（40℃左右），可视黏膜潮红或轻度发绀，听诊肺部局部肺泡音减弱或消失，叩诊肺部出现浊音区。血液学检查，白细胞总数升高，中性粒细胞比例升高，伴有核左移现象，多见于细菌性肺炎；嗜酸性粒细胞增加，多见于变态反应性肺炎；白细胞总数减少，核右移，多提示预后不良；X 射线检查可见肺叶多部位呈现不规则的阴影。

**2. 肺炎如何诊断**

依据临床症状及实验室检验做出诊断并不困难。但由于肺炎可由多种因素引起，要确定病因，确定肺炎是单一疾病，还是某种传染病或寄生虫病的局部症状，则需要做全面而细致的检查，甚至必要的实验室检验。应与间质性肺炎、吸入性肺炎、支气管炎、寄生虫性肺炎和真菌性肺炎、膈疝、瘀血性心功能不全、肺肿瘤等进行鉴别诊断。

## 必备知识

**1. 什么是肺炎**

肺炎是指由一定的病原体引起的原发性或者继发性的肺实质和肺泡所发生的炎症。从解剖学角度，本病常并发气管炎和支气管炎。临床上以体温升高、呼吸困难（气喘）、胸部叩诊有散在性或广泛性浊音区、胸部听诊有干湿啰音等，X 射线摄片有特殊表现为特征。

**2. 肺炎的病因**

犬瘟热、犬传染性气管/支气管炎、犬呼肠孤病毒感染、猫传染性鼻气管炎、猫杯状病毒感染等病毒性疾病。

金黄色葡萄球菌、溶血性链球菌、肺炎球菌、大肠杆菌、多杀性巴氏杆菌、支气管败血博代杆菌、克雷伯杆菌、绿脓杆菌等细菌性疾病。

肺毛细线虫、猫圆线虫、卫斯特曼氏并殖吸虫、猫肺并殖吸虫、鼠弓形体等寄生虫。

芽生菌、组织胞浆菌、放线菌、诺卡菌、隐球菌、烟曲霉、念珠菌等真菌。

急性子宫炎、乳房炎等化脓性疾病时，其病原可经血液途径侵入肺组织而致病。

异物、呕吐物、刺激物等的误入。

变态或过敏反应。

## 治疗方案

**1. 治疗措施**

(1) 消除炎症　青霉素、链霉素，肌内注射，每次各 80 万～160 万国际单位，每天 2 次；头孢拉定，每次 0.5～1.0g，每天 2 次。还可选用甲硝唑注射液、庆大-小诺霉素、红霉素、丁胺卡那霉素等。

(2) 止咳化痰　强力枇杷露、强力咳喘宁、可愈糖浆。

(3) 制止渗出　10%葡萄糖酸钙或 5%氯化钙溶液缓慢静脉滴注，每次 10～20mL，每天 1 次。

(4) 促进渗出物的吸收和排出　速尿每千克体重 0.5～1mg 或者 10%苯甲酸钠咖啡因(CNB)：10%水杨酸钠：40%乌洛托品按照 1：10：6 混合后适量静脉注射。

(5) 支持疗法　5%葡萄糖氯化钠溶液和 18 种氨基酸适量，每天 1 次。

(6) 对症治疗　高热时肌内注射复方氨基比林 1～2mL，缺氧用人用便携式输氧袋。

**2. 防治原则**

治疗在采取加强营养、改善护理的同时，采用消除炎症、祛痰止咳、制止渗出和促进炎性产物吸收和排出及相应的对症治疗等措施。

# 任务四　肺水肿的诊断与治疗

## 任务导入

一老龄京巴犬，在医院输液过程中，突然发生呼吸困难，头颈伸展，鼻翼扇动，呼吸数明显增加，每分钟可达 80 次以上。体表静脉怒张，眼球突出，结膜潮红或发绀，两鼻孔流出大量含有小泡沫的白色或粉红色鼻液，主治医师立刻胸部听诊听到广泛的水泡音。X 射线检查肺野阴影加深，肺门血管纹理加深。

## 任务分析

**1. 肺水肿有哪些症状**

发病初期表现呼吸急促，烦躁不安，张口呼吸，呼吸困难，或黏膜发绀。严重时可见口腔内咳出白色甚至粉红色的泡沫痰。急性肺水肿：表现不安，突然出现张口呼吸和喘鸣样呼吸等严重呼吸困难；出现湿咳，时常从口或鼻孔流出大量浅黄色或白色甚至粉红色的细小泡沫样鼻液；黏膜发绀。亚急性或慢性肺水肿：呼吸系统的症状较轻，但是病畜不安，特别在夜间更明显；可见较轻的湿咳，听诊时整个肺区湿啰音。

**2. 肺水肿如何诊断**

根据临床症状进行诊断。听诊心音异常（杂音、心律失常），肺部有湿啰音。X射线检查发现，肺野阴影密度较肺炎均匀，如毛玻璃状；阴影密度普遍升高，肺门血管纹理粗重，肺野亮度减低，肺纹理模糊、增粗且阴影动态变化快。支气管内壁由于其周围肺泡的水分潴留而使阴影增加（空气支气管像）。此外，由于含有水分的肺泡和正常肺泡的混合存在，呈现花斑样（空气肺泡像）。轻度肺水肿是不能通过X射线诊断的，B超及心电图描计有助于肺水肿的诊断。

## 必备知识

**1. 什么是肺水肿**

肺水肿是肺部毛细血管充血，体液由毛细血管渗出，在肺泡、支气管及肺间质内过量聚积所引起的一种非炎性疾病。临床上以高度混合性呼吸困难，黏膜发绀，静脉怒张，惊恐不安，呼吸数剧增，鼻孔内流出大量浅黄色或白色甚至粉红色的细小泡沫样鼻液，听诊广泛的湿啰音和捻发音，X射线摄片检查肺视野的阴影加深，肺门血管的纹理明显为特征。临床分为心源性肺水肿和非心源性肺水肿。

**2. 肺水肿的病因**

心源性肺水肿主要是由心脏疾患所引起，如冠状动脉疾病、心肌炎、心肌梗死、心瓣膜病（重度二尖瓣狭窄）以及高血压等。非心源性肺水肿主要是因感染、中毒（灭鼠药的安妥中毒）、过敏、药物使用过量以及颈部的外伤、剧烈运动等引起。另外，也有高原性肺水肿（如从海拔低的地方迅速到海拔高的地方、空气较稀薄的地方），以及遗传性肺水肿。

## 治疗方案

**1. 治疗措施**

急性肺水肿初期，应利用氧气盒、氧罩或氧气管等实施吸氧处置。先给100%氧气，持续数小时后降低到40%～50%。

当气管内存在有大量泡沫样分泌物时，用12%～35%酒精喷雾。口服氨茶碱每千克体重10mg，每天2～3次。

由过敏而引起的肺水肿，要快速静脉注射稀释1000倍的盐酸肾上腺素0.1mL，或地塞米松每千克体重0.1～0.25mg、甲基氢化泼尼松每千克体重0.5～1mg。

应用强心剂。内服异羟基洋地黄毒苷每千克体重0.006～0.011mg，每天分2次用药；或者内服或静脉注射氨茶碱每千克体重10mg，每天3次。

应用利尿剂。口服呋喃苯胺酸每千克体重2～4mg，每天2～3次；或氢氯噻嗪每千克体重2～4mg，每天1～2次。

**2. 防治原则**

提高摄氧量，消除水肿，逆转和消除病因。

# 任务五　肺气肿的诊断与治疗

## 任务导入

藏獒，2月龄，在宠物医院进行血清检查，患了细小病毒病，打了3天抗体。带它出去玩回来后出现干咳、食欲减退，又去医院检查，呼吸道感染，打了两天针，现在发烧 41℃，流黄涕，吃喝拉撒还算正常，咳嗽、气促、喘。

## 任务分析

**1. 肺气肿有哪些症状**

呼气性呼吸困难，出现两端呼吸，剧烈的气喘，有时张口呼吸常取犬坐姿势。可视黏膜发绀，脉搏增快，体温一般正常。间质性肺炎可引起肺气肿。肺部叩诊呈过清音，叩诊界后移。肺部听诊肺泡音减弱，可听到破裂性啰音及捻发音。在肺组织被压缩的部位，可听到支气管呼吸音。X 射线检查整个肺区异常透明，局限性肺纹理缺如，支气管影像模糊及膈肌后移并变得平坦等。

**2. 肺气肿如何诊断**

根据病史资料，出现除心脏疾病以外的慢性缺氧症的症状及气喘，结合肺部叩诊、听诊变化和 X 射线检查结果，可以确诊。

## 必备知识

**1. 什么是肺气肿**

肺气肿是肺泡腔在致病因素的作用下，发生扩张，肺泡壁弹性降低和毛细血管压力增大，导致肺泡破裂气体进入间质的疏松结缔组织中而引起的肺泡性肺气肿和间质性肺气肿的总称。

**2. 肺气肿的病因**

（1）原发性肺气肿　在剧烈的运动、高速奔跑、挣扎过程中，由于强烈的呼吸所致。特别是老龄犬，肺泡壁弹性降低，容易发生肺气肿。

（2）继发性肺气肿　常因慢性支气管炎、支气管哮喘、弥漫性气管炎和支气管肺炎等时的持续咳嗽，或当支气管狭窄和阻塞时，由于支气管气体通过障碍而发生。

## 治疗方案

**1. 治疗措施**

（1）加强护理　让病畜处于安静状态，放在清洁、通气良好的屋内，给予营养丰富的食物。

（2）改善通气和换气功能　可口服或雾化支气管扩张药，如氨茶碱每千克体重 10mg、拟肾上腺素药、胆碱能 M 受体阻滞剂、α-肾上腺素能受体阻滞剂等。

（3）呼吸调节剂　呼吸增强药盐酸福米诺苯 50～80mg，口服，每天 3 次。可提高病畜的血氧分压和降低二氧化碳分压。

（4）控制心力衰竭　低氧血症和二氧化碳潴留时，肺泡毛细血管床破坏等，均可引起肺动脉高压，易诱发右心衰竭。治疗时应强心利尿和调整血压。

**2. 防治原则**

加强护理，防治原发病，改善通气和换气功能，控制心力衰竭。

# 项目三　胸膜疾病

## 任务一　气胸的诊断与治疗

### 任务导入

博美犬，2岁，母，体重3.5kg，被主人家大狼狗咬伤。临床观察见小博美胸部留下两个明显的被牙齿咬伤的伤口，可视黏膜发绀，患犬呼吸极度困难，听诊呼吸音消失，直肠温度39.2℃，脉搏176次/min，呼吸频率54次/min，X射线检查见肋膈角平钝、左侧胸腔有明显的透光区，左第5、第6肋骨骨折。

### 任务分析

**1. 气胸有哪些症状**

伴随肺泡中气体交换减少而发生呼吸困难。其症状与胸膜腔内的含气量有很大关系，但是，由于猫属于耐缺氧的宠物，因此，关系不密切。呼吸困难的症状也与单侧性和双侧性气胸有很大的关系，表现为不同程度的呼吸促迫至用力性呼吸等多种多样，特别是常出现呼气性呼吸困难。胸膜腔内压超过外界大气压的重症病例，出现黏膜发绀症状，有时出现休克，在不能及时治疗时，甚至死亡。

**2. 气胸如何诊断**

突然出现呼吸促迫或呼吸困难，发现有胸部外伤或发生肋骨骨折症状时，应怀疑气胸；X射线检查是确诊本病的最有效手段。背侧部存在有呈囊状的气囊，心脏和血管移到健侧，就可以确诊为气胸。此外，气胸往往伴有血胸或胸内出血，要进行鉴别诊断。

### 必备知识

**1. 什么是气胸**

健康的胸膜腔在胸廓内与肺紧密相接，在膈等呼吸肌的收缩下促使胸腔扩大而产生吸气。而呼气则是由于呼吸肌的弛缓和肺组织的弹性纤维的收缩而完成。当胸膜腔内侵入空气后，犬、猫只能通过用力呼吸来完成肺通气。此外，当左右胸膜腔发生气胸且病情严重的病例，除呼吸肌外，腹肌也参与用力呼吸活动。

**2. 气胸的病因**

胸壁的损伤：由于外伤引起的胸壁的穿孔或贯通伤导致气胸。

肺组织的裂伤：器械性的锐端刺到肺，或者肋骨骨折等情况下，骨片引起肺组织穿孔时，通过呼吸道气体进入胸膜腔内而发生气胸。

呼吸道处于闭锁状态下，非贯通性的钝性挫伤也能引起压迫性振荡导致肺的裂伤。

炎症性肺疾病或肿瘤等，若引起肺组织破裂，也可导致气胸。

**治疗措施**

病情较轻时，多数病例通过保持安静就可自然治愈。而重症病例，在对与外界相通的孔通过外科手术闭锁后，用18G左右的针穿刺胸膜腔并连上三维活塞，然后用大注射器抽出胸膜腔内的气体。同时，通过吸氧缓解呼吸困难，使用抗生素控制细菌感染。

# 任务二　胸膜炎的诊断与治疗

## 任务导入

京巴犬，10kg，被三轮车碰撞，回家后发现精神沉郁，不吃食，体温39.5℃，第二天出现流鼻液、干性咳嗽、呼吸困难，呼吸次数增加，结膜潮红，眼球下陷，脱水。经医生检查肺部听诊肺泡音减弱、可听到捻发音。血液检查白细胞总数和嗜中性白细胞明显增高，并有核左移现象。X射线检查肺纹理增粗，并有片状阴影。

## 任务分析

**1. 胸膜炎有哪些症状**

体温升高，精神沉郁，食欲减退，呼吸快而浅表，呈明显的腹式呼吸，宠物常取站立或犬坐姿势。胸部听诊，依疾病发展过程可听到胸膜摩擦音或胸膜拍水音。胸部叩诊，常出现水平浊音区，同时宠物表现敏感，并发出轻而弱的咳嗽声。当胸膜腔内积聚大量渗出液时，宠物呼吸极为困难，呈张口呼吸状。因渗出液对心脏和前、后腔静脉造成压迫，心功能发生障碍，出现心力衰竭、外周循环瘀血及胸、腹下水肿。在慢性病例，体温反复轻度升高，呼吸浅表而快，其他症状不明显。注意与胸腔积液、心包炎的鉴别诊断。

**2. 胸膜炎如何诊断**

根据临床症状、血液检查及X射线检查可以确诊。病犬呈腹式呼吸，胸壁触诊疼痛、敏感。叩诊有水平浊音，听诊有胸摩擦音。胸腔穿刺可有大量黄色、易凝固的渗出液。血液检查白细胞总数明显增高，中性粒细胞增高，核左移现象明显，淋巴细胞相对减少。透视检查，可见胸腔有液体，随呼吸运动液体有波动。

## 必备知识

**1. 什么是胸膜炎**

胸膜炎是指胸膜发生以纤维素沉着和胸腔大量炎性渗出物为特征的一种炎症性疾病。在正常情况下胸腔内就存在有少量的液体，以湿润胸膜面。但是，在发生胸膜炎时，该液体在数量上和性质上均发生变化。临床表现为胸部疼痛、体温升高和胸部听诊出现摩擦音。根据病程可分为急性和慢性；按病变的蔓延程度，可分为局限性和弥漫性；按渗出物的多少，可分为干性和湿性；按渗出物的性质，可分为浆液性、浆液-纤维素性、出血性、化脓性、化脓-腐败性等。犬、猫的胸膜炎原发性的较少，多数病例为继发性疾病。

**2. 胸膜炎的病因**

（1）原发性病因　如犬、猫遭受车辆冲撞或从高处坠落可引起胸膜急性挫伤，或胸壁遭受枪伤、异物刺伤、吸入异物造成胸壁穿透而引发感染。

(2) 继发性病因　多是胸部器官疾病的蔓延或作为某些疾病的症状之一。见于肺、纵隔、心包、淋巴结的炎症；肋骨或胸骨骨折后发生感染；胸膜腔内肿瘤；犬传染性肝炎、猫传染性鼻气管炎、猫传染性腹膜炎等病毒感染；葡萄球菌、结核杆菌、钩端螺旋体、溶血性链球菌、大肠杆菌、绿脓杆菌、放线菌等细菌及曲霉、隐球菌等真菌感染。

## 治疗方案

**1. 治疗措施**

(1) 促进吸收　在胸壁上涂擦10%樟脑酒精或氨擦剂等刺激剂。

(2) 制止渗出　10%葡萄糖酸钙溶液10～30mL或用2%～4%乳酸钙溶液5～15mL，缓慢静脉注射。

(3) 控制感染　应用氨苄青霉素、链霉素、头孢菌素类和喹诺酮类药物。

(4) 排出积液　当胸腔积液过多时，可进行胸腔穿刺，排出积液，必要时可以反复施行。如有化脓性或腐败性渗出物潴留时，在排除液体后，宜用2%～4%硼酸溶液或0.25%普鲁卡因青霉素溶液反复冲洗胸腔。

**2. 防治原则**

消除炎症，制止渗出，促进渗出物的吸收和排除，控制感染，防止自体中毒。

# 任务三　胸腔积液的诊断与治疗

## 任务导入

普通流浪母猫，9岁，体重3kg，已绝育和免疫，最近出现呼吸困难，吸气有力，呼气延迟，宠物医生检查发现叩诊胸壁两侧均呈水平浊音。胸壁听诊，心音和肺下部呼吸音显著减弱。X射线侧位可见胸下部有均匀的水平阴影，心阴影模糊，心膈角钝化或消失，肺叶间裂沟增宽，近胸骨处的肺边缘成为扇形。

## 任务分析

**1. 胸腔积液有哪些症状**

水胸和血胸的症状依其病因和胸膜腔内的体液潴留量或出血量不同而有很大差异。病猫呈现不安状态，重症病例出现头颈向前伸直、外展肘头等尽量增加呼吸量的姿势。大多数病犬不表现临床症状，除非肺换气功能明显改变。最常见的症状是呼吸困难，通常表现为吸气有力，呼吸延迟，似乎犬有意地抑制着呼吸。其他症状包括呼吸急促、黏膜发绀、张口呼吸、咳嗽、心音及肺呼吸音减弱等。其中，咳嗽症状可能是胸腔积液造成的刺激引起的，也可能与某些潜在的疾病过程有关，如心肌病或胸腔肿瘤。咳嗽可能是胸腔积液慢性形式的最初症状，如在乳糜过程中。因此，对病因不清的咳嗽进行常规治疗无效时，应考虑是否存在胸腔积液。此外，可能伴随体温升高、精神沉郁、食欲减退、体重减轻、黏膜苍白、心律不齐和心杂音、心包液和腹水等症状。

**2. 胸腔积液如何诊断**

叩诊胸壁两侧均呈水平浊音。胸壁听诊，心音和肺下部呼吸音显著减弱，有的病例出现心杂音和心律不齐，胸壁上部支气管肺泡音增强；右心衰竭的犬，还可观察到颈静脉波动。

胸膜腔穿刺：通过第7～8肋间隙的胸腔穿刺（16～20G），进行细胞、生物化学和细菌学检查。漏出液呈透明状、黏性低，由于不含纤维蛋白原，因此，不发生凝固，蛋白量（2.5g/100mL 以下）和嗜中性白细胞数（500/μL 以下）均很少。而出血引起的血胸，其细胞成分与末梢血液成分没有差异（初期），除了血液凝固不全以外，均出现纤维蛋白析出。

X 射线检查可以观察或鉴别胸膜腔内潴留液体的程度、肿瘤和膈疝等，侧位见胸下部有均匀的水平阴影；心阴影模糊，心膈角钝化或消失；肺叶间裂沟增宽，近胸骨处的肺边缘成为扇形。正位可见纵隔变宽，肺界远离胸壁，肋膈角增大，此处肺边缘变圆。

## 必备知识

**1. 什么是胸腔积液**

胸腔积液是指胸膜腔内有较多的漏出液或血液潴留，不论哪一种，均属于非炎症性疾病。正常状态下，犬、猫胸腔内仅有较少的浆液，一般不超过 2mL，具有润滑胸膜和减轻呼吸中肺与胸膜壁层之间摩擦的作用。当胸腔浆液的形成与吸收平衡出现失调时，即发生胸腔积液。当胸膜腔内潴留液增加后，引起肺不能充分扩张而导致呼吸困难。

**2. 胸腔积液的病因**

（1）血浆胶体渗透压降低　肝病、肾病、肿瘤等疾病使壁层胸膜毛细血管渗透液体增多，而脏层胸膜毛细血管吸收液体减少引发胸腔积液。血浆胶体渗透压降低时多伴有低蛋白血症，蛋白质丧失性肾炎、肝硬化、蛋白质吸收不良综合征或饥饿等均能引起血浆胶体渗透压降低，发生皮下水肿。

（2）血胸　淋巴肉瘤、转移性乳腺瘤和间皮瘤等肿瘤因壁层胸膜瘤可阻碍淋巴液回流或增加毛细血管通透性，而脏层胸膜瘤减少毛细血管对胸腔液的吸收而引发血胸。组织坏死、动脉瘤和血液凝固不全时也能引起血胸。

（3）循环障碍　猫传染性胸膜炎；尿毒症、胰腺炎可引起脉管炎；系统性红斑狼疮和类风湿关节炎等免疫介导性疾病；充血性心力衰竭、心内膜炎、心包积液、心丝虫病等全身性循环障碍；膈疝、肿瘤等局部循环障碍引起胸膜内毛细血管压升高，通透性增高，淋巴管的通透性增加，并减少淋巴液回流，从而导致胸腔积液。

## 治疗方案

**治疗措施**

由于胸腔积液是多种疾病的继发性表现，所以没有确定的治疗方法。临床可依据上述检查结果，采取对因治疗措施，同时施行胸腔微创置管引流及药物灌注的办法，以减少、消除积液带来的不良影响。

对于严重呼吸困难的病例，可通过胸腔穿刺消除胸膜腔内的潴留液体或血液；对于低蛋白血症引起的病例，饲喂优质蛋白质饲料和保肝制剂；对由小血管出血引起的血胸，应保持安静，以达到自行止血而治愈；当发生持续性出血时，应使用止血剂或采取外科处置；对由膈疝引起的水胸或血胸，需要实施外科手术。

# 技能训练一　犬肺炎的诊断与治疗

**【目的要求】**

1. 通过对病犬的临床检查，作出初步诊断，同时确定治疗原则并进行治疗。
2. 了解肺炎的发病原因，掌握其主要症状、诊断方法及防治措施。

**【诊疗准备】**

1. 材料准备　体温计，听诊器，叩诊锤，X射线机，显微镜，姬姆萨染液。

2. 药品准备　氨苄西林钠、清开灵或双黄连注射液、维生素C注射液、5%碳酸氢钠、利巴韦林、地塞米松、必咳平、乙酰半胱氨酸、10%葡萄糖酸钙、速尿等。

3. 病例准备　宠物医院临床病例。

**【方法步骤】**

1. 病史调查　询问发病时间、最初症状，以后转变及现在精神、食欲、饮水、呼吸、排粪、排尿、行动、姿势等；预防接种的种类、途径及其他情况，怀疑是什么病，治疗与否，用过什么药、治疗多少次，效果怎样；了解饲料的来源、种类、加工、贮藏及调制方法，日粮的配合及组成，饲料种类，饲喂方法怎样；驱虫、消毒等情况。

2. 临床检查　体温、脉搏、呼吸数；容态检查、可视黏膜、鼻液。

3. 实验室检查　抗凝血涂片，姬姆萨染色，镜检，观察白细胞总数、嗜中性粒细胞数和嗜酸性粒细胞数；X射线摄片，通常取侧位和背腹或腹背的两个方向拍摄。

**【治疗措施】**

加强营养、改善护理的同时，采取抗菌消炎、止咳化痰、制止渗出、促进炎性渗出物吸收和排除及相应的对症治疗等措施。

**【作业】**

1. 病例讨论

(1) 引起呼吸系统疾病的细菌极易产生耐药性，如何确定敏感药物?

(2) 肺炎病例的输液应该注意哪些事项?

2. 写出实习报告。

## 技能训练二　犬气胸的诊断与治疗

**【目的要求】**

1. 通过临床病例，了解气胸的类型及发病原因。

2. 掌握其主要症状、诊断方法及防治措施。

**【诊疗准备】**

1. 材料准备　听诊器、X射线机、一次性10号头皮针、一次性50mL注射器、常规外科缝合器械、氧气包或供氧设备。

2. 药品准备　葡萄糖、氨基酸、消炎药、止血药、麻醉药。

3. 病例准备　宠物医院开放性气胸的临床病例。

**【方法步骤】**

1. 病史调查　是否有枪伤、撞压使肋骨骨折、尖锐的物体刺伤胸壁等外伤。

2. 临床检查　患侧胸壁扩张情况，呼吸类型，疼痛状况，可视黏膜，心音等。

3. 实验室检查　X射线摄片，通常取侧位和背腹或腹背的两个方向拍摄。

**【治疗措施】**

开放性气胸和张力性气胸尽快行外科手术；闭合性气胸应让病犬保持安静，好好休息。另外，要采取全身使用抗生素，控制继发感染。

具体方法如下：

① 846复合麻醉剂按每千克体重0.02～0.06mL，肌内注射；

② 全麻后，侧卧保定；创口周围剃毛，碘酒消毒，5min后75%酒精脱碘；

③ 用温生理盐水浸湿的无菌纱布将创口上的毛和血凝块清理干净；

④ 无菌创巾隔离创口，将胸膜和肋间肌分层连续缝合，结节缝合皮肤；

⑤ 无菌纱布覆盖伤口；

⑥ 止血钳将10号头皮针胶管夹闭，沿胸壁肋间隙，以垂直方向穿刺1～2cm，另一止血钳夹住皮肤和头皮针；

⑦ 50mL注射器抽吸胸腔气体、血液与体液的混合物；

⑧ 输液补充营养、消炎、止血；

⑨ 7～9天拆线。

**【作业】**

1. 病例讨论

（1）如果胸腔积存的空气量多，胸膜内压超过大气压，即会引起患侧肺不张，出现呼吸困难，导致缺氧，如何防止患犬窒息？

（2）无菌纱布覆盖伤口的目的是什么？

（3）50mL注射器抽吸胸腔内的空气的目的是什么？如果不抽吸会引起哪些后果？

2. 写出实习报告。

## 复习思考

1. 目前治疗呼吸系统疾病的常用药及其使用方法和注意事项。
2. 气胸的三种类型及各自的症状。
3. 治疗肺炎时如何协调用药数多量大和防止肺水肿的发生？
4. 呼吸系统疾病的耐药性如何有效地解决？

# 模块三　宠物血液及心脏疾病

【模块介绍】

本模块以犬、猫为例，主要阐述了宠物常见血液及造血器官的疾病和心脏疾病。主要包括犬、猫的贫血、红细胞增多症、血小板减少性紫癜、心律不齐、心动过速、心动过缓、心力衰竭、心包炎等疾病。通过本模块的学习，要求了解重要血液和心脏器官疾病发生的机制；熟悉主要血液和心脏器官疾病发生的原因、临床表现、转归、诊断及治疗的知识点；重点掌握犬、猫主要血液和心脏器官疾病的诊断与治疗的操作技能，并具备在实践中熟练运用上述常见血液和心脏器官疾病知识的能力。

## 项目一　血液及造血器官疾病

### 任务一　出血性贫血的诊断与治疗

任务导入

成年博美犬，表现虚弱，不安，走路无力，肌肉震颤，脉搏及呼吸加快，局部检查可见皮肤、牙龈以及第三眼睑苍白，耳尖冰凉。试着分析该犬是什么病。

任务分析

病史调查发现该犬前日被电动车撞过，主要症状是虚弱无力，不愿走动。视诊发现该犬可视黏膜苍白没有血色；触诊发现该犬腹围增大、皮下出现肿块；听诊发现该犬心跳快而无力；实验室检查，红细胞（RBC）为 $2.1\times10^{12}/L$，血细胞比容为 0.20L/L，腹腔穿刺发现有血水。初步诊断为外伤导致的内出血性贫血。

**1. 出血性贫血有哪些症状**

病犬、猫的常见症状为可视黏膜、皮肤苍白，心跳加快，全身肌肉无力。症状与出血量的多少成正比。出血量多可表现虚脱、不安、血压下降，四肢和耳鼻部等末梢发凉，步态不稳、肌肉震颤，后期可见有嗜睡、休克状态。

出血量少及慢性出血的犬，初期症状不明显。但病犬、猫可见逐渐消瘦，可视黏膜由淡红色逐步发展到白色，精神不振，全身无力、嗜睡、不爱活动，脉搏快而弱，呼吸浅表。经常可见下颌、四肢末梢水肿。重者可导致休克、心力衰竭死亡。

出血性贫血一般具有出血的症状，急性出血常因体表受伤或内脏出血而出现出血部位；慢性出血常可见到血便、血尿、鼻出血、咳血等症状。

**2. 出血性贫血如何诊断**

根据病史和临床症状可获得初步诊断。急性出血性贫血可找到出血部位。对内出血所造成的贫血必须进行细致全面的检查才能做出诊断，最有价值的是进行腹腔穿刺，查看是否有血液。没有明显出血的慢性出血性贫血，可进行粪尿的潜血检查，也可进行血检发现幼稚型红细胞和淡染的红细胞，网织红细胞增多。

## 必备知识

**1. 什么是出血性贫血**

贫血是指单位容积的血液中血细胞数、血红蛋白含量及血细胞比容低于正常值的综合征。在临床上是一种常见的病理状态，其临床表现主要是皮肤和可视黏膜苍白，心率和呼吸加快，心搏增强，全身无力以及各器官由于组织缺氧而产生的各种症状。

根据贫血的原因可以将贫血分为出血性贫血、溶血性贫血、营养性贫血以及再生障碍性贫血。出血性贫血又可分为急性出血性贫血和慢性出血性贫血。急性出血性贫血是由于血管，特别是动脉血管被破坏，使机体发生严重出血后，而血库及造血器官又不能代偿时所发生的贫血。慢性出血性贫血是由少量反复的出血以及突然大量出血后长时间不能恢复所引起的低血红蛋白性及正成红细胞性贫血。

**2. 出血性贫血的病因**

急性出血性贫血主要是由外伤或手术引起内脏器官（如肝、脾、腔动脉及腔静脉等）及体外血管破裂造成大出血，使机体血容量突然降低。如鼻腔、喉及肺受到损伤而出血，母犬分娩时损伤产道，外力撞击导致的内脏如肝或脾的破裂而大量出血，急性胃肠溃疡，以及鼠药中毒（杀鼠灵）等均可导致犬猫发生急性出血性贫血。

慢性出血性贫血一般是由慢性胃、肠炎症，肺、肾、膀胱、子宫出血性炎症，造成长期反复出血所致。另外，犬钩虫感染也可造成慢性出血性贫血。如常见的慢性胃肠溃疡，犬肾脏或膀胱结石引起的尿血，体腔及组织的出血性肿瘤均可导致慢性出血性贫血。

## 治疗方案

**1. 治疗措施**

出血性贫血应立即止血，避免血液大量丧失。外部出血时，具有损伤且能找到出血血管时，可用外科止血法进行结扎或压迫或局部喷洒肾上腺素局部止血。对于内出血可肌内注射止血敏、安络血或维生素 $K_3$ 注射液等。同时针对原发病治疗各器官慢性炎症、溃疡等，如驱虫和消炎。对失血严重的犬、猫，可进行输血或补液以维持正常血容量。也可肌内注射维生素 $B_{12}$ 补充造血物质。

（1）处方 1

① 酚磺乙胺（止血敏），犬 2～4mL/次、猫 1～2mL/次。

② 用法：肌内注射，每天 1～3 次。

③ 说明：全身止血。

（2）处方 2

① 安络血注射液，1～2mL/次。

② 用法：肌内注射，每天 1～3 次。

③ 说明：全身止血。

（3）处方 3　外伤性出血应结扎止血。

（4）处方 4

① 5%葡萄糖生理盐水每千克体重 50～80mL，0.1%肾上腺素注射液每千克体重 0.01～0.05mg。

② 用法：静脉滴注，每天 1 次。

③ 说明：全身止血，补液以维持正常血容量。

(5) 处方 5

① 健康犬、猫血浆或鲜血每千克体重 2～5mL。

② 用法：静脉滴注，每天 1 次，连用 3 天。

③ 说明：输血以维持正常血容量。

**2. 防治原则**

针对出血原因立即进行止血，增加血管充盈度恢复血容量，抢救休克状态和补充造血物质等。

## 任务二　溶血性贫血的诊断与治疗

### 任务导入

德国牧羊犬，1.5 岁左右，母，平时吃糕点和米饭，主人于 2014 年 1 月 25 日晚在饭店吃饭后，把剩下的菜饭带回喂犬（内含洋葱），1 月 26 日早晨即出现酱油色尿液，一天尿 3～4次，精神食欲不好。临床检查发现其精神萎靡，可视黏膜稍淡，股部湿凉，体温 38.2℃，其他检查未发现异常。试着分析该犬所患疾病。

### 任务分析

主诉犬只尿液呈酱油色或咖啡色，病史调查发现该犬曾食用洋葱，主要症状是精神萎靡；可视黏膜颜色变淡；实验室检查，红细胞（RBC）为 $4.2\times10^{12}$/L，血细胞比容为 0.26L/L。初步诊断为误食洋葱导致的溶血性贫血。

**1. 溶血性贫血有哪些症状**

引起犬、猫溶血的原因不同，其症状以及病情的严重程度也不相同。病犬、猫的主要症状是黄疸，肝、脾肿大，血液中游离血红蛋白含量增多，随病因不同症状有所差异。通常表现为昏睡、无力、食欲不振甚至废绝，体重减轻，黏膜变淡甚至苍白。犬、猫体温升高。粪便颜色呈橘黄色，偶有腹泻。犬、猫大多出现黄疸。病晚期体温下降。

急性溶血性贫血往往骤然发病，患病严重的犬猫出现背部疼痛、四肢酸痛、寒战，患病犬、猫并发狂躁及恶心、呕吐、腹痛、腹泻等胃肠道症状。细菌、病毒或血液性寄生虫等病原体所导致的急性溶血多伴有体温身高；而由化学毒物或生物毒物等非病原体所导致的急性溶血，体温多正常甚至低下。由于快速溶血导致血红蛋白大幅下降，血管内溶血而出现血红蛋白血症和血红蛋白尿症。可视黏膜苍白伴有全身性黄疸症状。

慢性溶血性贫血发病缓慢，病程长。患病犬、猫主要出现皮肤苍白，气短。

**2. 溶血性贫血如何诊断**

诊断主要根据临床症状。实验室检查发现红细胞形态及大小不等，红细胞数量和血细胞比容减少，网织红细胞增多。血液中游离血红蛋白增多，黄疸指数升高。尿液中可见大量血红素，粪便中因胆红素代谢增多而变黄。但确诊病因需做特殊检查，如为细菌、病毒等感染性所导致的溶血，需检查出病原体；中毒性疾病导致的溶血，需调查病史结合临床症状并进行毒物分析。

注意与急性黄疸性肝炎鉴别诊断。急性黄疸性肝炎有黄疸或肝脾肿大，但无明显贫血，血液学指标正常。

**1. 什么是溶血性贫血**

溶血性贫血是由于某些原因使红细胞大量溶解破坏，并超过骨髓造血代偿能力所引起的贫血。主要临床症状为黄疸，肝脏及肾脏增大，血液学检查显示为血红蛋白过多的巨细胞性贫血。本病多发生于幼龄犬、猫。

**2. 溶血性贫血的病因**

溶血性贫血不是独立的疾病，凡能够引起红细胞溶血的因素都能够成为其发病原因。可分为红细胞内在缺陷和红细胞外因所导致的溶血性贫血。

红细胞内在缺陷是由于红细胞膜结构异常以及红细胞内代谢酶类缺乏等原因导致的红细胞溶解。红细胞外因是由免疫反应及创伤、感染、物理、化学及生物性因素导致的溶血性贫血。

导致犬、猫发生溶血性贫血的常见因素有：犬、猫感染传染性疾病及寄生虫病，如感染传染性贫血病、钩端螺旋体病、溶血性链球菌病、附红细胞体病、血孢子虫病、锥虫病等均可引起红细胞大量溶解，导致溶血性贫血；犬、猫误食导致中毒性的物质，如重金属、洋葱，或被毒蛇咬伤；抗原抗体免疫反应导致的溶血，如母子血型不同导致新生犬、猫发生溶血性贫血，血型不配的输血导致的溶血性贫血；发热也可导致细胞破裂引起溶血性贫血。

## 治疗方案

**1. 治疗措施**

溶血性贫血应消除病因，积极治疗原发性疾病，原虫感染者应给予杀虫药治疗；中毒性疾病，应排除毒物并给予解毒处理。然后给予维生素 C、地塞米松等肾上腺皮质激素以稳定红细胞膜，减少溶血。严重的病犬、猫可给予输血或补充铁、维生素 $B_{12}$ 等造血物质。

（1）处方 1

① 强力霉素片，每千克体重 5mg。

② 用法：口服，每天 1 次。

③ 说明：用于溶血性链球菌病或钩端螺旋体病引起的溶血性贫血。

（2）处方 2

① 青霉素钠，每千克体重 5 万～10 万单位。

② 用法：皮下注射，每天 2 次。

③ 说明：用于溶血性链球菌病或钩端螺旋体病引起的溶血性贫血。

（3）处方 3

① 新胂凡纳明注射液，每千克体重 15～45mg。

② 用法：肌内注射。

③ 说明：用于附红细胞体病引起的溶血性贫血。

（4）处方 4　消除中毒性因素。

（5）处方 5

① 维生素 $B_{12}$ 注射液，1～2mL/支。

② 用法：肌内注射，每天 1 次。

③ 说明：补充造血物质。

（6）处方 6

① 氢化可的松 1～5mg/次。

② 用法：静脉滴注，每天 1 次。

③ 说明：用于治疗中毒因素导致的溶血性贫血。

(7) 处方 7

① 维生素 C 每千克体重 20～50mg。

② 用法：静脉滴注、肌内注射或皮下注射，每天 1 次，连用 3 天。

③ 说明：用于中毒导致的溶血性贫血的辅助治疗。

(8) 处方 8

① 健康犬、猫血浆或鲜血每千克体重 2～5mL。

② 用法：静脉滴注，每天 1 次，连用 3 天。

③ 说明：输血以维持正常血容量。

**2. 防治原则**

确定病因后实施对因治疗，消除原发病，给予易消化的营养丰富的食物，输血并补充造血物质。

## 任务三　营养性贫血的诊断与治疗

### 任务导入

金毛牧羊犬，8 月龄，长期饲喂剩饭菜，病犬表现瘦弱，被毛粗乱，体型较其他同日龄同类犬只小，走路无力，可视黏膜苍白，呼吸困难，血液检查发现血液稀薄，粪便及尿液检查未发现存在出血性素质。试着分析该犬是什么病。

### 任务分析

问诊发现该犬平日无精打采，长期饲喂剩饭菜，且饲喂频率少、一次饲喂量比较多。视诊发现该犬被毛粗乱，非常瘦小，双眼无神，身体无明显外伤，可视黏膜苍白。实验室检查，红细胞（RBC）为 $3.5\times10^{12}$/L，血细胞比容为 0.3L/L，粪便及尿液检查未发现有出血现象。初步诊断为由于长期饲喂剩饭菜所导致的营养不良性贫血。

**1. 营养性贫血有哪些症状**

营养性贫血的基本症状与慢性出血性贫血相似，但发展速度更为缓慢。一般症状为虚弱无力，可视黏膜苍白，运动耐力差和呼吸困难，被毛粗乱，影响生长发育，直至卧地不起、全身衰竭、倒地起立困难等。若需确诊因何种物质缺少导致的贫血，则需做血常规试验以及生化试验，通过各项指标来判断其性质。

**2. 营养性贫血如何诊断**

根据犬、猫全身状况的临床表现以及血红蛋白量显著减少、红细胞数量下降等血液生化特征可进行诊断。应注意与再生障碍性贫血的区别，可通过骨髓穿刺检查加以区别。

### 必备知识

**1. 什么是营养性贫血**

营养性贫血是由于犬、猫机体营养物质摄入不足或者消化吸收不良，影响红细胞和血红蛋白的生成而产生的贫血，又称小细胞低色素性贫血。

**2. 营养性贫血的病因**

主要是某些代谢物质缺乏和营养不足所导致的，常见的病因有蛋白质缺乏，铁、铜、钴等微量元素缺乏以及维生素缺乏。引起蛋白质缺乏的原因有犬、猫摄入的蛋白质不足、慢性消化功能障碍等因素。

微量元素缺乏是由于犬、猫摄入铁、铜、钴等元素不足或吸收障碍所导致的，临床上以缺铁性贫血常见。铁是血红蛋白合成所必需的成分；铜缺乏也可导致血红蛋白合成减少。

维生素 $B_1$、维生素 $B_{12}$、维生素 $B_6$、叶酸、烟酸等缺乏均会导致红细胞的生成和血红蛋白合成发生障碍，造成营养性贫血。

以上因素大多是因为犬、猫的食物单一、营养不良，或患慢性消化道疾病及肠道寄生虫性疾病引起肠道吸收功能紊乱，久而久之造成营养性贫血。

## 治疗方案

**1. 治疗措施**

加强饲养，补充造血物质，给予蛋白质丰富、含有维生素多的食物。

（1）处方 1

① 硫酸亚铁，每千克体重 50mg。

② 用法：口服 2～3 次/日。

③ 说明：用于缺铁性贫血。

（2）处方 2

① 右旋糖酐铁注射液，每千克体重 30～50mg。

② 用法：肌内注射 1 次/日。

③ 说明：用于缺铁性贫血。

（3）处方 3

① 复合维生素 B 2mL/支。

② 用法：肌内注射 1 次/日。

③ 说明：用于缺乏 B 族维生素导致的贫血。

（4）处方 4

① 1%葡萄糖钴注射液 2mL/支。

② 用法：肌内注射 1 次/日。

③ 说明：用于缺钴元素导致的贫血。

（5）处方 5

① 叶酸 5～10mg/支。

② 用法：口服 1/次。

③ 说明：用于缺乏叶酸所导致的贫血。

（6）处方 6　口服葡萄糖和多种氨基酸制剂。

（7）处方 7　饲喂营养全面的狗粮或猫粮。

**2. 防治原则**

治疗原则是补给所缺造血物质，并促进其吸收和利用。

# 任务四　再生障碍性贫血的诊断与治疗

## 任务导入

狮子犬，10 月龄，母，病情危重。主诉：病犬已经发病 10 多天，病初不爱吃食，食欲逐渐减退。已用过6天复方新诺明，每天2次，每次两片，然后改为螺旋霉素每天4次，每次2片，连用3天，又用过磷霉素每天2次，每次1g，连用2天，已治疗11天，不见好转，反而病情加重。犬主自己用药后病犬不食，爱喝水，不能站立。病犬临床症状为体温39℃，精神沉郁，眼窝塌陷，鼻镜干燥，被毛粗乱，消瘦，皮肤等可视黏膜苍白，心跳加快，呼吸困难，呕吐，触诊发现肝区压痛，尿少。5～6天前排便呈红色稀便，四肢无力。

## 任务分析

根据主诉，在病初曾大剂量应用复方新诺明和其他抗生素类药物，结合临床症状及血液检查出现红细胞、白细胞、血红蛋白以及血小板减少，即可确诊为磺胺药以及其他抗生素所导致的再生障碍性贫血。

**1. 再生障碍性贫血有哪些症状**

犬、猫的再生障碍性贫血的临床症状发展缓慢，除贫血的一般症状，如可视黏膜及无色素皮肤苍白、机体衰弱、易于疲劳、气喘、心动过速、全身肌肉无力外，还表现为血象变化，全身症状越来越严重，而且伴有血小板减少导致的出血性素质综合征。红细胞和血红蛋白含量降低，外周血液中网织红细胞下降或消失。骨髓穿刺无红细胞再生相，即骨髓细胞缺乏，仅可见淋巴细胞、网状内皮细胞及浆细胞。

**2. 再生障碍性贫血如何诊断**

根据症状以及有无病史、重金属及毒物接触史，所处环境有无被放射线污染及使用磺胺药或氯霉素等抗生素两周左右，若有其中之一，且血液学检测无细胞再生相，最好进行骨髓穿刺。骨髓象观察可见骨髓变性，红骨髓减少甚至完全被脂肪组织取代可确诊。

## 必备知识

**1. 什么是再生障碍性贫血**

再生障碍性贫血是由多种原因引起的以骨髓造血功能衰竭为特征的造血干细胞数量减少和（或）功能异常所导致的红细胞、中性粒细胞、血小板减少综合征，临床表现为贫血、感染和出血。

**2. 再生障碍性贫血的病因**

导致犬、猫骨髓造血功能损伤的因素较多，其中药物、化学、物理因素和生物感染较为常见，细胞毒类药物，特别是烷化剂，具有强烈的骨髓抑制性作用，一定剂量即可损害骨髓造血功能。药物和化学物质导致再生障碍性贫血的情况较为常见，常见的高危化学物质有抗癌药、氯霉素、磺胺药、保泰松、苯巴比妥、青霉胺、苯妥英、三氯乙烯等，其中氯霉素的危险性最高；导致再生障碍性贫血的物理性因素是各种电离辐射，如X射线、放射性同位素等超过一定剂量，可导致犬、猫多能干细胞受损，从而抑制骨髓造血；细菌、病毒、寄生虫等生物性感染可以引起红细胞总数减少；某些慢性贫血未及时治疗、某些恶性肿瘤以及先天性遗传也可导致再生障碍性贫血。

## 治疗方案

**1. 治疗措施**

再生障碍性贫血不易治疗应从源头上消除病因，慎选可引起再生障碍性贫血的药物，并严密观察。更换环境，杜绝接触毒物，甚至停止使用导致骨髓损伤的物质。采用睾丸酮类药物如丙酸睾丸酮提高机体造血机能。

(1) 处方1 更换环境，杜绝接触毒物，停止使用引起中毒的药物，消除导致再生障碍性贫血的病因。

(2) 处方2

① 丙酸睾丸酮 20mg/次。

② 用法：肌内注射，每日1次。

③ 说明：提高机体造血机能。

(3) 处方3

① 健康犬、猫血浆或鲜血每千克体重 2～5mL。

② 用法：静脉滴注，每日1次，连用3日。

③ 说明：输血以维持正常血容量。

**2. 防治原则**

加强喂养。消除病因，提高造血机能，补充血液量。

## 任务五 红细胞增多症的诊断与治疗

### 任务导入

金毛犬，10月龄，母，体重32kg，体温为39.7℃。主诉病犬精神沉郁，饮欲增加，食欲废绝，尿多，有时尿血，两眼充满脓性分泌物，鼻流黏液。可视黏膜充血，腹部皮肤发红。实验室血检情况发现红细胞数量显著升高，血细胞比容和血红蛋白升高。试着分析该犬是什么病。

### 任务分析

通过视诊发现该犬主要症状为消瘦，被毛粗乱，口渴厉害，鼻镜干燥，鼻流水样液体，双眼眼睑发红、充血、肿胀，腹部皮肤发红发暗，呈地图形状，尿道口还有未干的血迹，运动神经功能障碍、走路无目的意识。血检红细胞数量显著升高，血细胞比容和血红蛋白升高，根据上述症状和血液学检查诊断为真性红细胞增多症。

**1. 红细胞增多症有哪些症状**

不同病因导致的红细胞增多症，其症状有所不同，相同的临床症状为病犬呈红色发绀体征。一般病犬、猫全身发红，体温升高，高达39.5～40℃，可视黏膜高度充血，无色素区的皮肤发红、肿胀，静脉怒张；呼吸次数明显增加、喘息；食欲减退，饮欲增加，多饮多尿；患病严重的犬、猫鼻出血，呕血，便血，并有血尿；运动功能失调，精神沉郁，呈嗜睡状，呼吸困难，有时伴有癫痫样发作现象。

**2. 红细胞增多症如何诊断**

通过临床症状可作出初步诊断，鼻出血、血尿和癫痫样症状是典型临床症状，确诊需要血液学诊断技术。采集血液进行血液学指标检测，血细胞比容容量显著升高，可达60%～80%；血红蛋白含量升高，达50%；红细胞数量明显增加，可达 $1.0\times10^{13}$～$1.5\times10^{13}$/L。

### 必备知识

**1. 什么是红细胞增多症**

红细胞增多症是指循环血液中的红细胞数、血红蛋白量和血细胞比容显著超过正常值的一种病理状态。该症并非独立的疾病，而是多种病因作用引起或许多疾病过程伴发的一个综合征。根据病因可分为相对和绝对红细胞增多症，绝对红细胞增多症又可分为原发性红细胞增多症和继发性红细胞增多症。本文着重介绍一下原发性红细胞增多症，其特点为皮肤黏膜暗红，脾脏肿大，红细胞及全血容量增加，伴有白细胞、血红蛋白和血小板增多，常有多器官症状，神经系统及血液循环功能障碍，出血和血栓形成等并发症，晚期易转变为白血病，继发骨髓纤维化伴髓外造血，严重时导致全身病变而死亡。

**2. 红细胞增多症的病因**

导致红细胞增多症的病因各不相同。相对红细胞增多症是由于持续性呕吐、严重腹泻、大量出汗及严重缺水等导致机体体液明显丢失而补、进水量不足引起的，其特征为血细胞比容增高，血浆蛋白增高，血浆总容量减少，红细胞总容积正常，而且病程较短。

原发性红细胞增多症又称真性红细胞增多症，是一种慢性骨髓增生性疾病，其特征是红骨髓增生极度活跃，血浆和尿液中红细胞生成素显著减少。

继发性红细胞增多症是红细胞生成素分泌代偿性增多疾病，如高原反应、先天性心脏病和血红蛋白病等，和红细胞生成素病理性增多，如肾囊肿、肾盂积水、子宫肌瘤等所导致的疾病，其特征是血浆和尿液中红细胞生成素显著增多。

## 治疗方案

**1. 治疗措施**

相对红细胞增多症，应针对性地补液解除脱水或休克状态。对原发性红细胞增多症的治疗尚无法根治，多采用保守疗法，即反复放血使血容量和血液黏滞性恢复或接近正常状态以促进临床症状缓解，后期用骨髓抑制剂巩固和延长放血疗法的效果。针对继发性红细胞增多症的治疗，主要是治疗原发性疾病。

(1) 处方 1

① 0.9%生理盐水，100～200mL/次。

② 用法：静脉滴注。

③ 说明：治疗因失水导致的相对红细胞增多症。

(2) 处方 2

① 静脉放血，每千克体重 10～12mL。

② 方法：消毒前肢静脉用注射器放血，每隔 2 日放 1 次血。

③ 说明：缓解原发性红细胞增多症所导致的临床症状。

(3) 处方 3

① 环磷酰胺，每千克体重 2mg。

② 用法：静脉放血治疗 5 日后，肌内注射，连用 4 日，1 次/日。

③ 说明：巩固和延长放血疗法的效果。

(4) 处方 4　治疗导致继发性红细胞增多症的原发性疾病，继发性症状即可消除。

**2. 防治原则**

针对导致红细胞增多症的不同原因，辨证施治。治疗相对红细胞增多症应补液；治疗原发性红细胞增多症可反复放血及使用骨髓抑制剂；以及治疗原发性疾病。

# 任务六　血小板减少性紫癜的诊断与治疗

## 任务导入

棕色美卡，5 岁，母，重 12 kg，体温为 38.1℃。犬舌色淡白，眼结膜苍白，周身多处出现散在性紫癜，胸腹部皮肤呈大片紫红色，精神沉郁，全身无力，不愿行走，主诉大便细软呈红色。试着分析该犬是什么病。

## 任务分析

通过视诊发现该犬主要症状为消瘦，被毛粗乱，精神差，皮肤、口腔等多处黏膜有大小不等的散在性紫斑，且主诉该病犬有便血现象。血液学检查发现血小板数量为 $1.9\times10^{11}$/L，红细胞数量基本正常。根据上述症状和血液学检查诊断为血小板减少性紫癜。

**1. 血小板减少性紫癜有哪些症状**

临床症状表现为肢体各部位皮肤和眼、口、鼻的出血点和出血斑，鼻液、粪便、尿液和胸腹腔穿刺液混有血液，黏膜下和皮下出血，形成大小不等的血肿。

**2. 血小板减少性紫癜如何诊断**

通过临床症状可作出初步诊断，鼻出血、血尿和癫痫样症状是典型临床症状，确诊需要血液学诊断技术。采集血液进行血液学指标检测，血细胞比容显著升高，可达60%～80%；血红蛋白含量升高，达50%；红细胞数量明显增加，可达 $1.0\times10^{13}$～$1.5\times10^{13}$/L。

## 必备知识

**1. 什么是血小板减少性紫癜**

血小板减少性紫癜是犬、猫中常见的一种出血性疾病，以皮肤、黏膜、关节、内脏的广泛性出血，血小板减少、流血时间延长、血块收缩不良、血管脆性增强等血液学检验所见为特征。

**2. 血小板减少性紫癜的病因**

血小板减少性紫癜的原发性因素是由血小板的同种免疫或自体免疫反应引起的，一般发生于幼犬，临床上比较少见。继发性多见于某些细菌性、病毒性、血液寄生虫性、钩端螺旋体疾病和伴有弥散性血管内凝血经过的各种疾病，以及临床上使用的某些具有细胞毒性的化学物质，如环磷酰胺、氯霉素、氨基比林等，可发生于不同年龄的犬。

## 治疗方案

**1. 治疗措施**

查明病因，积极治疗原发病。对于由使用某种药物引起的血小板减少性紫癜，应停用可疑药物，立即使用肾上腺皮质激素，如地塞米松、强的松或强的松龙，有良好效果。施行脾切除术对犬原发性血小板减少性紫癜有显著疗效。对于有严重贫血的病犬和病猫，可输注新鲜全血或富含血小板的柠檬酸盐抗凝血浆。

（1）处方1

① 地塞米松，每千克体重0.1～0.5mg；5%葡萄糖注射液，100～200mL。

② 用法：将地塞米松溶于5%葡萄糖注射液，静脉滴注，1次/日，连用3～5日。

③ 说明：肾上腺皮质激素控制出血效果较好。

（2）处方2

① 施行脾切除术。

② 说明：该手术对犬原发性血小板减少性紫癜有显著疗效。

（3）处方3

① 健康犬、猫血浆或鲜血每千克体重2～5mL。

② 用法：静脉滴注，每天 1 次，连用 3 天。

③ 说明：补充血小板。

**2. 防治原则**

治疗原则是除去病因，减少血小板破坏和补充血小板，发生原发性血小板减少性紫癜的新生犬应立即停止吸吮母乳。

# 项目二　心脏病

## 任务一　扩张型心肌病的诊断与治疗

### 任务导入

杜宾犬，6 岁，母，未绝育。外观营养状态良好，最近一段时间，主人发现其活动量下降，偶尔干咳，主人经验性地给予阿莫西林，连用 3 天未见效果。请分析此犬应如何诊断？

### 任务分析

根据病史调查，此犬平日食量较大，且喜外出活动，活动量下降和干咳发生约有 20 天，听诊有奔马律心音。体温正常，实验室检查，肝肾功能正常。血常规检查白细胞总数和分类未有异常。X 射线检查提示左心增大，心动超声检查呈心腔扩大，空壁运动减弱状态，同时伴有二尖瓣和三尖瓣反流症状。

综合临床症状和化验检查，初步诊断为：扩张型心肌病（DCM）。

**1. 扩张型心肌病有哪些症状**

（1）犬的临床症状

① 临床上常见的发病犬种有拳师犬、杜宾犬和可卡犬。

② 大型犬是 DCM 的主要发病群体，小型犬相对较少，雄性犬发病多于雌性。

③ 主要表现为咳、喘、呼吸困难、活动耐受力下降、腹水及体重下降，严重的常发生猝死。

（2）猫的临床症状

① DCM 在猫中无年龄、性别和品种倾向。

② 临床症状相对于犬来说不太明显，主要表现为厌食、无力、呼吸困难、体温低、脱水以及胸腔积液等。

**2. 扩张型心肌病如何诊断**

（1）体检检查　本病大部分发于左心，所以往往在左侧心尖区可听到收缩期杂音或奔马律；颈静脉膨胀、股动脉脉速减弱；如果存在左心衰可见腹水表现。

（2）心电图检查　因病变程度不同，心电图各异，但大部分会出现 QRS 波升高。

（3）X 射线检查　X 射线片上最常见的图像有全心增大、左心增大、肺水肿以及胸腔积液等。也有一小部分 X 射线检查表现为正常。

（4）超声心动图　本病最佳的检查方法就是超声心动图。超声心动图判断 DCM 的主要标准是心腔扩张、心室壁收缩功能下降以及室中隔移位。

（5）血清牛磺酸浓度检测　所有猫均应检测，其正常值为 20nmol/mL；可卡犬也应检测，其正常值为 24～44nmol/mL。

## 必备知识

**1. 什么是扩张型心肌病**

扩张型心肌病（DCM）是指患有以单侧或双侧心腔扩大，心肌收缩功能下降为主要特征，同时伴有或不伴有心律失常，以及伴有或不伴有充血性心律失常的疾病。

**2. 扩张型心肌病的病因**

病因迄今并不完全掌握。DCM 在犬中主要由遗传性所致，而在猫中大部分为牛磺酸缺乏为主。病毒感染、免疫介导、药物以及缺血等也有可能导致或诱发 DCM。

**3. 病理生理学**

此病以心肌扩张为主，常见于心室扩张，室壁多变薄，纤维瘢痕形成，且常伴有附壁血栓。左心室收缩功能下降是 DCM 的主要异常，也有舒张期功能异常。

心脏增大通常引起二尖瓣和三尖瓣关闭不良，关闭不良会引起血液反流，而反流会影响心脏的正常输出，长期发展下去会导致冠状动脉灌注不良，心肌缺血进一步损伤心肌，心肌损伤易导致心律失常，心律失常会加重 DCM 的血液输出不足，如此恶性循环发展。

在 DCM 中神经内分泌活动也促进此病的发展。

因 DCM 所致的血液输出不足也导致机体肝肾功能受到不同程度的损害。

## 治疗方案

**1. 治疗措施**

（1）犬患 DCM 的治疗目标是控制和减轻症状、稳定心律以及改善心肌功能，从而提高动物的生存质量和延长生存时间。

（2）当有肺水肿的症状时，应强心利尿，速尿每千克体重 2～4mg，皮下或静脉注射，根据情况 1～3 次/日；强心药可用地高辛每千克体重 0.01mg，2 次/日；或者用氨力农以及米力农等。如果胸腔积液量大时需要进行胸腔穿刺抽取。

（3）对于有心律失常的根据心电图提示可加用调节心律的药。

**2. 猫的治疗**

（1）所有的患猫均应补充牛磺酸，补充五周以上，然后根据检测结果进行调整。

（2）猫出现肺水肿症状时，应及时吸氧，同时使用血管扩张剂硝酸甘油和利尿剂，但应注意低血压的现象。

（3）对于维持治疗的猫选用营养心肌药、血管紧张素转换酶抑制剂（ACEI）、抗血栓药和利尿剂，地高辛可以根据具体状态进行使用（如果发生房颤应当使用）。

（4）胸腔若发生积液应进行胸腔穿刺抽取。

**3. 防治原则**

所有患 DCM 的犬、猫，用药前均应进行血气、电解质和肾功能检测。用药后至少每周做一次电解质检查，以防止发生医源性电解质紊乱而危及生命。超声心动图也应根据病情进行检查。

# 任务二　肥厚性心肌病的诊断与治疗

## 任务导入

缅甸猫，9岁，2只，前一段时间其中一只突然死亡，这几天另一只出现了不愿运动的症状。如果你是宠物医师会如何考虑？

## 任务分析

病史调查，患猫室内圈养，饲喂优质猫粮，家中未有毒物，防疫针每年定时注射，心脏听诊未见异常，肺部听诊也未见异常。实验室检查排除肝肾功能疾病，X射线检查显示心脏整体增大，超声心动图检查显示室间隔非对称性肥厚，左心室顺应性降低。

综合临床症状和化验检查，初步诊断为肥厚型心肌病（HCM）。

**1. 肥厚性心肌病有哪些症状**

（1）犬的临床症状

① 犬的肥厚型心肌病较少见。

② HCM可发生于任何年龄和品种的犬，雄性发病率可能较高。

③ 听诊时可发现左心室流出道阻塞或二尖瓣闭锁不全引起的收缩期杂音，某些患犬可听到心房奔马律。

④ 有些犬会表现出心力衰竭、间歇性虚弱以及晕厥症状。

⑤ 因心肌缺血、室性心律失常和心输出量不足往往会导致犬的突然死亡。

（2）猫的临床症状

① HCM多发于中年公猫，但出现临床症状的年龄从几个月至老龄不等。

② 呼吸系统的症状多见呼吸急促、活动时喘息、呼吸困难以及咳嗽。

③ 有时只出现无力和厌食症。

④ 有的猫在没有任何症状时突然发生晕厥或死亡。

⑤ 对处于心脏功能代偿期的猫，可因麻醉、手术、补液及外来刺激等，突发心力衰竭。

**2. 肥厚性心肌病如何诊断**

（1）对于猫来讲，首先应排除甲状腺机能亢进后才能进行诊断。

（2）X射线检查　患HCM的宠物部分在进行X射线检查时可见全心增大或左心增大，少数患病宠物可见肺静脉充血和肺水肿症。

（3）心电图检查　很多患HCM的宠物心电图异常，常见QRS波异常，有时也可见巨大倒置T波，心律大部分为快速性失常。

（4）超声心动图　超声心动图依然是诊断HCM的最好方法。主要诊断标准是心室壁肥厚、心室腔变小和舒张功能下降。肥厚型心肌病多数是非对称性室间隔肥厚。

左心室流出道是否有阻塞以及左心房是否异常也是重要的关注点。

## 必备知识

**1. 什么是肥厚性心肌病**

肥厚型心肌病（HCM）是指以左心室和（或）右心室肥厚为主要特征，通常表现为室间隔非对称性肥厚，左心室或右心室容量正常或减低，舒张期顺应性下降的疾病。

**2. 肥厚性心肌病的病因**

HCM 的病因不清，多种因素可导致本病发生。

（1）遗传因素　缅甸猫、波斯猫、布偶猫和美短猫有家族发病趋势。

（2）心肌对儿茶酚胺的敏感性增加或儿茶酚胺产生增多。

（3）心肌缺血。

（4）局发性胶原异常。

（5）甲状腺机能亢进。

（6）其他因素等。

**3. 病理生理学**

病理变化涉及心肌细胞和结缔组织，心肌结构紊乱，心肌细胞肥大与无序的核相互卷曲，局部性或弥散性间质纤维化，胶原骨架无序或增厚，心肌纤维粗大呈交错形态，室间隔内交感神经纤维及去甲肾上腺素颗粒增多，同时心肌内小血管壁增厚。

由于室间隔明显增厚和心肌细胞内钙水平升高，使心肌对儿茶酚胺的反应性增强，引起心室肌高动力性收缩，左心室流出道血流加速。因该处产生负压效应，吸引二尖瓣前叶明显前移，二尖瓣的异常可导致二尖瓣关闭不全，压力阶差可引起反复性室壁张力增高和心肌需氧量增加，引发心肌缺血坏死和纤维化，从而形成恶性循环，引起心力衰竭。

舒张功能障碍是因心肌和心室的顺应性下降，使血液流入左心室发生障碍，结果导致左心室舒张末压和左心房压升高。早期即使有明显的舒张功能障碍，因心脏功能良好，心脏可以通过加强心肌收缩力和加快心律来代偿，代偿一旦发生失衡就会出现症状。

当失代偿以后，就有可能发生肺静脉充血和水肿，这些因素会造成肺动脉压力增加，并继发右心衰竭。

治疗方案

**治疗措施**

（1）治疗目的是促进心室充盈、减轻充血、稳定心律、减轻心肌缺血、防止血栓形成。

（2）出现肺水肿和严重呼吸衰竭症状的宠物。

① 首先给予速尿每千克体重 2～4mg，根据情况 1～5h 一次。

② 吸氧。

③ 猫可以使用硝酸甘油软膏，氨茶碱也有一定的效果，同时配合 β 受体阻滞剂和钙离子通道阻滞剂。

④ 在使用这些药物治疗时，应关注血压和心律的发展变化。

（3）对无症状的 HCM 建议服用 β 受体阻滞剂或钙离子通道阻滞剂，以延缓和逆转心肌重塑。

（4）对于有 HCM 症状的应同时口服 β 受体阻滞剂和钙离子通道阻滞剂，常用的 β 受体阻滞剂首选美托洛尔和普萘洛尔。

钙通道阻滞剂目前主要用的药物有氨氯地平和地尔硫䓬。另外，抗血栓药也要给予（如阿司匹林）。

（5）宠物出现明显心脏扩大和收缩功能不全时，不宜应用硝酸甘油和利尿剂。

# 任务三 限制型心肌病的诊断与治疗

## 任务导入

袁某在小区捡到一只双后肢僵硬的流浪猫，此猫约有4kg，雄性，被毛杂乱无光泽，精神高度紧张，但给予猫罐头发现其食欲正常，请问如何诊断此猫？

## 任务分析

首先通过X射线检查排除腰部、骨盆和双腿骨折。观察脚垫皮肤颜色发现，双后肢脚垫颜色淡于前肢，双股动脉脉搏明显弱于正常猫，超声心动图显示左心房增大、左心室游离壁和纵隔增厚，左心室壁和心内膜有高回声区域，心电图提示心房颤动。

综合临床症状和化验检查，初步诊断为：限制型心肌病（RCM）。

**1. 限制型心肌病有哪些症状**

（1）RCM常发生于中年或老年猫。

（2）常见症状包括活动减少、呼吸加快、呼吸困难、食欲差、呕吐和体重渐轻。

（3）有以下症状时，应高度关注血栓的危险，本病发生血栓的程度高于HCM和DCM。

① 后肢僵硬（单侧或双侧）且股动脉脉搏异常。

② 足垫苍白和发凉（单侧或双侧，有时还会伴有不安和焦躁）。

**2. 限制型心肌病如何诊断**

（1）根据临床症状和可疑病史以及其他检查手段。

（2）心电图检查 心电图检查通常提示心房负荷增加，房性早搏、房颤发生率较高。

（3）X射线检查 常见左心房扩大，左心室扩大或心脏整体增大。左心衰竭时可见肺静脉充血和肺水肿。如果发生肺动脉高压可出现胸腔积液和右心房、右心室扩大。

（4）超声心动图 典型的图像有左心房（也有右心房）增大，不同程度的左心室游离壁和纵隔增厚，左心室壁运动正常或下降。有时也可见二尖瓣或（和）三尖瓣轻度反流，左心耳、左心房以及左心室血栓存在。

（5）CT、MRI和心肌活检不是临床常用诊断方式。

（6）生化、电解质和血气的检查用以评估身体状况。

## 必备知识

**1. 什么是限制型心肌病**

限制型心肌病（RCM）是指以心室单侧或双侧充盈受限和舒张容量下降为主要特征，但心脏收缩功能和室壁厚度正常或接近正常的疾病。

**2. 限制型心肌病的病因**

病因部分不明（特发性），部分可能是心内膜炎后遗症、心内膜心肌纤维化和体液免疫反应异常等。

**3. 病理生理学**

在疾病早期阶段，心内膜增厚，内膜下心肌细胞排列紊乱，间质纤维化，心室舒张充盈受损。但此时大部分RCM心肌收缩性正常或仅轻微下降。随着病情的进一步发展，心内膜进一步增厚，左心室大部分表现为心室壁纤维化和坚硬程度增加，左心房广泛性增大，心肌功能也相应地不断下降。

心内膜纤维化可能是局灶性或广泛性的，二尖瓣和乳头肌可能发生扭曲并与周围组织融合。心肌有的会发生心肌细胞肥大、心肌变性坏死，长此以往心室射血分数下降，心排血量进一步下降，由此引发左心房压和肺静脉压增高以及肺瘀血。血栓的发生和以上病理机制密不可分。

### 治疗方案

**治疗措施**

同模块三项目二任务二肥厚性心肌病的诊断与治疗中治疗措施相应内容。

## 任务四　心肌炎的诊断与治疗

### 任务导入

贵宾犬，2月龄，因细小病毒感染住院治疗，在治疗期间发现该犬突然呼吸急促，听诊心律不齐，并伴有肺部湿性啰音，于是紧急停止输液。如果你是医生接下来如何处理？

### 任务分析

通过检查输液量和输液速度，排除医源性因素，心电图检查提示心律不齐，超声心动呈现左心室扩大，收缩功能下降，初步诊断：心肌炎。

**1. 心肌炎有哪些症状**

（1）在感染性心肌炎的疾病中，患病宠物多出现心律失常，如发热和无力，幼年宠物会出现突然死亡。

（2）在非感染性心肌炎时，因为宠物的耐受性强，所以不易发现，或者病程已久已转化成其他类型的疾病。因此对于此类型的疾病缺乏特异性的临床症状。

**2. 心肌炎如何诊断**

（1）由于本病往往和其他疾病同时存在，而又无特异性的临床症状和有效的诊断法，所以很难确诊。

（2）目前唯一有效的诊断方法是心肌活组织检查，但受限于采样的危险性和大部分主人的排斥。

（3）临床上最常用的就是排除相关疾病后，对于不可解释的心律失常和心功能衰竭，可以拟诊为心肌炎。

（4）对于存在感染症状而又有心律失常时，应做微生物检查、心电图检查、X射线检查和心动超声检查，结合各项指标后方可确诊。

### 必备知识

**1. 什么是心肌炎**

心肌炎是指心肌本身的炎症病变，有局灶性或弥漫性，也可根据发病时间分为急性、慢性以及亚急性。

**2. 心肌炎的病因**

根据是否为微生物感染可划分为感染性心肌炎和非感染性心肌炎。

(1) 感染性心肌炎。

① 病毒性心肌炎。

② 细菌性心肌炎。

③ 原虫性心肌炎。

④ 真菌性心肌炎。

⑤ 其他病因等。

(2) 非感染性心肌炎

① 免疫性引起的心肌炎。

② 化学和物理性伤害引起的心肌炎。

③ 药物性引起的心肌炎。

**3. 病理生理学**

(1) 引起心肌炎的因素有多种，各有其相应的病理变化。按病变发生部位和性质，目前大致划分为实质性心肌炎、间质性心肌炎以及化脓性心肌炎。

① 实质性心肌炎是以心肌细胞出现实质性病变为主，间质则有不同程度的渗出或增生。在轻度心肌炎中，心肌细胞出现颗粒变性和轻度脂肪变性。而重度心肌炎中，心肌细胞则发生水泡变性以及蜡样坏死，甚至出现心肌细胞崩解和钙化现象。病毒感染是导致发生的主要原因。

② 间质性心肌炎是以心肌间质的渗出和增生为主的病变，而心肌细胞实质性变化相对较轻。病变以间质充血、出血、渗出和增生等为表现形式，间质性心肌炎多发生在寄生虫感染、药物副反应和变态反应等。

③ 化脓性心肌炎是以大量嗜中性粒细胞渗出和脓液形成为特征的心肌炎症，致病因素多为葡萄球菌等引起。

(2) 心肌受到侵害，根据致病因素、病变时间以及严重程度，会影响心脏传导系统以及收缩和舒张功能。

## 治疗方案

**1. 心肌炎的治疗**

(1) 对于感染性心肌炎，应针对性地给予抗感染药物，同时对心肌进行保护疗法，如以维生素、牛磺酸、辅酶 $Q_{10}$ 和中药等进行调节以减少心肌损伤。

(2) 对于非感染性心肌炎，如果是药物所致就应立即停用；如果是物理或化学因素所致则应避免二次伤害；如果是免疫性因素造成的，则应该查找具体诱发因素。

(3) 出现心力衰竭症状时，应强心利尿稳定心律。

**2. 心肌炎的预后和监护**

心肌受损较轻的，在给予纠正后，预后良好。对于发现和治疗较晚已出现并发症的则预后慎重。

在日常生活中对患心肌炎的宠物应加强营养、减少应激、避免过量运动。

# 任务五　二尖瓣疾病的诊断与治疗

## 任务导入

京巴犬，10 岁，公，已去势。主人发现最近时间此犬夜间咳嗽较多，白天较少，食欲略有下降，因该犬从小温顺，运动活力表现不明显，请分析该犬会有哪方面问题？

## 任务分析

通过体温检测、血常规、C反应蛋白检测，排除上呼吸道感染疾病，X射线检查发现此犬左心增大，肺静脉增粗，超声心动图检查可见二尖瓣反流图像。心电图提示左心室肥厚，初步诊断：二尖瓣反流。

**1. 二尖瓣疾病有哪些临床症状**

（1）二尖瓣疾病主要发生在犬，猫非常罕见。

（2）因为心脏具有强大的代偿性，所以早期很难发现外观症状。

（3）临床上最常见到的症状有咳、呼吸急促、喘、无力。

（4）个别严重的患病宠物会出现食欲减退、食欲废绝、端坐呼吸。

**2. 二尖瓣疾病如何诊断**

（1）临床检查　经常能听到心脏收缩期杂音，但有时存在严重的血液回流却无明显的心杂音。

（2）X射线检查　左心房扩大是X射线常见影像。肺充血和肺水肿影像的出现提示已经有心力衰竭的存在。

（3）心电图检查　心电图检查通常在正常范围，有时也可见到心扩大或心律不齐的提示。

（4）超声心动图　超声心动图对于反流的评估，了解血管压力和心输出量有着重要的作用，同时也是作出诊断的有力方法。

## 必备知识

**1. 什么叫二尖瓣疾病**

二尖瓣疾病是指由于各种原因所导致的二尖瓣发生结构和（或）功能上异常的疾病总称。

**2. 二尖瓣疾病的发病原因**

引起二尖瓣疾病的因素有先天性遗传因素，也有后天性因素如病毒感染、细菌感染、免疫介导性等。某些心脏疾病也可引起二尖瓣异常。

**3. 病理生理学**

根据解剖学可将二尖瓣疾病大致分为二尖瓣狭窄、二尖瓣关闭不全以及二尖瓣脱垂。

（1）二尖瓣狭窄　当瓣口面积减少到一半以上就会影响跨瓣血流，左心房压升高致肺静脉压升高，肺顺应性减退。由于左心房压和肺静脉压升高，引起肺小动脉反应性收缩，最终会造成肺小动脉硬化，肺血管阻力增高，肺动脉压力升高。重度肺动脉高压会造成右心室肥厚、三尖瓣和肺动脉瓣关闭不全。心房颤动的发生与二尖瓣狭窄的程度、左心房大小、左心房压密切相关。

（2）二尖瓣关闭不全　二尖瓣关闭不全通过收缩期左心室完全排空来实现代偿可维持正常心搏量，但如果二尖瓣关闭不全持续存在和发展，使左心室舒张末期容量进行性增加，左心室功能就会出现恶化，出现肺瘀血、肺动脉高压，必将危害左心。

（3）二尖瓣脱垂　二尖瓣脱垂是一种慢性进行性病理过程。瓣叶、瓣环、腱索、乳头肌、左心室室壁，这些部位的任何异常均有可能引起二尖瓣脱垂。左心室收缩时，在压力的作用下异常的瓣膜则会向左心房鼓出。但二尖瓣关闭早期有可能正常，随着疾病的逐渐发展最终会形成二尖瓣关闭不全。

治疗方案

**1. 二尖瓣疾病的治疗**

(1) 对于无临床症状，但存在左心房扩张的动物，可以使用小剂量的 ACEI（血管紧张素转换酶抑制剂），同时对宠物进行减肥和高盐食物的控制。

(2) 对于运动后才出现临床症状的宠物，目前有多种治疗方案。

① ACEI 可以减轻心脏的前、后负荷；可以抑制肾素-血管紧张素系统；可以防心室重塑；可以抑制交感神经系统，降低循环儿茶酚胺的敏感；有利于纠正低钾血症、低镁血症，降低室性心律失常的发生率。

② ACEI 结合辅酶 $Q_{10}$。

③ 可以给予中药进行调节，如丹参片等。

(3) 充血性心力衰竭

① 当出现严重的充血性心力衰竭、肺水肿、呼吸困难时，应及时给予患病宠物吸氧，非口服给予速尿（每千克体重 2～4mg）、肼屈嗪；如果证实心脏收缩功能较弱，可以配合使用多巴胺、多巴酚丁胺、地高辛等。

② 如果同时存在心律失常，加用 β 受体阻滞剂和钙通道阻滞剂。

③ 一旦危急情况缓解和改善，速尿、螺内酯、ACEI 以及心肌营养药作为日常维持使用。

**2. 二尖瓣疾病的预后和监护**

二尖瓣疾病因病变程度不同、宠物体重不同、护理不同，其存活时间也不一样。

对于有临床症状的患病宠物应定期做全面体检以评估全身器官的健康状态，同时监测电解质，防止电解质失衡影响健康。

## 任务六　三尖瓣疾病的诊断与治疗

任务导入

贵宾犬，10 岁，母，有过生育史，近一个月腹部逐渐增大，食欲下降，活动量下降，请问此犬该如何诊断？

任务分析

考虑此犬年龄较大，又是雌犬，所以首先进行了腹部超声检查，同时又进行了肝肾功能检查，以及腹部细针穿刺抽取检查，结果排除子宫疾病和腹部、肺部疾病，腹部膨大主要是由于存在腹水，根据这一情况，进一步采取了 X 射线和超声心动检查，X 射线检查提示心影增大，超声心动显示三尖瓣反流，初步诊断：三尖瓣关闭不全。

**1. 三尖瓣疾病有哪些临床症状**

(1) 三尖瓣疾病主要发生于犬，大型犬较为常见，且雄性犬更易发生。猫极为罕见。

(2) 最初有的患病宠物可能无症状或轻度运动不耐受。

(3) 严重的会出现腹水、厌食以及心源性恶病质。

**2. 三尖瓣疾病如何诊断**

对于三尖瓣疾病有效的诊断方法是超声心动图。图像显示以三尖瓣反流、肺动脉高压为主要特征。如果肺动脉压低，则是先天性三尖瓣关闭不全。心电图对于诊断有无心律失常有着积极的作用，但无特异性诊断。X射线检查可评估有无肺充血、水肿以及心脏的大小。

必备知识

**1. 什么叫三尖瓣疾病**

三尖瓣疾病是指由于各种原因所导致的三尖瓣发生结构和（或）功能上异常的疾病总称。

**2. 三尖瓣疾病的发病原因**

三尖瓣疾病的先天因素与遗传因素有关，后天因素与退行性及微生物感染有关。尚有一部分病因不清。

**3. 病理生理学**

三尖瓣疾病根据解剖学来划分可分为三尖瓣狭窄和三尖瓣关闭不全。三尖瓣疾病代偿期较长。其主要影响右心房造成静脉回流障碍，末梢静脉压升高。右心室流入道血流量减少，排血量减少，最终可导致右心室右心房扩大，右心衰竭。

治疗方案

**1. 三尖瓣疾病的治疗**

（1）对于无临床症状的宠物可不予给药。

（2）对于存在腹水、体循环不良的宠物应给予利尿剂和血管扩张药，发生心律失常的动物给予洋地黄类药物，并且注意防止发生血栓。

**2. 三尖瓣疾病的监护**

在应用利尿剂时应注意电解质的平衡。长期体循环不良的宠物还应关注肝肾功能。

## 任务七　主动脉瓣疾病

任务导入

金毛犬，4岁，母。最近呼吸困难，运动时多有晕厥症状发生。听诊心脏可听到喷射期杂音，分析此犬会有哪方面的问题。

任务分析

因其有不耐劳、晕厥、呼吸困难等异常，首先排除了血糖方面的问题，然后进行血压、X射线、超声心动图等检查。

通过检查发现肺部轻度水肿，左心室肥大，主动脉瓣狭窄，综合分析，初步确定为主动脉瓣狭窄。

**1. 主动脉瓣疾病有哪些症状**

（1）本病常发生于犬，而极少发生于猫。

（2）大部分患病宠物不表现临床症状。

（3）出现症状的犬多见于1岁以上。

（4）常见症状：晕厥、腹水、猝死以及濒死等。

**2. 主动脉瓣疾病如何诊断**

（1）超声心动图检查可见左心房、左心室内径增大；主动脉瓣增厚，反光增强，开放受限，瓣口开放面积缩小；用多普勒技术可见主动脉瓣口反流。

(2) X射线检查提示左心室肥大。

(3) 心电图检查提示左心室扩大。

## 必备知识

**1. 什么叫主动脉瓣疾病**

主动脉瓣疾病是指主动脉瓣开放受限，左心室与主动脉之间产生了压力阶差。

**2. 主动脉瓣疾病的发病原因**

主动脉瓣疾病的病因主要有三种：先天性、炎症性和退行性。

**3. 病理生理学**

主动脉瓣疾病可分为主动脉瓣狭窄和主动脉瓣关闭不全。

主动脉瓣狭窄至正常的1/2以上才会对血流产生影响。病程的早期阶段，左心室舒张功能受影响，收缩功能仍保持正常。随着时间的推移和病变的发展，左心室肥厚，室壁的顺应性减低，舒张末期压力上升。随之而来的是左心房压、肺静脉压和肺毛细血管压力升高。若此时出现房颤，说明左心室舒张压和左心房压显著升高，极易发生肺水肿。

主动脉瓣关闭不全在急性期时，舒张期血流从主动脉反流入左心室，左心室容量负荷急剧增加。如反流量大，左心室可急性代偿性扩张以适应容量过度负荷，当不能承受时，左心室舒张压急剧上升，导致左心房压增高和肺淤血，甚至肺水肿；慢性主动脉瓣关闭不全，左心室扩张，心室重量增加、室壁应力维持正常。运动时外周阻力降低和心律增快伴舒张期缩短，从而使反流减轻。以上因素使左心室能较长期维持正常，心排血量和肺静脉压无明显升高。失代偿的晚期心室功能降低，直至发生左心衰竭。

左心室心肌重量增加使心肌氧耗增多，主动脉舒张压低使冠状动脉血流减少，二者引起心肌缺血，促使心肌收缩功能下降。

## 治疗方案

**1. 主动脉瓣疾病的治疗**

(1) 手术疗法　目前因费用等限制，暂时还不能运用于临床。

(2) 药物疗法

① 对于存在心律失常的患畜可口服β受体阻滞剂。

② 发生心力衰竭时，可采用速尿、地高辛以及吸氧进行紧急调节。

**2. 主动脉瓣疾病的监护**

(1) 观察有无发热或跛行等，如果发现应考虑心内膜炎的发生。

(2) 减少宠物应激，低盐饮食。

# 任务八　肺动脉瓣疾病的诊断与治疗

## 任务导入

比格犬，2岁，母，精神食欲正常，以前该犬运动量很大，耐力也很好，2个月前活动量下降，耐力也下降，于是到某宠物医院进行体检，请问该犬该如何诊断？

## 任务分析

病史调查发现，此犬无野外生活史，每年定期体外驱虫，听诊心脏时发现收缩期有杂音，实验室检查排除贫血、甲状腺机能减退和肾上腺机能减退，血糖正常，X射线检查提示右心室肥大，超声心动图检查可见肺动脉瓣狭窄，初步诊断：肺动脉瓣疾病。

**1. 肺动脉瓣疾病有哪些症状**

（1）本病常发生于犬，而极少发生于猫。

（2）大部分患病宠物不表现临床症状。

（3）出现症状的犬多见于1岁以上。

（4）常见症状：晕厥、腹水、猝死以及濒死等。

**2. 肺动脉瓣疾病如何诊断**

（1）超声心动图检查可见右心房、右心室内径增大；肺动脉瓣增厚，反光增强，开放受限，瓣口开放面积缩小；用多普勒技术可见肺动脉瓣口反流。

（2）X射线检查提示右心室肥大。

（3）心电图提示右心室扩大。

## 必备知识

**1. 什么叫肺动脉瓣疾病**

肺动脉瓣疾病是指肺动脉瓣因各种因素，而出现开放异常的疾病。

**2. 肺动脉瓣疾病的原因**

本病因先天性发育不良、后天性感染、退行性以及特发性均可产生。

**3. 病理生理学**

根据解剖学本病常见的情况有两种：一种是肺动脉狭窄；另一种是肺动脉瓣关闭不全。

肺动脉瓣狭窄时，右心室收缩压升高，右心室肥大。肺动脉压正常或偏低，收缩期肺动瓣侧出现压力阶差。狭窄严重时，右心室随着时间和病情的发展，而出现右心衰竭。

肺动脉瓣关闭不全还伴有肺动脉高压时，由于反流发生于低压低阻力的小循环，故血液动力学改变通常不严重。若瓣口反流量增大可致右心室容量负荷增加，引起右心室扩大肥厚，最后发生右心衰竭。

## 治疗方案

**1. 肺动脉瓣疾病的治疗**

（1）外科手术是治疗的有效方法，但受多种因素制约，目前临床尚未开展。

（2）对于中度和重度患病宠物可用药物维持。

**2. 肺动脉瓣疾病的监护**

（1）患轻度肺动脉瓣疾病的宠物，有可能生存至正常寿命。

（2）中度及重度患畜应密切监护。

# 任务九　心律不齐的诊断与治疗

## 任务导入

京巴犬，5岁，母，平日不喜欢运动，若运动量稍微增大，则出现舌紫，严重时出现短暂晕厥，该犬可能出现何种疾病？

## 任务分析

通过对该犬进行血液生化检验排除了低血糖和肝肾疾病，X射线检查未见异常，超声心动图检查未见反流，心电图检查可见P波消失，代之以小而不规则的基线活动，心室率极不规则。初步诊断：心律不齐-房颤。

**1. 心律不齐有哪些症状**

(1) 由于心脏输出功能失常，营养物质和体内代谢物质不能够向周身进行正常的运输，可引起活动耐受降低、喘、呼吸异常、昏厥等。

(2) 因为血液动力学的异常，机体的其他器官如肝肾等，会产生功能性的改变。

**2. 心律不齐如何诊断**

临床检查有时可能查不出心律不齐，所以在诊断和治疗时，心电图是必须要做的检查。

(1) 心动过缓　心脏除极化的速率低于正常范围，猫的心律在120～200次/min，犬为60～140次/min。

(2) 心动过速　心脏除极化超出正常范围。

(3) 节律异常　是在一定的时间内出现心脏跳动规律不稳，有时早搏有时逃逸。

(4) 传导异常　心脏传导顺序紊乱。

在做出诊断之前，还应顾及患病宠物本身是否还有其他疾病，这些疾病对心律有无影响。

## 必备知识

**1. 什么叫心律不齐**

心律不齐是指超出正常的心律、节律或者传导顺序异常。

**2. 心律不齐的发病原因**

病因复杂，先天性心脏病、获得性心脏病以及其他疾病等均可引发心律不齐。

**3. 病理生理学**

(1) 心脏自身机制异常，可导致心律不齐。如心脏激动电位的折返、心肌异位激活等。

(2) 心肌细胞休止期膜电位的改变或电位阀的改变，膜内外离子交换控制机制的改变或者传导系统传导特性的改变；心肌过度伸张、坏死、损伤、缺氧、电解质改变或酸碱平衡失常以及中毒，都会造成心律的改变和异常。

## 治疗方案

**1. 心律不齐的治疗**

(1) 因为心律不齐有多种具体表现和类型，所以治疗时应充分根据具体病情进行针对性治疗。

(2) 以下是大致的治疗方案，但在具体治疗时必须注意具体病情和药物的副反应。

① 心动过速　可选用阿替洛尔（按每千克体重计）：犬 6.25～12.5mg，猫 6.25～12.5mg，1～2 次/日；地尔硫䓬（按每千克体重计）：犬 0.5～1.5mg，猫 1.75～2.4mg，2～3 次/日。

② 心动过缓　可选用硫酸阿托品：犬和猫每千克体重 0.01～0.04mg，根据用药后的改善情况，酌情给予每日用药次数；异丙肾上腺素在危急时刻使用，每千克体重 0.01μg/min。

③ 节律和传导异常　可选用盐酸美西律，每千克体重 5～8mg，2～3 次/日。

**2. 心律不齐的监护**

对于心律不齐的宠物应避免应激和过度运动，定期做心电图评估用药效果。

## 技能训练　犬的输血疗法

**【目的要求】**

1. 了解血液的保存方法。
2. 了解临床输血类型。
3. 掌握输血途径、输血量及输血速度。

**【诊疗准备】**

1. 动物　犬、猫。
2. 器材　口笼，保定绳，帆布袋，保定台，输血器，3.8%～4%枸橼酸钠溶液，10%氯化钙溶液，10%水杨酸钠溶液。

**【内容方法】**

（一）采血与血液保存

1. 采血部位　可从前肢头静脉或后肢隐静脉采血。

2. 采血量　犬一次采血量为全血量的 1/5 以内，即每千克体重 20mL，采血间隔时间最好为 2～3 周采血一次。若进行红细胞成分输血，应在分离红细胞后，将剩余的血浆再输回给供血犬；猫每次每千克体重可采血 15mL；采血后，应输注等量的林格液。

3. 血液的保存

(1) 3.8%～4%枸橼酸钠溶液　加入量与血液的比例是 1∶9，抗凝时间长。缺点是随同血液进入病犬、猫体内后，很快和钙离子结合，使血液的游离钙下降。因此，在大量输血后应注意补充钙制剂。

(2) 10%氯化钙溶液　加入量与血液的比例是 1∶9，抗凝机理是由于提高了血液中钙离子含量，制止血浆中纤维蛋白原的脱出。缺点是抗凝时间比较短，抗凝血必须在 2h 内用完。此液还能抗休克，降低病犬、猫的反应性。

(3) 10%水杨酸钠溶液　加入量与血液的比例是 1∶5，抗凝作用可保持 2 天。

（二）血液相合试验

三滴试验法：用吸管吸取 4%枸橼酸钠溶液 1 滴，滴于清洁、干燥的载玻片上；再滴供血动物和受血动物的血液各 1 滴于抗凝剂中。用细玻璃棒搅拌均匀，观察有无凝集反应，若无凝集现象，表示血液相合，可以输血；否则表示血液不合，则不能用于输血。

（三）输血类型

1. 全血输血　指血液的全部成分，包括血细胞及血浆中的各种成分。将血液采入含有抗凝剂或保存液的容器中，不做任何加工，即为全血。血液采集后 24h 以内的全血称为新鲜全血，各种成分的有效存活率在 70%以上。

2. 红细胞成分输血

(1) 少浆全血　从全血中移除一部分血浆，但仍保留一部分血浆的血液，其红细胞压积为50%～60%。

(2) 浓缩红细胞　从全血中移除大部分血浆，仍保留少部分血浆的血液，其红细胞压积为70%～80%。

3. 血浆代用品　常用的血浆代用品主要有：右旋糖酐，包括右旋糖酐70、右旋糖酐40及右旋糖酐20，羟乙基淀粉（HES）；明胶衍生物，包括氧化聚明胶、改良液体明胶（国外产品有Plamgel，即血浆胶）。

(四) 输血途径、输血量及输血速度

1. 输血途径　可在前、后肢选皮下明显的静脉。

2. 输血量　一般为其体重的1%～2%左右。在重复输血时，为避免输血反应，应更换供血动物，或者缩短重复输血时间。在病犬尚未形成一定的特异性抗体时输入，一般均在3天以内。犬200～300mL，猫40～60mL。

3. 输血速度　一般情况下，输血速度不宜太快。特别在输血开始，一定要慢而且先输少量，以便观察病犬、猫有无反应。如果无反应或反应轻微，则可适当加快速度。犬在开始输血的15min内应当慢，以5mL/min为度，以后可增加输血速度。猫输血的正常速度为1～3mL/min。患心脏衰弱、肺水肿、肺充血、一般消耗性疾病（如寄生虫病）以及长期化脓性感染等时，输血速度以慢为宜。

(五) 输血的副反应及处理

1. 发热反应　在输血期间或输血后1～2 h内体温升高1℃以上并有发热症状者称为发热反应。多由抗凝剂或输血器械含有致热原所致，动物表现为畏寒、寒战、发热、不安、心动亢进、血尿及结膜黄染等。发烧数小时后自行消失。

防治方法：主要是严格执行无热原技术与无菌技术；在每100mL血液中加入2%普鲁卡因5mL或氢化可的松50mg；反应严重时应停止输血，并肌内注射盐酸哌替啶（杜冷丁）或盐酸氯丙嗪；同时给予对症治疗。

2. 过敏反应　原因尚不很明确，可能是由于输入血液中所含致敏物质，或因多次输血后体内产生过敏性抗体所致。病犬、猫表现为呼吸急促、痉挛、皮肤出现荨麻疹等症状，甚至发生过敏性休克。

防治办法：立即停止输血，肌内注射苯海拉明等抗组胺制剂，同时进行对症治疗。

3. 溶血反应　因输入错误血型或配合禁忌的血液所致，还可因血液在输血前处理不当，大量红细胞破坏所引起，如血液保存时间过长、温度过高或过低，使用前室温下放置时间过长或错误加入高渗、低渗药物等。病犬、猫在输血过程中突然出现不安、呼吸和脉搏频数增加、肌肉震颤，不时排尿、排粪，出现血红蛋白尿，可视黏膜发绀或休克。

防治方法：立即停止输血，改注生理盐水或5%～10%葡萄糖注射液，随后再注射5%碳酸氢钠注射液，并用强心利尿剂等抢救。

(六) 输血注意事项

1. 输血过程中，一切操作均需按照无菌要求进行，所有器械、液体，尤其是留作保存的血液，一旦遭受污染，就应坚决废弃。

2. 采血时需注意抗凝剂的用量。采血过程中，应注意充分混匀，以免形成血凝块，在注射后造成血管栓塞。在输血过程中，严防空气进入血管。

3. 输血过程中应密切注意病犬、猫的动态。当出现异常反应时，应立即停止输血，经查明并非输血原因后方能继续输血。

4. 输血前一定要做生物学试验。

5. 输血时血液不需加温，否则会造成血浆中的蛋白质凝固、变性、红细胞坏死，这种血液输入机体后可立即造成不良后果。

6. 用枸橼酸钠作抗凝剂进行大量输血后，应立即补充钙制剂，否则可因血钙骤降导致心肌机能障碍，严重时可发生心搏骤停而死亡。

7. 严重溶血的血液应弃之不用。

8. 禁用输血疗法的疾病不得使用输血疗法，如严重的器质性心脏病、肾脏疾病、肺水肿、肺气肿；严重的支气管炎，血栓形成以及血栓性静脉炎；颅脑损伤引起的脑出血、脑水肿等。

**【作业】**

1. 练习患犬全血采集、输血疗法。

2. 简述输血反应的处理方法。

# 模块四　宠物泌尿器官疾病

【模块介绍】

本模块主要阐述犬、猫常见的泌尿器官疾病，该系统疾病是目前宠物临床疾病中的多发疾病之一，主要包括肾脏疾病和尿路疾病两部分，多发于老年犬。肾脏疾病主要包括肾炎、肾衰和尿毒症；尿路疾病主要包括尿路炎症和结石。通过本模块的学习，使大家掌握泌尿器官疾病的发病原因、发病机理、典型症状、病理过程、诊断技巧和治疗原则等知识点，并具备在实践中熟练运用泌尿器官疾病知识的能力。

## 项目一　肾脏疾病

### 任务一　肾炎的诊断与治疗

#### 任务导入

牧羊犬，6岁，母。主诉：犬3天前发病，精神沉郁、无食欲、拱背夹尾、尿淋漓。自己用阿司匹林等药物进行治疗3天，无效。临床检查：该患病犬精神不佳，体温39.8℃，拱腰，按压该患病犬腰部，躲闪、疼痛、吠叫。该犬行走困难，后躯不能站立。眼睑轻度水肿。排尿次数多，但每次尿量小，尿呈点滴状。有絮状物或石灰样沉渣。尿检：尿比重增加，其中含有大量蛋白质和沉渣。你认为还应做何种检查帮助诊断疾病，试着分析该犬为何病。

#### 任务分析

通过临床检查和病史调查，该犬精神较差，拱腰，尿淋漓，行走困难；触诊腰部敏感。实验室检测尿比重增加，有大量蛋白质和沉渣。B超检查右侧肾脏比左侧稍大。初步诊断为肾炎。

**1. 肾炎有哪些症状**

（1）急性肾小球肾炎　犬、猫精神沉郁、体温升高、食欲降低，有时发生呕吐、便秘或腹泻；肾区敏感、触诊疼痛、肿胀；站立时背腰拱起，不愿活动、步态强拘，后肢收于腹下；频频排尿，但尿量较少，有的病例出现无尿或血尿；若发生尿闭，则腹围迅速增大，患病犬、猫常常做出排尿姿势，但无尿排出；还出现动脉血压升高，第二心音增强。随着病程的发展，由于血液循环障碍和全身静脉回流受阻，则可见眼睑、胸、腹下发生水肿。当后期发展为尿毒症时，则呼吸困难、衰竭无力、肌肉痉挛、昏睡、体温低下、呼出气有尿臭味。

（2）慢性肾小球肾炎　慢性肾小球肾炎病程较长，发展缓慢，可使患病犬、猫出现食欲不振、消瘦、被毛无光泽和弹性，体温正常或偏低，可见黏膜苍白。初期多尿，后期少尿。患病犬、猫发展为尿毒症时意识消失、肌肉痉挛、昏睡，病程长短不一，短则数月、长则达1～2年，有的反复发作。

**2. 肾炎如何诊断**

肾炎的诊断根据病史调查、临床检查和实验室检查的结果，综合判断，进行诊断，但要和腹膜炎、尿路结石和下泌尿道感染进行区别诊断。

（1）临床诊断　根据病史、临床症状可做出初步诊断。

（2）实验室诊断　急性肾小球肾炎，尿检为尿量减少，尿密度增高，蛋白质含量增加，尿沉渣中可见透明颗粒、红细胞管型；血液常规检查可见红细胞数轻度减少，白细胞正常或偏高，血沉加快；肾功能测定多数可见不同程度的肾功能障碍。

慢性肾小球肾炎多尿时尿比重减小，潜伏期尿蛋白较少，活动期常增多，晚期尿蛋白减少。尿沉渣中可见大量颗粒和透明管型，晚期可见粗大的蜡样管型；当出现红细胞管型时，则为肾小球肾炎的急性发作。

## 必备知识

**1. 什么是肾炎**

肾炎是肾小球、肾小管和肾间质炎症的统称。该病的主要特征是肾区敏感、疼痛、尿量减少并含有病理产物。根据病程可分为急性肾炎和慢性肾炎，根据发病的部位可分为肾小球肾炎、肾小管肾炎和间质性肾炎，在宠物临床疾病诊疗中较难区分；根据发病的原因又可以分为原发性肾炎和继发性肾炎。犬、猫均可发生。肾小球肾炎是最常见的肾小球疾病，通常由肾小球毛细血管壁上的免疫复合物引起。该病最主要的特征是丢失大量的血浆蛋白，主要为白蛋白。

**2. 肾炎的原因**

（1）中毒性原因　常见于外源性中毒和内源性中毒，外源性中毒可见于食用了霉变的犬粮或食物和含有汞、砷、磷的有毒物质；内源性中毒可见于代谢障碍性疾病、胃肠炎症、烧伤面积较大所产生的毒素和皮肤疾病等产生的代谢产物或组织分解产物所引起的。

（2）感染性原因　常见于葡萄球菌、链球菌等细菌，犬瘟热、传染性肝炎病毒，寄生虫、钩端螺旋体等感染所引起。

（3）诱因　引起机体抵抗力降低的因素可称为本病的诱因。如天气剧烈变化，可使犬、猫机体遭受到风、寒、潮的刺激，引起犬、猫肾小球毛细血管痉挛性收缩，肾血液循环及其营养发生障碍，可使病原菌入侵，导致发病；尿道的炎症、子宫内膜炎、阴道炎等邻近器官的炎症也可以继发本病。慢性肾炎可由急性肾炎转化而来。

## 治疗方案

**肾炎的治疗和预防**

应以抗菌消炎、利尿消肿、抑制免疫反应和防止尿毒症的发生、加强护理为治疗原则。

抗菌消炎可选用头孢类抗生素药物，不要用对肾脏有损害的抗生素，如庆大霉素和卡那霉素等；肾脏功能障碍时，禁用磺胺类药物。

利尿消肿用利尿剂（呋喃苯胺酸、双氢克尿噻、普鲁卡因加葡萄糖）和脱水剂（甘露醇、山梨醇等)。

抑制免疫反应，可肌内注射糖皮质激素类药物（地塞米松、强的松等）；如并发急性心力衰竭、高血压、血尿或尿毒症时，则应进行对症治疗。慢性肾小球肾炎的治疗方法与急性肾小球肾炎相同，但不易治愈，且易反复发作。

加强护理应给予患病犬猫高能量低蛋白质食物，安置在温暖、舒适的环境中。

定期给犬、猫体检，防治原发病因和继发病因。

## 任务二　肾衰的诊断与治疗

### 任务导入

苏格兰牧羊犬，8岁，母。主诉：半个月前出现呕吐、腹泻症状，曾按照胃肠炎治疗，后不见好转；临床检查，该犬精神沉郁，消瘦，触诊肾区及下部有疼痛感；实验室检测肌酐比平常高出4倍，尿素氮为15.2mmol/L(2.14～11.78mmol/L)。试分析该犬可能为何病?

### 任务分析

**1. 肾衰有哪些症状**

(1) 急性肾衰　可分为少尿期、多尿期和恢复期3个阶段。本病在临床上以少尿、无尿、尿毒症以及血钾含量升高等代谢紊乱为特征。

① 少尿期　病的初期，患病犬、猫排尿量明显减少，甚至无尿。由于水、盐、氮质等代谢产物的潴留，临床上表现为水肿、心力衰竭、高血压、高钾血症、低钠血症、酸中毒和尿毒症等，并易发生继发或并发感染。少尿期长短不一，短者约1周，长者2～3周。如果长期无尿，则有可能发生肾皮质坏死。

② 多尿期（危险期）　由于机体肾小管的代偿作用，患病犬、猫在此期尿量开始增多而进入多尿期。表现为排尿次数和排尿量均增多。此时，水肿开始消退，血压逐渐下降。同时，因水、钾、钠丧失，可表现为四肢无力、瘫痪、心律失常，甚至休克，重者可猝死；因患病犬、猫多死于多尿期，故又称为危险期。此期持续时间1～2周。如能耐过此期，便进入恢复期。

③ 恢复期　仍表现四肢乏力、肌肉萎缩、消瘦等症状。主要是由于机体蛋白质消耗量大，体力消耗严重引起的。患病犬、猫排尿量逐渐恢复正常，各种症状逐渐减轻或消除。但要根据病情，继续加强调养和治疗。恢复期的长短，取决于肾实质病变恢复的程度。重症犬、猫，若肾小球功能迟迟不能恢复时，可转为慢性肾功能衰竭。

(2) 慢性肾衰　根据疾病的发展过程，分为4期。

① 肾储备能减少期　肾排泄和调节功能正常，患病犬猫不表现临床症状，血中肌酐和尿素氮轻度升高或在正常范围内。肾小球滤过率大于50%。

② 肾功能不全代偿期　肾排泄和调节功能下降，血中肌酐和尿素氮可能升高。临床出现多尿、呕吐、腹泻、多饮、脱水、贫血和乏力等症状。肾小球滤过率约为30%～50%。

③ 肾功能代偿丧失期　临床表现排尿量减少，酸中毒或重度贫血，血钙降低，血钠降低，血磷升高，血尿素氮升高，提示尿毒症的开始。肾小球滤过率小于30%～50%。

④ 尿毒症期　表现无尿，血钙降低，血钾升高，血磷升高，血尿素氮极度升高，伴有代谢性酸中毒、神经症状和骨骼明显变形等。肾小球滤过率小于5%。

**2. 肾衰如何诊断**

(1) 急性肾衰

① 临床检查 根据病史调查、尿量变化及水肿症状可做出初步诊断。

询问或了解患病犬、猫是否发生过外伤或手术造成的大出血，而导致急性肾功能衰竭；是否发生伴有严重呕吐、腹泻的疾病，而导致大量水分丧失；是否服用某些药物如磺胺类或生物毒素等导致肾脏中毒；是否患有尿道阻塞引起肾小球滤过受阻，而导致本病。了解患病犬、猫的精神状态、病情发展过程。

② 实验室诊断

a. 尿量检查 少尿期尿量少，尿比重低。多尿期尿比重低，尿中有白细胞。

b. 血液学检查 白细胞总数增加，嗜中性粒细胞比例增高；血中肌酐、尿素氮、尿酸、磷酸盐、钾含量升高；血清钠、氯含量降低。

c. 补液试验 给少尿期的患病犬、猫补液 500mL 后，静脉注射利尿素或速尿 10mg，若仍无尿或尿比重低者，可认为是急性肾功能衰竭。

d. 肾造影检查 急性肾衰竭时，造影剂排泄缓慢。根据肾显影情况，可判断肾衰竭程度。

e. 超声波检查 可确定肾后性梗阻。

③ 鉴别诊断 注意与慢性肾功能衰竭的区别。急性肾功能衰竭，有发生过局部缺血或接触毒物的病史，临床检查时，体质较好，肾光滑、肿胀、有痛感，有严重的肾机能障碍，血清钾逐渐升高，代谢性酸中毒。而慢性肾功能衰竭往往有发生过肾病或肾功能不全的病史，长期烦渴、多尿，慢性消瘦，血清钾逐渐降低，有轻度的代谢性酸中毒。

(2) 慢性肾衰 本病的诊断可参考急性肾衰，但本病病程较长，发展缓慢，症状较轻，贫血、营养障碍、皮肤色素沉着、骨骼变形等症状较为突出。

必备知识

**1. 什么是肾衰**

肾衰是指犬猫双肾接近 3/4 的肾单位丧失功能所发生的疾病，可分为急性肾衰和慢性肾衰。急性肾衰是指由于局部缺血或毒素危害而导致的肾小球的滤过率突然降低，形成的肾功能障碍为主的、危及生命的临床综合征。慢性肾衰主要是指慢性肾病导致肾单位严重毁损，使残存的肾单位负荷过重，不能充分排出代谢产物和维持内环境的稳定，从而引起代谢产物及其有毒物质在体内潴留，酸碱平衡紊乱的临床综合征。

**2. 肾衰的原因**

(1) 急性肾衰 肾衰的病因较复杂，但根据发病机理可分为缺血和中毒两个主要病因，根据致病的部位可分为肾前、肾性和肾后三类。

① 肾前 主要由大出血、严重腹泻、呕吐、大面积烧伤、体腔积水、休克等引起的全身血容量的减少，有效循环量不足等导致肾脏急性缺血，肾灌流量下降，肾小球滤过率也急速下降，从而出现急性肾衰。

② 肾性 由肾脏本身的疾病引起，主要包括各种传染、中毒等因素，可以造成肾小球、肾小管和肾间质局部急性缺血，发生病变，引发本病的发生。如钩端螺旋体、细菌等造成的肾脏感染；氨基糖苷类抗生素、磺胺类药物、非甾体类抗炎药物、阿昔洛韦、两性霉素 B 等药物中毒以及乙二醇、重金属、蛇毒、蜂毒等造成的肾中毒；肾动脉血栓、弥散性血管内凝血等引起的肾血液循环障碍等。

③ 肾后　尿路不通、排尿障碍，如损伤、结石等引起的尿路阻塞，肾小球滤过受阻，引起肾小管基底膜细胞坏死而引发本病的发生。

（2）慢性肾衰　原发性肾小球疾病是引起慢性肾衰的主要原因。可导致犬、猫慢性肾衰的潜在病因较多，如免疫介导性疾病（全身性红斑狼疮）、肾小球肾炎、肾盂肾炎、肿瘤、肾毒素、缺血、肾结石、钩端螺旋体病、多囊肾、尿道堵塞等，有家族性肾病的犬、猫也是引起慢性肾衰的潜在病因之一。

## 治疗方案

**1. 肾衰的治疗**

（1）治疗原则　去除病因、积极治疗原发病，防止脱水和休克，对症治疗（纠正高钾血症和酸中毒、缓解高氮血症），加强护理。

（2）去除病因、治疗原发病　有烧伤、创伤和感染时，用抗生素控制感染；脱水和出血性休克时，要注意补液。若为中毒病，应中断毒源，及早使用解毒药，适度补液；若为尿路阻塞症，应尽快排尿。必要时，可采用手术方法消除阻塞，排除潴留的尿液后再适当补充液体。

（3）对症治疗　无尿是濒死的预兆，必须尽快利尿，可口服呋喃苯胺酸或丁尿胺。血浆二氧化碳结合力在12～15mmol/L以下时，按酸中毒治疗，用5%碳酸氢钠静脉注射，但高血压以及心力衰竭时禁用；高钾血症时，用生理盐水或乳酸林格液静脉注射。出现高氮血症时，可在纠正脱水后，用20%甘露醇静脉注射，或静脉注射25%～50%葡萄糖溶液，并限制蛋白质的摄入，补充高能量和富含维生素的食物。

多尿期时，随排尿量的增加，应注意补充电解质，尤其是钾的补充，防止出现低钾血症。血中尿素氮为20mg/100mL（犬）或30mg/mL（猫）时，可作为恢复期开始的指标，若低于上述指标时，则应逐步增加蛋白质的摄入，以利于健康。

恢复期应补充营养，给予高蛋白质、高碳水化合物和富含维生素的食物。

宠物主人需耐心细致地配合治疗和护理。

**2. 肾衰的预防**

本病是一种较严重的内科病，预后不良。宠物主人需从引起本病的潜在病因入手，防止诱发本病的其他疾病的发生。同时，如果发生本病，要正确认识本病，提高患病犬、猫的生活质量，做好思想准备。

# 任务三　尿毒症的诊断与治疗

## 任务导入

金毛犬，4岁，母。主诉：半个月前出现呕吐，目前精神状态较差，嗜睡、昏迷，食欲废绝，呼吸困难；实验室检查：肌酐比正常值高出10倍。试分析金毛犬有可能是何病？

## 任务分析

根据病史和临床检查、实验室检测的结果，可初步判断为尿毒症。

**1. 什么是尿毒症**

尿毒症是由于肾功能不全或肾衰竭，导致代谢产物和毒性物质不能随尿排出而在体内蓄积所引起的一种自体中毒综合征。它不是一个独立的疾病，而是泌尿器官疾病晚期发生的临床综合征，是肾功能衰竭最严重的表现。临床上可出现消化、循环、神经、泌尿等系统的一系列症状和特征。

**2. 尿毒症的原因**

严重的肾功能衰竭能引起尿毒症。本病的发生和尿素、肠道毒性物质、蛋白质分解物质、酸性代谢产物有较大的关系，可引起神经系统、循环系统、消化系统、呼吸系统和血液系统一系列症状，同时引起电解质平衡失调。

**3. 尿毒症症状**

尿毒症可引起患病犬、猫机体多个组织器官发生机能障碍。

（1）神经系统　主要表现为精神极度沉郁、意识紊乱、昏迷和抽搐等症状。

（2）循环系统　往往出现高血压、左心肥大和心力衰竭，晚期可引起心包炎。

（3）消化系统　主要表现为消化不良和肠炎症状。

（4）呼吸系统　可使呼吸加快、加深，呈现周期性呼吸困难；出现尿毒症性支气管炎、肺炎和胸膜炎，并呈现相应的症状。

（5）血液系统　有不同程度的贫血，晚期可见鼻、齿龈和消化道出血，皮下有瘀斑等。

（6）电解质平衡失调　可伴有高钾低钠血症、高磷低钙血症和高镁低氯血症。

（7）皮肤　干皱，弹性减退，有脱屑、瘙痒症状，皮下常发生水肿。

**4. 尿毒症的诊断**

根据病史、临床症状，血液、尿液的检验结果可进行初步诊断。同时进行肾功能检查、肾 X 射线造影检查等，来进一步诊断本病。

## 治疗方案

**1. 尿毒症的治疗**

（1）治疗原则　以去除病因、调节体液平衡及对症治疗为主。

（2）去除病因　积极治疗原发病，如及时治疗肾功能衰竭、改善肾微循环、解除尿道阻塞等。

（3）纠正水、电解质和酸碱平衡紊乱　可参考实验室对血液中离子的检测结果，调节机体的酸碱平衡，及时补充钠离子、钙离子。

（4）对症治疗　根据临床实际病例出现的症状，采取相对应的措施。为促进有毒物质排出和蛋白质合成，可采用透析疗法。

（5）加强护理　应给予患病犬、猫富含优质蛋白质、维生素的犬粮，给予充足的饮水；对于不能自由采食的犬、猫，要采用静脉或鼻饲管的方式补充营养。

**2. 尿毒症的预防**

尿毒症是泌尿系统中最严重的疾病，危及宠物的生命。本病的防治要从预防肾病入手，加强对肾脏的保养，减少诱发病因。

# 项目二 尿路疾病

## 任务一 膀胱炎的诊断与治疗

### 任务导入

京巴犬，3岁，母。主诉：一周以来经常有排尿动作，但尿量较少，不安、躁动，有时看到尿液中带红色。临床检查：触诊腹部，该犬紧张，可触到充盈的膀胱。请分析该犬可能是何病？

### 任务分析

根据主诉和临床检查的结果，先对该犬进行导尿，减轻膀胱的压力，初步判断为犬膀胱炎。

**1. 什么是膀胱炎**

膀胱炎是指膀胱黏膜或黏膜下层组织的炎症。临床上以尿频、排尿困难、痛性尿淋漓、膀胱部位触诊敏感和尿沉渣中出现大量的膀胱上皮细胞、白细胞和血细胞等为特征。雌性和老龄犬、猫多发。

**2. 膀胱炎的原因**

（1）病原微生物感染　膀胱炎多数是由非特异性细菌感染引起的，如大肠杆菌、葡萄球菌、链球菌、绿脓杆菌、变形杆菌、化脓放线菌等细菌通过血液循环、肾或前列腺下行感染、尿路上行感染膀胱所致。

（2）物理性损伤　导尿过程粗暴、膀胱结石的机械刺激、膀胱肿瘤的刺激等都可导致膀胱炎。

（3）有害物质刺激　喂服肾上腺皮质激素或其他免疫抑制药物、肾组织损伤碎片、尿长期蓄积发酵分解产生大量的有害物质等，均可强烈刺激膀胱黏膜引起炎症。

（4）其他因素　手术导致正常尿道解剖结构的改变；椎间盘突出等所导致的神经损伤；膀胱憩室等引起尿潴留；导尿管消毒不严和使用不当也都可导致膀胱炎。

**3. 膀胱炎症状**

急性炎症时，患病犬、猫出现尿少而频和疼痛不安。患病犬、猫频繁排尿或呈排尿姿势，但每次排出的尿量较少或呈点滴状流出，但当膀胱括约肌肿胀、痉挛或膀胱颈肿胀引起尿闭时，仅有排尿姿势而无尿排出。同时排尿时疼痛不安，出现终末血尿，严重时表现为极度疼痛不安（肾性腹痛），呻吟，腹围明显增大，并且随着病程的延长出现尿毒症表现。当炎症波及深部组织或继发其他炎症时，可出现体温升高、精神沉郁、食欲不振等不同程度的全身症状。尿液浑浊，有强烈的氨臭味。

慢性膀胱炎的症状与急性膀胱炎基本类似，但病程较长，其他症状较轻，触诊膀胱壁肥厚，一般不敏感，尿沉渣镜检，有大量白细胞、膀胱上皮细胞、红细胞及微生物等。当尿路发生阻塞时，则出现排尿困难现象。

**4. 膀胱炎的诊断**

（1）临床诊断　根据尿少而频、排尿困难、痛性尿淋漓和膀胱触诊敏感等典型症状可做出初步诊断。

（2）实验室诊断

① 尿液检查　尿液检查是临床上常用的诊断方法之一。采集自然排出的尿液或通过穿刺、导尿获得尿液，在光镜下进行检查，当出现细菌尿或脓尿时说明宠物可能发生了膀胱炎。当尿中见到大量白细胞，呈浑浊时为脓尿，呈浑色时为血尿；当尿中见到病原菌时，说明发生膀胱炎。若同时查到脓尿、血尿、蛋白尿、细菌尿时，说明发生尿道炎。

② 血液检查　膀胱炎一般无白细胞增加和嗜中性粒细胞核左移现象。这些变化可与肾盂肾炎和前列腺炎相鉴别诊断。

③ X射线检查和B超检查　发生慢性膀胱炎时膀胱黏膜出现肥厚。同时可排除尿结石、肿瘤、肾盂肾炎等一些继发病，并与这些疾病相区别。

**5. 膀胱炎的治疗**

膀胱炎的治疗以改变饲养管理方式、消除病因、抗菌消炎和对症治疗为原则。

排除潜在的病因，并提高患病宠物的抗病能力；根据药敏试验结果选用合适的抗生素；内服乌洛托品进行尿路消毒；饲喂无刺激、营养丰富的高蛋白食物，给予足够的清洁饮水，并在饮食中添加少量食盐，以促进利尿；口服氯化铵酸化尿液，有助于净化细菌和增强抗菌药物的效果；用温生理盐水反复冲洗膀胱后，再用0.1%高锰酸钾溶液（或2%硼酸溶液、1%～2%明矾溶液、1%鞣酸溶液）进行冲洗；慢性膀胱炎可用0.02%～0.1%硝酸银溶液冲洗；膀胱冲洗干净后，可直接注入青霉素和链霉素，以达到局部消炎的目的。

**6. 膀胱炎的预防**

加强饲养管理，防止病原微生物的侵袭和感染。导尿及膀胱穿刺时，应严格遵守操作规程和无菌原则，避免造成感染和机械性损伤。患有其他泌尿生殖器官疾病时，应及时采取有效的防治措施，以防转移蔓延。

## 任务二　尿道炎的诊断与治疗

### 任务导入

大白熊犬，1岁，公，饲喂皇家犬粮。最近经常滴尿，而且半天也尿不出来尿，尿量很少，尿发黄，味道特别大，有带血的情况，最近不爱吃饭，只喝水；实验室检测发现尿液中有白细胞，血常规检查发现白细胞总数升高。请分析该犬疑似何病？

### 任务分析

根据病史调查、实验室检查结果，初步判断为犬尿道炎。

**1. 什么是尿道炎**

尿道炎是尿道黏膜以及黏膜下层组织的炎症。临床上以尿痛、尿频、血尿、尿淋漓和尿液浑浊为特征。

**2. 尿道炎的原因**

（1）特发性　慢性活动性肉芽肿性尿道炎。

（2）外伤　导尿管导尿，消毒不严或操作不慎；公犬、猫相互咬伤、骨盆骨折等。

(3) 钝性非穿透伤的刺激　尿道结石的机械刺激等导致细菌感染而发生尿道炎症。

(4) 邻近器官炎症蔓延　邻近器官的炎症如膀胱炎、包皮炎、阴道炎、子宫内膜炎等可蔓延至尿道而发病。

(5) 继发于上皮肿瘤　常继发于鳞状上皮癌。

**3. 尿道炎症状**

(1) 排尿变化　病犬、猫频频排尿，但排尿困难，排尿时，尿液呈线状、断续状流出，疼痛不安。公犬阴茎频频勃起，母犬阴唇不断张开。

(2) 尿液感官变化　由于尿中有炎性分泌物，故尿液浑浊，严重者混有脓液或血液，有时混有脱落的尿道黏膜。

(3) 局部检查　触诊或导尿检查时患部敏感，尿道黏膜潮红肿胀，严重时尿道黏膜溃疡、糜烂、坏死或形成瘢痕组织而引起尿道狭窄或阻塞，发生尿道破裂，尿液流到周围组织，使腹部下方积尿而发生自体中毒。

**4. 尿道炎的诊断**

(1) 临床诊断　根据排尿困难、排尿疼痛、血尿、触诊局部敏感，直肠触诊时尿道增厚、形状不规则等症状可做出初步诊断。

(2) 实验室诊断　无菌采集尿液，离心后取尿沉渣，光镜下检查，可见大量红细胞、白细胞、脓细胞及病原微生物等，但无管型和肾、膀胱上皮细胞，尿道完全阻塞时血清检查发现尿素氮和肌酐升高。

**5. 尿道炎的治疗**

尿道炎的治疗以消除病因、控制感染和冲洗尿道为原则。

治疗时针对潜在的病因进行有效治疗。根据药敏试验结果选用合适的抗生素；内服乌洛托品进行尿路消毒；0.1%雷佛奴尔（依沙吖啶）溶液或0.1%氯己定溶液冲洗尿道。当尿道阻塞时应进行手术，必要时进行膀胱插管。

**6. 尿道炎的预防**

平时应加强饲养管理，防止病原微生物的侵袭和感染。病犬进行导尿时，防止由于导尿管过于粗硬、导尿管消毒不彻底或无菌操作不严格而引起尿道黏膜炎症，并积极治疗膀胱炎、包皮炎、阴道炎及子宫内膜炎等泌尿生殖系统疾病。

## 任务三　尿路结石的诊断与治疗

### 任务导入

京巴犬，4岁，白色，主诉该犬一直很活泼，已免疫过犬六联苗。平时主要饲喂鸡肝、鸭肝等。一个月前发现其小便带血且排尿时间明显延长，但没有在意。今日发现此犬有小便姿势而不排便，持续10min左右。不吃食，无小便，只喝点水。就诊前已有24h没有排尿。检查该犬体温38.5℃，精神沉郁，趴卧不动，腹围膨大，触诊膀胱充盈。尿导管探查发现进入阴茎基部受阻，手摸有明显硬块。触摸时犬痛苦、呻吟，并有阴茎出血。

### 任务分析

通过临床初步检测和实验室检测，发现该犬阴茎基部有白色的阴影，初步可判断为该犬患有尿路结石。

**1. 尿路结石有哪些症状**

尿石症的临床症状因其阻塞部位、体积大小、对组织损害程度的不同而异。

（1）肾结石　多位于肾盂，初期形成的肾结石常不会导致犬、猫出现明显的症状，多呈现肾盂肾炎的症状。患病犬、猫常做排尿姿势，频频排尿，每次排尿量较少，尿中有时带血，触诊肾区疼痛，步态强拘、行动谨慎。继发细菌感染时，体温会升高。

（2）输尿管结石　患病犬、猫不愿走动，有腹痛表现，拱腰行走，触诊腹部疼痛。输尿管单侧阻塞或两侧不完全阻塞时，可见血尿、蛋白尿和脓尿；如果双侧输尿管同时出现完全阻塞时，无尿进入膀胱，则呈现尿闭或无尿，从而导致肾盂肾炎和肾盂积水。

（3）膀胱结石　老龄犬、猫最常见，患病犬、猫出现排尿困难，尿频，尿量排出少，尿液中带血，尤其是排尿末期的尿含血量多。触诊可以摸到较大的结石。

（4）尿道结石　公犬、猫发病率较高。尿道不完全阻塞时，都出现排尿疼痛，尿液呈滴状，尿液颜色发红，含有红细胞。结石完全阻塞尿路时，则发生尿闭、较大的腹痛。膀胱过度充盈，努责频率增加，却无尿液排出。延误病情，可引起膀胱破裂、尿毒症。

**2. 尿路结石如何诊断**

尿路结石病程长，若犬、猫没有典型的临床症状，诊断较困难。只有出现泌尿器官的临床症状时，才会做实验室检测，进行确诊。

（1）临床诊断　根据尿痛、尿淋漓及血尿等症状进行问诊、视诊和触诊进行初步诊断。

（2）尿道探诊　对于尿道结石和膀胱颈口结石可通过导尿管进行探诊，需要用影像学检查方法进行确诊。

（3）X射线检查　根据X射线造影检查结果，可做出确诊。

## 必备知识

**1. 什么是尿路结石**

尿路结石，又称为尿石病，根据结石形成的部位可分为肾脏结石、输尿管结石、膀胱结石和尿道结石。临床上以排尿困难、血尿和阻塞部位疼痛为特征。老龄犬、猫多见，柯利犬、腊肠犬和小型贵宾犬等易发，该病有家族倾向性。

**2. 尿道结石的原因**

发生尿道结石的原因较多，肾和尿路的感染，使尿液中胶体和晶体平衡失调，有利于磷酸盐和碳酸盐的沉积。正常尿液中含有多种呈溶解状态的晶体盐类和一定量的胶体物质，它们之间保持着相对平衡的状态。饮水不足，可使尿液中的盐分含量增高，也容易形成结石；尿液的pH值升高，可使磷酸盐和碳酸盐析出；犬、猫日粮中钙含量的增高，也是结石形成的诱因之一。

## 治疗方案

**1. 治疗原则**

尿路结石的治疗以去除病因、对症治疗为原则。去除病因就是排除尿石，肾结石以手术治疗为主，配合药物治疗；膀胱结石以手术和药物治疗结合为原则，同时要用抗生素控制感染；尿道结石以紧急导尿、取石、控制尿毒症和尿路感染为原则。对症治疗就是根据犬、猫表现的不同的临床症状，采取相应的措施。出现尿闭的患病犬、猫要采取导尿的措施，及时排尿，以防出现膀胱破裂的风险。

**2. 尿路结石的预防**

应供给犬、猫不同阶段的专用食品，杜绝将餐桌剩饭喂给犬、猫，不建议多给犬、猫饲喂鸡肝等高蛋白质、高钙食物，以保证犬、猫日粮的营养平衡和维生素含量，从而保持尿液中胶体和晶体间的平衡。同时应加强对犬、猫的管理，防止病原微生物的侵袭和感染。给予犬、猫充足的饮水，保证饮水，减少尿液对泌尿器官的刺激，以预防本病的发生。

## 技能训练一　犬的腹膜透析

**【目的要求】**

1. 了解和理解腹膜透析的原理和适应证。
2. 掌握腹膜透析的操作技术技巧和注意事项。

**【诊疗准备】**

1. 材料准备　专用透析管（Tenckhoff 管）、腹膜透析机、腹腔插管、无菌手套、无菌手术器械一套。
2. 药品准备　透析液（自配、选用上海富民药业有限公司生产的）。
3. 病例准备　急性肾衰的患病犬。

**【方法步骤】**

1. 保定犬、无菌手术准备。
2. 导尿、排尿、灌肠。
3. 在脐部后数厘米腹中线旁进行局部麻醉，安置透析仪。
4. 称重。
5. 加热透析液到 39℃，无菌操作，将透析液注入腹腔，1h 后将腹腔中的液体抽回到原来的袋子。
6. 测量回收液的体积，重新称量患病犬的体重。
7. 根据需要进行不断的反复操作。

**【结果】**

记录患病犬的变化情况。

**【作业】**

1. 分析犬腹膜透析的优缺点以及在操作中的注意事项。
2. 写出实习报告。

## 技能训练二　犬的膀胱尿道结石的诊断及治疗

**【目的要求】**

1. 掌握犬膀胱尿道结石的诊断方法与治疗措施。
2. 掌握犬膀胱尿道结石的用药原则和治疗注意事项。

**【诊疗准备】**

1. 材料准备　临床检查设备（X 射线、B 超）。
2. 病例准备　患膀胱结石和尿道结石的犬或猫。

**【方法步骤】**

1. 病史调查

（1）调查犬平时的饲养及饮水情况。

（2）调查该犬有无遗传疾病。

(3) 调查该犬在发病前有无肾脏及尿路疾病。

(4) 调查该犬平时的异常表现，特别是有无排尿异常等。

2. 临床检查 临床症状主要表现为排尿异常、肾性腹痛和血尿。

病犬营养状况良好，初期食欲、精神正常，后食欲逐渐下降，尿频，血尿。当发生尿道结石时，病犬腹围增大，尿淋漓。有时尿液中有黄色小颗粒，逐渐少尿、努责、尿淋漓，甚至尿闭。触诊腹部紧张、疼痛，触诊膀胱胀满，推拿膀胱有尿液呈点滴状排出，严重时甚至发生膀胱破裂。后期常因病程延长发生尿毒症，病犬嗜睡昏迷。

对于单纯膀胱结石的病犬可通过膀胱触诊进行初步确定。疑为尿道阻塞的病犬选择合适的导尿管进行摸索性导尿，根据畅通与否初步判定是否为尿道阻塞。

3. 实验室检查

(1) X射线检查 犬、猫侧卧位对膀胱和尿道部位进行投照，膀胱内可见高密度大小不等的阴影。单纯膀胱结石而未发生尿道阻塞者，膀胱充盈程度不一；发生尿道阻塞的病犬，则可见膀胱极度充盈。尿道结石阻塞部位可见串珠状或有时只有1～2个的高密度阴影。

(2) B超检查 在膀胱的液性暗区内有若干个极强回声的大小不一的圆形亮区。

单纯性膀胱结石，由于膀胱的充盈程度不一，膀胱的液性暗区面积则不一致。当发生尿道阻塞时，极度充盈的膀胱可至腹腔中部甚至前部。

**【治疗措施】**

分小组讨论，写出治疗措施后，由教师点评。

**【作业】**

1. 病例讨论。
2. 写出实习报告。

## 复习思考

1. 肾脏疾病的特点有哪些？
2. 结合临床病例分析，膀胱结石和尿道结石有何区别？
3. 尿毒症的发病原因和原理是什么？
4. 尿结石形成的原因是什么？

# 模块五　宠物内分泌系统疾病

【模块介绍】

宠物生存需要内环境相对稳定，而外环境不断变化发展又影响着内环境。机体为了正常的运转和适应各种环境，必须依赖于内分泌系统、神经系统和免疫系统的相互配合和调控。内分泌系统所分泌的激素，通过血液（内分泌），也可通过细胞外液局部或邻近传递（旁分泌），乃至所分泌的物质直接作用于自身细胞（自分泌），更有细胞内的化学物质直接作用于自身细胞（胞内分泌），从而对机体的代谢、生长、运动、发育、生殖、皮肤、行为和性情等产生重要的作用。

因为内分泌系统有着很重要的作用，所以必须对其进行认识和把握。学习要点：①内分泌器官的生理作用。②内分泌器官的发病类型、临床表现、诊断方法和治疗。

## 项目一　甲状腺及甲状旁腺疾病

### 任务一　甲状腺机能亢进的诊断与治疗

#### 任务导入

土猫，10岁，母，最近食欲旺盛，大便不成形，体重日渐减轻，但精神很好，喜动不安。防疫和驱虫完善。请分析判断此猫有何种问题?

#### 任务分析

病史调查发现该猫半圈养，有食欲旺盛、多饮多尿的习惯，实验室检查排除胰腺炎和糖尿病、消化不良和食物过敏。激素血清T3、T4浓度均高于参考值。

综合临床症状和化验检查，诊断为：甲状腺机能亢进。

**1. 甲状腺机能亢进有哪些症状**

体重下降、食欲旺盛、不安、过度兴奋是典型的临床症状。另外也会有皮肤表现，如被毛无光泽、缠结、斑片性脱毛，无或过度理毛行为。呕吐、多饮多尿、腹泻也是需要注意的症状，但应与其他相关疾病相鉴别，有的甲亢猫除体重减轻以外嗜睡、虚弱、厌食也是其表现形式。有的因心动过速、心律失常而出现肺水肿、胸腔渗出。

**2. 甲状腺机能亢进如何诊断**

（1）体格检查　有的甲亢猫可以在颈部触摸到甲状腺异常增大，触诊正常也不能排除，由于甲状腺并不是紧附于器官，腺体增生或出现肿瘤情况时，因重量增加，有的会往后下垂，有的能下垂到胸口处。

（2）常规实验室检查

① 血常规检查中红细胞增多，应激性白细胞象。

② 生化指标大部分甲亢猫丙氨酸氨基转移酶、碱性磷酸酶和天冬氨酸氨基转移酶会有一个或同时出现升高的现象，也有部分甲亢猫会表现为磷、尿素和肌酐水平升高。

（3）激素检测

① 血清 T4 浓度检测　在对猫血清随机 T4 浓度测定时，若 T4 浓度异常升高，结合临床症状可以诊断为甲亢。有甲亢症状表现，血清 T4 浓度在参考值上半部，这会造成诊断困难。为了进一步明确诊断，可以结合其他检测结果。另外，血清 T4 的浓度受其他疾病和甲状腺素结合球蛋白的影响，可出现数值的变化，干扰诊断。甲状腺机能亢进与患猫基础血清甲状腺素浓度的关系见表 5-1。

**表 5-1　甲状腺机能亢进与患猫基础血清甲状腺素浓度的关系**

| 血清 T4 浓度/(μg/dL) | 甲状腺机能亢进的可能性 |
| --- | --- |
| >4.0 | 非常可能 |
| 3.0～4.0 | 有可能 |
| 2.5～3.0 | 未知 |
| 2.0～2.5 | 不可能 |
| >2.0 | 非常不可能 |

注：假设不存在严重的全身性疾病。

② 游离 T4（FT4）　不受血清和甲状腺素变化的影响，比 TT4 更可靠。另外非甲状腺疾病对 FT4 的抑制小。在许多潜在的甲状腺机能亢进的猫中，血清 TT4 浓度正常，而血清 FT4 则是升高的。血清 FT4 浓度升高，而总 T4 升高或处于参考值上半部时，支持甲状腺机能亢进的诊断。血清 FT4 升高而血清 TT4 浓度下降或处于参考值下半部时，支持甲状腺机能正常病态综合征的诊断，而不是甲状腺机能亢进，正常血清 FT4 一般在 4.0ng/dL 以下。

③ T3 抑制试验　正常的猫给予 T3 后会抑制垂体的促甲状腺激素（TSH）分泌，引起 T4 浓度下降，由于外源性 T3 不能转变为 T4，猫若患有甲状腺机能亢进则会自发性分泌甲状腺素，而不会被垂体完全控制。从采血后的第二天早上开始，猫主人给予猫 T3 药物 25μg/次，每天 3 次，连续给药两天。给药第三天早上再给予一次 25μg 的 T3 药物，约 2～4h 后采血收集第二次样品进行分析，正常猫用药后 T4 浓度<1.5μg/dL，甲亢猫用药后>2.0μg/dL，检测值如果在 1.5～2.0μg/dL 之间则无诊断结论。不论甲状腺功能如何，用药后血清 T3 浓度应比用药前高，如果用药后 TT4 浓度不下降且血清 T3 浓度无升高，应考虑宠物主人有无给猫用药。此方法有可能恶化某些现存的疾病，如肿瘤、糖尿病等。

④ TRH 刺激试验　正常宠物静脉注射促甲状腺释放激素（TRH）时可刺激垂体分泌 TSH，继发性引起猫血清 T4 浓度升高，而对患甲状腺机能亢进的猫，垂体的 TSH 分泌功能被长期抑制，注射 TRH 不会引起 TSH 的分泌增加，血清 T4 浓度轻度升高或不升高。应在注射 TRH 前和注射后 4h 采集血样测定血清 T4 浓度。TRH 的注射量为 0.1mg/kg，注射 TRH 后的不良反应有流涎、呼吸困难、呕吐和排便等。

⑤ 放射性核素扫描　适用于：a. 有甲亢临床症状但血清 T4 无法证明的；b. 用于有甲亢表现、血清 T4 浓度升高但未触诊到甲状腺结节的异位性甲状腺组织的定位；c. 预测甲状腺切除的成功率和出现低血钙的可能性；d. 放射性锝 99 的半衰期为 6h，在功能性甲状腺泡细胞内被浓缩，反映了其浓度机制，并且不被抗甲状腺药物影响。扫描甲状腺可以区别功能性和非功能性甲状腺区域组织，扫描的结果通常容易判读。

## 必备知识

**1. 什么是甲状腺机能亢进**

甲状腺机能亢进是指甲状腺产生和分泌甲状腺素过多而引起一系列疾病。

**2. 甲状腺机能亢进的原因**

引起甲状腺机能亢进（简称甲亢）的病因复杂，但在犬类中很少见，主要发生在猫类宠物中。多数猫甲亢表现为多结节性腺肿大，约20%的甲亢患猫为单侧性的，超过70%的患猫为双侧性的。

**3. 甲状腺机能亢进的病理生理学**

甲状腺素提高组织耗氧量，但其化学反应多为释放热能。所以甲亢患病宠物多不耐热，甲状腺素使糖的吸收、利用、糖原合成与分解均加速，其通过非核受体作用改变Ca、Na、葡萄糖的转运和代谢，大剂量甲状腺素促进糖的吸收，促进肝糖原分解，产生“甲亢性糖尿病”。另外甲状腺素加速外周组织对糖的利用，轻型甲亢往往其血糖相对能在正常范围值内，重型甲亢其血糖可能就会出现高血糖式糖耐量减低。在脂代谢中其加速胆固醇的合成与分解，但分解大于合成，胆固醇大部分降低，甲减则相反；甲状腺素正常量时促进蛋白质合成，过多时造成蛋白质分解加强，肌肉消瘦无力，并可造成甲亢性肌病和甲亢性蛋白质营养不良综合征；甲状腺素对神经系统有兴奋作用，甲亢时常发生易怒、烦躁、不安等行为；甲亢时骨质易发生骨松质疏松和皮质变薄，胃肠蠕动过速，肠吸收减少；甲亢可提高肝脏的代谢水平，使肝细胞处于相对缺氧的状态，严重的可发生肝小叶中心的细胞坏死，过高的甲状腺素对肝细胞有着直接毒性作用，而受损的肝细胞对其降解能力下降，这又进一步造成甲状腺素的相对升高。由于分解代谢的亢进，肝糖原分解增多，白蛋白合成减少，均可加重肝脏的损伤。甲亢时肝脏门静脉压升高，肝脏黄嘌呤氧化酶的活性增高，谷胱甘肽减少，这些也是肝脏受损的因素；在甲亢和肾功能不全同时存在时，由于能引起循环血量增加促进肾灌流量，肾小球滤过速度及肾小管重吸收和分泌能力增加，临床表现肾衰的症状和生化指标升高会被掩盖，但因组织分解代谢增加，尿素和肌酐也会增加；心脏在甲亢时因甲亢的严重程度而异，心脏也会发生肥大性心肌病或扩张性心肌病。肥大性心肌病若甲亢被纠正通常是可逆的。扩张性心肌病相对发生率少，但往往发生后会表现为不可逆性心脏病。心动过速、心律失常、血压升高也可能是甲亢作用而产生的情况；过高的血压会造成视网膜脱落和视网膜出血。

## 治疗方案

**治疗措施**

(1) 药物治疗　药物治疗的适应证如下。

① 试验性治疗在使血清T4浓度正常后对肾功能产生不良的影响。

② 初始治疗用于甲状腺切除或放射性碘治疗前的缓解或清除并发的其他症状。

③ 手术治疗后又复发但不宜再做手术或用放射性碘治疗的。

④ 甲状腺机能亢进的长期治疗。常用药物有硫脲类和咪唑类药物。

药物治疗的优点有以下几个方面。

① 疗效较肯定。

② 经济和安全。

③ 一般不引起甲状腺机能减退。

缺点有以下几个方面。

① 长期喂药治愈率低，停药后易复发。

② 部分宠物用药后会出现肝损害、粒细胞减少、血小板减少、免疫性溶血性贫血。

甲巯咪唑开始的剂量猫为 2.5mg/天，持续 2 周，2 周后常规实验室检查未发现异常，血清 T4＞2μg/dL，剂量应增加为 2 次/日、每次 2.5mg，2 周后再复查；剂量应按每两周增加 2.5mg/日，直至血清 T4 浓度处于 1～2μg/dL 或出现明显的副作用。若猫的使用剂量合适，血清 T4 浓度会在 1～2 周内下降到参考范围内，临床症状改善大约在 2～4 周内表现。猫发生甲巯咪唑药物拮抗的情况极为罕见，如治疗剂量达 20mg/天。卡比马唑是在体内转化为甲巯咪唑的抗甲状腺素药物，初始剂量为 5mg，每日 3 次，用药 2 周后大部分患猫剂量下降为 5mg，每日 2 次。要经常对患猫进行甲状腺素检测和常规实验室检测，根据检测结果调整用药剂量。

(2) 手术治疗　手术治疗的适应证如下。

① 主人不愿喂药或不易服药的患猫。

② 甲状腺肿大有压迫性症状的表现。

③ 可能会恶变的。

手术的目的：去除功能异常的甲状腺组织。术前应充分评估麻醉风险，术中应密切监护生理变化。

手术分为囊内和囊外手术通路。术后并发症有甲状腺机能减退、低血钙、口咽部麻痹等。

(3) 放射性碘治疗　$^{131}$I 治疗具有适应性广、迅速、简便、安全、疗效明显的特点。$^{131}$I 可静脉或皮下给予，其会浓集于甲状腺内，散射出来的射线能破坏周围的功能性腺泡细胞，萎缩的正常细胞不会受影响，邻近组织也不会受到放射性损伤。根据使用剂量的不同，复发率和复发时间也不同，但大部分患猫治疗后效果良好。唯一知道的副作用是甲状腺机能减退，多见于双侧性、肿大且弥散性受影响的甲状腺。$^{131}$I 放射治疗剂量用于猫平均为 2～4mCi❶，半衰期为 8 天。

## 任务二　甲状腺机能减退的诊断与治疗

### 任务导入

藏獒，4 岁，母，有过生育史。近段时间食欲略有下降，精神萎靡，运动无力。平时以圈养和饲喂犬粮为主，防疫和驱虫完善。

### 任务分析

病史调查此犬出现以上症状将近半年左右，平时喜睡，大小便均正常，未有呕吐症状。体格检查可见神情呆滞，行走无力，听诊心率缓慢，股动脉触摸发现脉搏无力。实验室检查发现红细胞轻度下降，生化检查肝肾功能正常，内分泌检查发现 T3 和 T4 均低于正常值。

综合临床症状和化验检查，诊断为：甲状腺机能减退。

**1. 甲状腺机能减退有哪些症状**

(1) 甲减常见的症状是皮肤和被毛的变化　典型症状包括双侧对称性、非瘙痒性脱毛，

❶ 1Ci＝37GBq，全书余同。

头部和四肢正常。也有的仅表现为局部性和非对称性脱毛。皮脂溢和脓皮症也是其临床常见症状。

(2) 神经肌肉症状　外周神经病变时会出现肘节突出、拖脚、趾甲背部过度磨损；发生中枢神经病变的会出现前庭症状（如歪头、体位性前庭性斜视）、面神经麻痹等症状。

(3) 生殖方面的表现　甲减能引起母犬发情期延长，发情中止，发情弱，隐发情，发情期间出血时间延长，异常乳溢和雄性乳腺发育。对公犬生殖的影响目前仍有争议，尚无定论。

(4) 呆小症　呆小症的患犬体型不均衡，头宽大，舌厚而突出，躯干宽呈矩形且四肢短。其他症状包括精神迟钝、嗜睡、出牙延迟、胎毛滞留、食欲不振等。

**2. 甲状腺机能减退如何诊断**

(1) 常规实验室检查　患甲状腺机能减退的犬大部分都有血胆固醇升高，血清中 ALT、AST、ALP、CK 轻度到中度增高。大约 30%甲状腺机能减退的患犬表现红细胞正色素性非再生性贫血，镜检红细胞形态时可见靶细胞数量增加。

(2) 甲状腺素检查　血清 TT4 比 TT3 更能反映甲状腺的功能，但血清 TT4 浓度会受品种、年龄、疾病和用药情况影响。血清 FT4 不受血清结合蛋白的影响，相对来说被机体内外因素干扰的强度小。

TT4 和 FT4 对甲状腺机能的判读见表 5-2。

**表 5-2　TT4 和 FT4 对甲状腺机能的判读**

| TT4/(μg/dL) | FT4/(ng/dL) | 甲状腺机能减退的可能性 |
| --- | --- | --- |
| >2.0 | >2.0 | 非常不可能 |
| 1.5～2.0 | 1.5～2.0 | 不可能 |
| 1.0～1.5 | 0.8～1.5 | 未知 |
| 0.5～1.0 | 0.5～0.8 | 可能 |
| <0.5 | <0.5 | 十分可能 |

(3) 内源性 TSH（CTSH）　测定 TSH 浓度对于诊断有很大帮助，特别是在甲减时，TSH 应很高，但大约 20%甲状腺机能减退的犬 CTSH 浓度正常，所以内源性 TSH 必须与同一血样的血清 TT4 或 FT4 一起判读，不能当做判断甲状腺功能的唯一指标。当病史和外观症状相符，同一血样的血清 TT4 和 FT4 浓度下降而 CTSH 浓度升高时，表明存在原发性甲状腺机能减退；而当血清 TT4 和 FT4 浓度均正常时，CTSH 也在正常浓度，可以排除甲状腺机能减退。

(4) TRH 刺激试验　每只犬无论体型大小，静脉注射 0.2mg TRH，并在注射前和注射后 4h 检测血清 TT4 的浓度。甲状腺机能正常的犬做 TRH 刺激试验时，注射 TRH 后血清 TT4 会超过 2μg/dL。另外，正常犬注射 TRH 后的血清 TT4 浓度应比注射前至少升高 0.5μg/dL，相反，甲状腺机能减退犬注射 TRH 后血清 TT4 浓度低于正常基础血清 TT4 浓度（即少于 1.5μg/dL），且注射后 TT4 升高程度应低于 0.5μg/dL，注射 TRH 后血清 TT4 浓度介于 1.5～2.0μg/dL 时，无决定性意义。这有可能是甲状腺机能减退早期或甲状腺机能正常，但存在并发疾病或使用有抑制甲状腺素的药物。

(5) 治疗性诊断　由于经济、时间以及判读 TT4、FT4、CTSH 比较复杂和有一定的不确定性，也可用甲状腺素进行治疗性诊断。前提是在不会对患犬造成严重副反应时方可进行。治疗效果明显的患犬可能是甲状腺机能减退，但不排除甲状腺素反应性疾病。由于它的组织合成作用，添加左旋甲状腺素钠对无甲状腺机能减退的犬也会有一定的外观效果，如毛的质量改变。所以，当治疗性诊断见效果时，临床症状消失后应逐渐停用左旋甲状腺素钠。

如果临床症状复发，可以证实是甲状腺机能减退并再继续服用左旋甲状腺素钠治疗。如果临床症状不复发，表明是甲状腺素反应性疾病或对并发疾病治疗有利反应的结果。

## 必备知识

**1. 什么是甲状腺机能减退**

甲状腺机能减退症是由多种原因引起的甲状腺素合成、分泌或生物效应不足所致的全身性的代谢综合征。

**2. 甲状腺机能减退的病因**

原发性甲状腺机能减退的两种常见组织学变化是淋巴细胞性甲状腺炎和原发性甲状腺萎缩。淋巴细胞性甲状腺炎是一种免疫介导性疾病，特征是甲状腺内淋巴细胞、浆细胞和巨噬细胞弥散性浸润。引发淋巴细胞性甲状腺炎的病因仍不清楚，可能与遗传有一定的关系。原发性甲状腺萎缩病因不清，可能是一种退化性疾病，也可能是自体免疫性淋巴细胞性甲状腺炎晚期。

继发性甲状腺机能减退有医源性损伤，包括手术、药物和激素的运用；垂体和下丘脑疾病时 TSH（促甲状腺激素）和 TRH（促甲状腺释放激素）的分泌减少。也有报道甲状腺素抵抗综合征和消耗性甲减也是发病原因之一。犬是甲状腺机能减退主要发病群体，猫极为少见。

**3. 甲状腺机能减退的病理生理学**

淋巴细胞性甲状腺炎早期的甲状腺有大量淋巴细胞、浆细胞等炎症性浸润，久之腺泡受损代之以纤维组织残余滤泡变得矮小，滤泡萎缩，上皮细胞扁平，泡腔内充满胶质。

幼龄宠物的脑组织发育依赖于 T3、T4 的正常作用，神经细胞的增殖和神经鞘膜的发育以及神经纤维的生长，都有赖于正常浓度的甲状腺素。骨的发育和成熟也依赖于甲状腺素，缺乏会导致骨化中心发育延迟，生长或停滞或缓慢，这一系列的作用会导致呆小症的发生；心血管系统在甲减时，心动过缓，心音低弱，脑压变小，心排血量减低并且常发生高胆固醇血症和高甘油三酯血症；运动系统在甲减时，肌肉乏力和收缩迟缓延迟；消化系统在甲减时，由于胃酸缺乏或维生素 $B_{12}$ 吸收不良，可导致缺铁性贫血，严重者也可能会发生麻痹性肠梗阻；神经系统在甲减时，能引起部分脱髓鞘和轴索病变。如果黏多糖集聚于神经束膜和神经内膜，或出现大脑动脉粥样硬化或严重脂血症后，可能会出现与中枢相关的症状；呼吸系统在甲减时，呼吸浅而弱，缺氧和高碳酸血症反应性减弱；皮肤在甲减时严重者会在皮肤真皮层蓄积酸性或中性的黏多糖，其与水结合，引起皮肤增厚，发生黏液性水肿。皮脂溢和脓皮症也是甲减发生常引起的症状。

## 治疗方案

**1. 治疗措施**

左旋甲状腺素钠是目前治疗甲状腺机能减退的首选药物，口服可使血清 TT4、TT3 和 CTSH 浓度正常，也会被外周组织代谢成活性 T3。大部分患犬可在一周内看到精神和活动性的改善。一些内分泌性脱毛的犬被毛在第一个月就开始生长，但通常需要几个月被毛才能长好，色素沉着也会逐渐改善。如果治疗 8 周未见症状改善，必须进行总结分析。

（1）常见治疗失败的原因

① 诊断错误　如肾上腺机能亢进，因其外观症状和甲状腺机能减退有一定的相似性，再加上可的松对甲状腺素的抑制作用往往会被误诊为甲状腺机能减退。

② 甲状腺机能减退的并发症未被发现和治疗　如过敏性皮肤病和跳蚤过敏，这些情况

也是导致治疗失败的原因。

③ 用药的剂量和频率不合适　因个体差异及甲状腺机能减退的程度不同，用药剂量和频率也是存在一定差异的。

左旋甲状腺素钠治疗的副反应——甲状腺毒症。甲状腺毒症的常见表现有气促、攻击行为、多尿、多饮多食、体重下降和神经过敏。血清甲状腺素的检查往往是支持甲状腺毒症的重要的诊断方法，不过也有即使存在甲状腺素中毒症状，其浓度也在参考值范围内的情况，而有些犬血清甲状腺素浓度升高但无甲状腺毒症的表现。

(2) 发生甲状腺毒症的原因

① 服用药物过量。

② 左旋甲状腺素钠血浆半衰期延长的犬。

③ 甲状腺素代谢受影响的犬（如并发肾和肝功能不全）。

甲状腺毒症的发生是极为少见的。

**2. 防治原则**

本病无有效的预防措施，平日给予优质食物，一旦发现本病，需及时治疗。

## 任务三　甲状旁腺机能亢进的诊断与治疗

### 任务导入

暹罗猫，9岁，母，主人因发现其无力、食欲下降和嗜睡，带往宠物医院就诊。

### 任务分析

通过与主人沟通了解到，此猫平日以家中剩饭剩菜为主要食物来源，无力、食欲下降已有一段时间。X射线检查发现上颌骨和下颌骨骨密度降低。血清生化检查发现肾功能指标轻度升高，电解质检查为高血钙和低磷，于是检查血清PTH（甲状旁腺激素），结果发现PTH也超出正常值范围。

综合临床症状和化验检查，诊断为：甲状旁腺机能亢进。

**1. 甲状旁腺机能亢进有哪些症状**

(1) 犬多发于6～13岁，猫多发于8～15岁，雌性宠物发病率略高，暹罗猫和荷兰卷尾狮毛犬的发病率相对较高。

(2) 神经肌肉系统多表现为肌无力、昏睡、抽搐、步态僵硬、关节痛等，胃肠症状多表现为食欲缺乏、呕吐和便秘；另外其他症状有多饮、多尿、骨骼触压有痛感，B超和X射线检查时也可见到部分软组织钙化、结石、骨密度下降等。

(3) 体格检查时有时很难触摸到异常变化。

**2. 甲状旁腺机能亢进如何诊断**

(1) 血清钙离子浓度通常为1.2～1.8mmol/L，血清磷离子浓度一般犬为0.7～1.6mmol/L，猫为0.8～1.9mmol/L。犬用PTH-MM放射性免疫测定试剂盒16～136pg/mL为正常范围，猫用双点完整PTH检测方法，正常范围为3.3～22.5pg/mL。

(2) 血清钙过高，PTH也升高，无氮血症，可确诊为原发性甲状旁腺机能亢进。

(3) 血清钙正常或下降、血磷升高或正常、PTH升高，提示继发性甲状旁腺机能亢进。

(4) PTH下降、血清钙升高，考虑假性甲状旁腺机能亢进。

(5) 影像检查可以确定甲状旁腺增生或肿瘤，如超声检查、MRI和CT。

**1. 什么是甲状旁腺机能亢进**

甲状旁腺机能亢进是指由于PTH（甲状旁腺激素）产生和分泌过度引起的甲状旁腺机能功能紊乱。

**2. 甲状旁腺机能亢进的病因**

大致分为原发性甲状旁腺机能亢进、继发性甲状旁腺机能亢进、假性甲状旁腺机能亢进和三发性甲状旁腺机能亢进。

原发性甲状旁腺机能亢进是由于甲状旁腺本身病变引起的PTH分泌和合成过多。继发性甲状旁腺机能亢进是由于各种原因所致的低钙血症刺激甲状旁腺，使其增生肥大，分泌过多PTH所致，如肾病、小肠吸收不良和维生素缺乏等。假性甲状旁腺机能亢进是由于某些器官如肺、肝、肾等患恶性肿瘤分泌类PTH多肽物质或前列腺素、破骨性细胞因子等致血钙增高，而患病宠物血清PTH正常或降低。三发性甲状旁腺机能亢进是在继发性甲状旁腺机能亢进的基础上，由于腺体受到持久刺激，部分增生组织转变为肿瘤且功能亢进，自主分泌更多的PTH，常见于慢性肾病后。犬、猫发生甲状旁腺机能亢进的情况非常少见。

**3. 甲状旁腺机能亢进的病理生理学**

原发性甲状旁腺机能亢进分为三种病理类型，腺瘤、增生和腺癌。腺瘤由透亮主细胞、过渡型嗜酸细胞及嗜酸细胞构成，并且存在脂肪小滴和脂肪细胞。腺瘤的发生与遗传、某些蛋白过度表达有关。甲状旁腺增生的病因未明。甲状旁腺增生的病例中所有的甲状旁腺均有可能病变，但可以以某个腺体增生为主。如第一个腺体增大，第二个腺体也病变，可以确定为增生；若第二个腺体正常，则第一个增大的腺体多为肿瘤。甲状旁腺癌极为罕见，多为坚硬呈灰白色，有包膜和血管浸润或局部淋巴结和远处转移，喉返神经、食管和气管也可能遭侵犯。甲状旁腺癌分功能性和非功能性，非功能性甲状旁腺癌的血钙与PTH正常，功能性甲状旁腺癌的PTH和血钙异常变化。继发性甲状旁腺机能亢进分为三种类型：结节性增生、弥漫性增生和中间过渡型增生。继发性甲状旁腺结节性增生，腺体中至少有一个边界清晰而主要含间质细胞且基本没有脂肪细胞的结节。弥漫性增生组织中，脂肪细胞占大部分。中间过渡型增生处于弥漫性与结节性增生之间。在甲状旁腺机能亢进中大量PTH使骨钙溶解释放入血，引起高钙血症。PTH促进肾脏将25-羟基胆钙化醇转化为活性更高的1，25-二羟基维生素$D_3$，后者促进肠道钙的吸收，进一步加重高血钙。同时，肾小管对无机磷的再吸收减少，尿磷排泄量随之增加继而出现高尿钙。在甲状旁腺机能亢进中骨基分解，黏蛋白、羟脯氨酸等代谢产物自尿液排泄增多，易形成尿结石和肾钙盐沉着症，加重肾脏负荷，影响肾功能，甚至发展为肾功能不全。持续大量的PTH引起广泛的骨吸收和脱钙等改变，严重时可形成纤维囊性骨炎。血钙过高还可引发钙在软组织中沉积，导致迁移性钙化，如肺、胸膜、胃肠黏膜下血管内、皮肤等，如发生在肌腱和软骨处，可引起关节疼痛，高浓度的离子钙可刺激胃泌素的分泌，胃壁细胞分泌胃酸增加，形成高胃酸性多发性胃十二指肠溃疡。高浓度离子钙还可激活胰腺管内胰蛋白酶原，引起自身消化和胰腺的氧化应激反应，发生急性胰腺炎。甲状旁腺机能亢进引起的高血钙和PTH对脑组织具有神经毒性作用。高PTH可导致肾小管对磷的重吸收下降，尿磷排出增多，血磷下降。重度低血磷可使细胞内钙磷浓度改变或无机磷缺乏，体内高能磷酸化合物减少，进而影响神经传导功能，血磷过低还使红细胞内2,3-二磷酸甘油酸（2,3-DPG）减少，影响氧与血红蛋白解离，引起一系列中枢神经系统缺氧症状。由肾病导致的继发性甲状旁腺机能亢进血磷不一定会低，镁缺乏症多发生于原发性甲状旁腺机能亢进。

**治疗措施**

(1) 当出现严重的高血钙并表现出神经症状、心律失常、脱水或无症状表现但血钙超过16mg/dL，应紧急治疗。

① 静脉输入生理盐水，按每天每千克体重130～200mL剂量给予，同时配合速尿每千克体重2mg，一日2～4次。不要使用噻嗪类利尿药，因这些药能降低钙的排泄。

② 如果输液治疗无效，用强的松龙每千克体重2～4mg，皮下注射，一日2次；降钙素每千克体重4～6IU，每8～12h一次，糖皮质激素不可长期应用，否则后期将导致血钙升高。降钙素起效快，但作用时间短，当治疗控制以后可以改用长效制剂如鲑鱼降钙素、密钙素和依降钙素。

(2) 若血钙的高度不至于危及生命也可以考虑用PTH抑制剂来治疗，如西咪替丁、普卡霉素，但应注意副反应。

(3) 手术治疗　甲状旁腺机能亢进若是腺瘤，如果能保留一个以上的正常甲状旁腺就能防止甲状旁腺机能减退，其他病变腺瘤摘除。若是增生性的，只能摘除全部甲状旁腺，否则几周以后甲状旁腺机能亢进的复发性很高。手术前、手术中、手术后都应密切关注血钙的变化，防止意外情况发生。

## 任务四　甲状旁腺机能减退的诊断与治疗

### 任务导入

白色贵宾犬，2岁，母。主诉：这几天饮食和精神无异常，并且此犬防疫和驱虫完善，没有乱吃东西的行为，而今天前半夜呼吸急促，到后半夜时已发展到喘和全身抽搐。试分析此犬为何种疾病。

### 任务分析

通过生活史的询问得知此犬从小就被大量补钙，直到近几个月才停止，实验室检查排除肝肾功能异常和食物中毒，电解质检测呈严重低血钙和高血磷。

综合临床症状和化验检查，诊断为甲状旁腺机能减退。

**1. 甲状旁腺机能减退有哪些症状**

临床症状主要与低钙血症相关，其影响了神经肌肉系统的兴奋性。神经肌肉症状多表现为抽搐、共济失调、虚弱、局部肌肉痉挛和后肢爬行。临床症状通常是突发的且很严重，且多见于运动、兴奋和应激时。临床性低钙血症周期与相对正常时期交错存在，通常发病时症状持续几分钟至数天。机体处于无症状期时低血清钙情况也持续存在。另外，发热、喘息和不安症状也很常见，且常会干扰诊断。另外心脏也常表现心动过速性心律不齐、心音低沉和股脉搏微弱，有的犬猫也会出现白内障。

**2. 甲状旁腺机能减退如何诊断**

(1) 犬、猫出现持续性低钙血症和高磷血症，且肾功能正常时，可以考虑是原发性甲状旁腺机能减退。

(2) 无法检测血清PTH浓度，且有低血钙，可以诊断为原发性甲状旁腺机能减退。

（3）血清镁低于正常值，血清钙低于正常值，血清 PTH 浓度降低或不能检测到，可以诊断为低血镁性甲状旁腺机能减退。

（4）临床症状是低钙血症，血清钙也低于正常值，血清 PTH 正常或升高，可以考虑是特发性甲状旁腺机能减退。

（5）血清 PTH 下降、血钙下降，而又有其他病因，要考虑可能是继发性甲状旁腺机能减退。

## 必备知识

**1. 什么是甲状旁腺机能减退**

甲状旁腺机能减退是指 PTH 分泌减少或功能障碍所引起的疾病。

**2. 甲状旁腺机能减退的病因**

主要类型有原发性甲状旁腺机能减退、继发性甲状旁腺机能减退、低血镁性甲状旁腺机能减退和特发性甲状旁腺机能减退。特发性甲状旁腺机能减退的病因目前尚未明确，可能与自身免疫和遗传因子有关，犬、猫患此病十分罕见。继发性甲状旁腺机能减退的病因很多，主要有颈部手术损伤、甲状旁腺被毁和低镁血症等。颈部手术引起的甲状旁腺机能减退多是由外科手术的出血、水肿、血液供给不足或神经损伤所致，有的可逐渐纤维化，引起病变。甲状旁腺被毁主要为$^{131}$I 治疗后、甲状旁腺被转移癌、淀粉样变、甲状旁腺癌出血、结核病、结节瘤等引起甲状旁腺损害。低血镁性甲状旁腺机能减退具有可逆性和暂时性，严重的镁缺乏会抑制 PTH 的释放，增加靶器官对 PTH 的抵抗，损害活性维生素（1,25-二羟胆钙化醇）的合成，但对甲状旁腺本身无损害性。假性甲状旁腺机能减退时自身存在严重的 PTH 抵抗和独特的骨骼缺陷与发育异常，周围器官对 PTH 无反应，致甲状旁腺增生和 PTH 分泌增多。

**3. 甲状旁腺机能减退的病理生理学**

PTH 不足引起低血钙的原因有以下几个方面。

（1）骨细胞及破骨细胞溶解吸收骨矿物质的功能减弱，不能从骨库中补充血液循环中的钙量。

（2）肾小管重吸收钙量减少。

（3）高血磷抑制肾脏合成 1,25-二羟基维生素 D，造成肠钙吸收减少，高血磷促进 24,25-二羟基维生素 D 形成，后者促进 $Ca^{2+}$ 沉积于骨基质中。

钙磷比例的失衡会发生钙化反应，脑组织的钙化会出现锥体外系症状，与颅内血管壁钙质沉积有关；软组织钙化发生在关节周围较为常见，软骨也可见钙化。长期低血钙可引起顽固性心力衰竭，若发生低血压，用升压药物和增加血容量等方法，治疗无效，用钙剂治疗则可使血压恢复。甲状旁腺机能减退可发生大细胞性贫血，其原因是在低钙血症时维生素 $B_{12}$ 与内因子结合欠佳，伴有组胺抵抗性胃酸缺乏，另外慢性低血钙也可诱发白内障。

## 治疗方案

**1. 治疗措施**

治疗措施同“甲状腺激能减退”，左旋甲状腺素钠的经验性用量每千克体重 20μg。

**2. 防治原则**

本病应频繁复查，以防发生危急情况，同时也应避免长期大量补钙。

# 任务五　犬甲状腺肿瘤的诊断与治疗

## 任务导入

李某有一条老年英国牧羊犬，母，这几天发现其在饮食时吞咽与平时不一样，于是前来就诊。

## 任务分析

通过体格检查，排除消化道内问题。神经学检查也无异常，触诊颈下部发现甲状腺区域异常增大，结合超声检查发现肿块物为实质性组织。

综合临床症状和化验检查，诊断为：甲状腺肿瘤。

**1. 甲状腺肿瘤有哪些症状**

(1) 患非功能性甲状腺肿瘤的犬，大部分表现为颈部有一肿物形状，有的会压迫邻近器官引起呼吸困难、吞咽困难，发生转移时还能出现运动不耐受或体重下降。约有10%甲状腺肿瘤犬出现甲状腺机能亢进的临床症状。

(2) 其他症状包括：咳嗽、嗜睡、恶病质、霍纳综合征和脱水；皮毛表现为干燥、无光泽，但少有脱毛；心脏听诊心动过速，由于肿瘤扩散或淋巴管阻塞或两者同时存在，下颌和颈部淋巴结可能会肿大。

**2. 甲状腺肿瘤如何判断**

(1) 常规实验室检查　通常无助于诊断，只有在甲状腺机能受到影响发展为甲状腺机能亢进或甲状腺机能减退时才会在胆固醇、甘油三酯、肝酶及细胞色素等方面表现出异常。

(2) 超声波检查　超声波检查是目前最常用的方法。超声波检查颈部可证实肿物的存在；能鉴别腔性、囊性和实质性肿瘤；能发现是否存在局部肿瘤浸润及严重程度；能查出是否存在肿瘤转移和位置；能提高肿物细针穿刺或经皮活组织检查取得代表性组织的可能性。

(3) X射线检查　X射线检查对于是否发生胸腔肿瘤转移和气管有无压迫有着积极的作用。

(4) 细针穿刺和活组织检查　细针穿刺不能确诊，但能够对炎症的反应做出参考建议。活组织检查具有诊断意义，但因其肿瘤往往血管丰富，可能会引起大出血。

(5) CT、核磁共振　可确定肿瘤侵入颈部周围组织的程度。

## 必备知识

**1. 什么是犬甲状腺肿瘤**

犬甲状腺肿瘤是指犬的甲状腺组织某一个细胞在基因水平上失去对其生长的正常调控，导致克隆性异常增生而形成的新生物。

**2. 甲状腺肿瘤的病因**

甲状腺肿瘤大多数是原发性的，发生于甲状腺上皮细胞，其中主要是来自滤泡上皮细胞，少数来自滤泡旁细胞。此外，甲状腺的一些非甲状腺组织也可发生肿瘤。由于甲状腺血流丰富，来源于其他部位的恶性肿瘤细胞转移至甲状腺，可形成甲状腺转移癌。因此广义的甲状腺肿瘤应包括甲状腺肿瘤、甲状腺非甲状腺组织肿瘤、异位性甲状腺组织肿瘤及甲状腺转移癌。临床上，常按其组织发生学、细胞分化程度和生物学特征等分为甲状腺良性肿瘤和恶性肿瘤两大类。

**3. 犬甲状腺肿瘤的病理生理学**

犬甲状腺肿瘤发生癌变的占65%～87%，好发于拳师犬、老年英国牧羊犬、金毛寻回犬等。甲状腺癌的病因及发病机制尚不清楚，与甲状腺癌发病有关的病因分为细胞生长、分化的刺激因素和细胞生长、分化的突变因素，这两种因素单独或共同作用于甲状腺细胞，使其由正常的细胞转变为肿瘤细胞，生长刺激通过TSH导致良性肿瘤，因而往往具有TSH依赖性。突变因素在生长因素被抑制时，单独作用难以形成肿瘤，但如果两者同时合并存在，则发病的概率明显增高。

根据起源于滤泡细胞或滤泡旁细胞，可将原发性甲状腺癌分为滤泡上皮癌和骨髓样癌两类，滤泡上皮癌可分为乳头状癌、滤泡状癌及未分化癌。乳头状癌多为单个结节，少数为多发或双侧结节，质地较硬，边界不规则。活动度差，肿块生长缓慢，乳头状癌易侵犯淋巴管造成淋巴结转移。滤泡状癌是指滤泡分化而无乳头状结构特点的甲状腺癌，其恶性程度高于乳头状癌。滤泡状癌质实而硬韧，边界不清，多以血道转移至远处细胞。极少量甲状腺滤泡状癌可分化过量的TH而引起甲状腺机能亢进。甲状腺未分化癌恶性程度高，短期内肿块迅速增大，并发生广泛的局部浸润，形成双侧弥漫性甲状腺肿块，肿块大而硬，边界不清，并与周围组织粘连固定，并可经血道的淋巴转移。骨髓样癌起源于甲状腺滤泡旁细胞，又称甲状腺滤泡旁细胞癌，因其间质中有淀粉样物质沉着，故亦称淀粉样间质髓样癌。

甲状腺瘤常为孤立性圆形或椭圆形结节，有完整而薄的纤维包膜，边界清楚、表面光滑，质地较正常甲状腺组织稍硬。

甲状腺肿瘤能产生降钙素（CT）、5-羟色胺、舒血管肠肽（LIP）和前列腺素等生物活性物质，会产生类癌综合征。犬、猫甲状腺肿瘤只有少部分会产生甲状腺机能减退或亢进。

## 治疗方案

甲状腺肿瘤的治疗

（1）手术治疗

① 手术可彻底治疗甲状腺肿瘤，对于小包囊清晰并具有活动性的甲状腺癌效果良好。不过，手术切除是否能彻底治愈最终取决于肿瘤大小、局部浸润程度和有无肿瘤转移。

② 无论手术有多成功，术后都应用钴放射或化疗治疗。

③ 以下两种是手术的禁忌证：第一种是已知存在肿瘤转移；第二种是肿瘤太大，血管太丰富或损伤太大，易出现并发症。

④ 术前术后应检测血钙和甲状腺素。

（2）化疗　化疗的适应证如下。

① 手术完全切除不成功的或手术完全切除成功的，但可能会转移的。

② 肿瘤出现局部浸润的。

③ 有可能转移的。

化疗并非总是有效，同时会存在潜在的副反应。以下是甲状腺肿瘤常用药物。

① 多柔比星30mg/$m^2$体表面积静脉注射，3～6周/次。

② 阿奇霉素30mg/$m^2$体表面积静脉注射，3周/次。

③ 顺铂60mg/$m^2$体表面积静脉注射，2～3周/次。

（3）放射性碘治疗　治疗效果很小，$^{131}$I的剂量为50～150mCi。

（4）钴放射治疗　适用于大范围和浸润性肿瘤术后残余的癌和肿瘤无法切除时。

# 项目二　下丘脑和垂体腺疾病

## 任务一　肢端肥大症的诊断与治疗

### 任务导入

土猫，8岁，母，因前一个月被发现患有糖尿病，用胰岛素治疗，一直未能控制血糖，于是转诊至此就诊。

### 任务分析

通过体格检查发现，患猫并没有体重减轻的症状，主人主诉感觉猫的头比以前大，脸部变阔和下颌向前突出。实验室检查发现丙氨酸氨基转移酶和碱性磷酸酶活性轻度升高，血糖和尿糖检测严重增高，胰岛素治疗时有胰岛素抵抗的情况，排除肾上腺皮质机能亢进。

综合临床症状和化验检查，诊断为肢端肥大症。

**1. 肢端肥大症有哪些症状**

(1) 患本病的猫，通常为中老年（8～14岁）、雄性、家养短毛猫和长毛猫。犬则大多发生于老年、未做绝育手术的雌性犬。

(2) 多饮、多食、多尿，有可能是并发糖尿病引起的，也可能是生长激素分泌增多直接作用的结果。体重下降不一定，取决于同化作用和异化作用哪个占优势。

(3) 由于组织同化作用缓慢隐性发生，宠物主人很难发现宠物体型和面部的细微变化，直至临床症状十分明显。如面部宽而平、面部和颈部周围有很多皱褶、腹部增大、体重增加；心脏、肝脏、肾脏等器官肥大；牙齿间隙增大和吸气时发出声音。

(4) 若垂体瘤的生长对下丘脑和丘脑产生浸润和压迫，可能会引起神经症状，症状包括精神恍惚、嗜睡、渴感缺乏、厌食、体温调节异常、转圈和行为改变等。

**2. 肢端肥大症如何诊断**

常规实验室检查，虽不能确诊，但可以辅助诊断。大部分患此病的犬猫会出现：高血糖、尿糖、肝酶轻度升高、高磷酸盐血症、高胆固醇血症、高蛋白血症。

确诊的最好依据是血清生长激素，但目前没有相应的机构可以对外提供检测。

目前常用的诊断方法有以下几种。

(1) 患有胰岛素抵抗的糖尿病犬、猫，发现体型变化，如体重增加、头变大、下颌突出和器官肿大等。

(2) 患有糖尿病，且难以控制，体重不减反增。

(3) CT或MRI检查发现垂体肿瘤，有助于诊断。

(4) 拟诊肢端肥大症前须先排除肾上腺皮质机能亢进。

**1. 什么是肢端肥大症**

肢端肥大症是机体被长时间生长激素（GH）刺激导致结缔组织、骨骼和内脏生长过度而引起的临床症状。

**2. 肢端肥大症的病因**

猫的肢端肥大症常由垂体远端促生长细胞功能性腺瘤引起，这些肿瘤分泌过量的生长激素，且有可能存在生长激素的反馈机制出现异常。

犬的肢端肥大症常见于长期黄体酮作用的情况，包括外源性（如乙酸甲羟孕酮）或未绝育母犬间情期内源性黄体酮的长期分泌以及非常少见的垂体瘤。

**3. 肢端肥大症的病理生理学**

生长激素分泌过多的原因主要有垂体和垂体以外的原因。垂体性以腺瘤为主，生长激素瘤可自发于突变细胞，但也可因下丘脑 GHRH（生长激素释放激素）过度刺激或生长抑素抑制减弱所致。垂体外性有异位 GHRH 分泌瘤（如胰腺癌、肺癌）、GHRH 分泌瘤（如下丘脑错构瘤、胰岛细胞瘤等），绝大多数是因垂体瘤分泌过多 GHRH 所致，统称为生长激素分泌瘤。

长期生长激素过度分泌有异化和同化双重作用，同化作用受由肝脏合成并释放的类胰岛素生长因子（IGF）调节，IGF 浓度升高有促进生长作用，会引起骨骼、软骨和软组织增生，并引起器官肿大，器官肿大最常见的是肾脏和心脏。生长激素的异化作用是生长激素作用于组织产生拮抗胰岛素的作用，过多的生长激素会引起葡萄糖转运的受体缺陷造成胰岛素拮抗，并继发高胰岛素血症和胰岛素受体反向调节。这些胰岛素结合和作用的异常会引起碳水化合物不耐受、高血糖以及最终出现胰岛素拮抗性糖尿病。

## 治疗方案

**治疗措施**

（1）补充生长激素　按每千克体重 0.1IU 的剂量皮下注射，每周 3 次，连续 4～6 周，人、猪和牛的生长激素对犬具有生物活性，可以使用。

（2）若有甲状腺素或肾上腺皮质激素不足可以同时使用。

# 任务二　垂体性侏儒症的诊断与治疗

## 任务导入

德国牧羊犬，8 个月，母，平日饲喂优质犬粮，无腹泻史，定期驱虫预防，但其形体仅为同窝犬的一半，试分析此犬会患有哪些疾病。

## 任务分析

外观检查此犬身材矮小，但身材比例仍属正常，精神和食欲未见异常，实验室检查排除甲状腺机能减退，血清 IGF-1（胰岛素样生长因子 1）检测发现远低于正常参考值。

考虑此犬年龄已有 8 个月，骨骼生长已基本定型，结合血清 IGF-1 的指标，确诊为：垂体性侏儒症。

**1. 垂体性侏儒症有哪些症状**

（1）与同窝出生的犬猫相比，患病宠物明显个头小。单纯性生长激素缺乏引起的侏儒症通常保持着正常身材比例，而多种激素（特别是 TSH）缺乏引起的侏儒症可能会形成长方形矮胖的体型。

（2）皮肤表现为胎毛或次毛滞留，同时缺乏主毛，致使患病宠物身上有一层柔软的被毛，头部和四肢以外的地方发生渐进性双侧对称性脱毛，皮肤颜色也会逐渐出现色素沉着，皮肤变薄，没有弹性、脱屑。

（3）肌肉骨骼异常，生长面闭合延迟，恒牙出牙迟缓，乳牙久不脱落。

（4）生殖系统，雄性宠物出现睾丸萎缩，无精症和阴茎包皮松弛；雌性宠物缺乏发情周期。

（5）患病宠物平均寿命较短。

**2. 侏儒症如何诊断**

（1）常规实验室检查排除其他引起矮小的原因。

（2）生长激素检测（受多方因素制约，目前无法运用于临床检测）。

（3）用放射免疫法对血清 IGF-1 水平进行定量分析，以间接检测生长激素的水平。在生长激素不足的情况下，IGF-1 水平很低或检测不出。

（4）皮肤组织学的变化与内分泌疾病相一致。

## 必备知识

**1. 什么是垂体性侏儒症**

垂体性侏儒症是指由于先天性生长激素缺乏引起的一种综合征。

**2. 侏儒症的病因**

犬、猫发生垂体性侏儒症，最常见的原因是残余颅咽管（Rathke’s）囊性扩张引起垂体前叶压迫性萎缩和 Rathke’s 囊的颅咽外胚层向垂体前叶分化缺陷引起的垂体发育不良。

**3. 侏儒症的病理生理学**

垂体性侏儒症常见于德国牧羊犬，为简单的常染色体隐性遗传，类似的这种遗传模式也见于其他少数犬种。遗传性垂体侏儒症是由生长激素缺乏或几种垂体激素缺乏引起的，德国牧羊犬是常见同时并发促甲状腺激素和生长素缺乏的情况，而 ACTH 分泌是正常的。

生长受各种遗传、营养和体液因子等多种因素的调节，类胰岛素生长因子（$IGF_3$）、甲状腺素、肾上腺皮质激素都在垂体性侏儒症中起一定的表现。

## 治疗方案

**垂体性侏儒症的治疗**

（1）补充生长激素　按每千克体重 0.1IU 的剂量皮下注射，每周 3 次，连续 4～6 周，人、猪和牛的生长激素对犬具有生物活性，可以使用。

（2）若有甲状腺素或肾上腺皮质激素不足可以同时使用。

# 任务三　尿崩症的诊断与治疗

## 任务导入

金毛犬，6 个月，母，防疫已全部完成，平时喜饮水，外阴处总是湿湿一片，于是主人带犬来医院进行咨询。

## 任务分析

经过询问发现，此犬从小就表现为多饮多尿，而其他方面未见异常，实验室检查排除高血糖症以及肾功能异常。断水试验发现患犬尿比重1.008，远低于正常值。

综合临床症状和化验检查，诊断为尿崩症。

**1. 尿崩症有哪些症状**

(1) 尿崩症无明显品种、性别或年龄倾向性。

(2) 多尿和多饮是尿崩症明显的标志也是典型症状。

**2. 尿崩症如何诊断**

(1) 病史为极度多饮多尿。

(2) 尿分析　大多数患犬的尿比重低于1.007；患猫的尿比重通常在1.008～1.012之间。

(3) 物理检查

① 如果宠物总是饮水，可以观察到体重下降。

② 最短在4～6h内，如果得不到饮水，可能出现脱水。

③ 有垂体或丘脑肿瘤或损伤的宠物，可能会出现神经症状，如定向障碍、抽搐以及失明等。

(4) 随机血浆渗透压检测　测定随机血浆渗透压，有利于诊断原发性或精神性多饮，正常犬、猫的血浆渗透压约为280～310mOsm/kg，尿崩症是一种原发性多尿性疾病，为防止血浆渗透压降低和水中毒，代偿性引起多尿。基于实践经验和理论采取限水，宠物的随机血浆渗透压低于280mOsm/kg时表明存在精神性多饮，而当血浆渗透压高于280mOsm/kg时，可能存在尿崩症或精神性多饮。

(5) 改良的断水试验（WDT）　试验的目的是确定在机体对脱水的反应过程中，是否释放内源性的抗利尿激素（ADH）以及肾脏是否对抗利尿激素有反应。做试验前应排除多尿多饮的一切常见因素，并且不能用于已经脱水的宠物。

① 断水试验

a. 取走所有饮水和食物，且排空膀胱。

b. 发现以下情况时，停止本次试验，尿比重大于1.025（900mOsm/L）；尿素氮(BUN）异常升高（大于50mg/dL）；体重下降超过5%；根据皮肤弹性程度或血细胞比容数值，估计脱水超过5%时。

c. 从试验开始后2h起，每隔1～4h对宠物进行检测。

d. 对试验结果的解释如下：完全性中枢性尿崩症和肾性尿崩症的宠物不能将其尿液浓缩至尿比重1.008以上；不完全性中枢性尿崩症宠物的尿比重通常为1.010～1.020；原发性多饮症的宠物其尿液一般可浓缩至尿比重1.025以上，肾髓质损伤十分严重的可例外。

② 外源性加压素反应试验　如果WDT试验表明是尿崩症，可以进行ADH反应试验，以确切病因。

a. 在断水试验后，立即按每千克体重0.5U（最大剂量为5U）的剂量肌内注射水溶性ADH。

b. 排空膀胱，并在第30min、第60min、第90min时采集尿液，以测定其尿比重或渗透压。

c. 尿比重大于1.015，提示属于中枢性尿崩症；尿比重小于1.015提示肾性尿崩症或肾髓质功能损伤。

(6) ADH试验

① 在试验开始前2～3天，由主人测量宠物的饮水量，然后用DDAVP（乙酸去氨加压素）2～4滴/次，1～2次/日滴鼻或滴入结膜囊内，连续3～5天；或者用DDAVP 1～2μg皮下注射，1～2次/日，连续3～5天。

② 饮水显著减少或尿液浓度增加50%以上，提示是ADH缺乏症，可确诊为中枢性尿崩症。而患肾性尿崩症和严重肾髓质功能损害的宠物，对ADH毫无反应。

## 必备知识

**1. 什么是尿崩症**

尿崩症是指精氨酸加压素（AVP）又称抗利尿激素（ADH）严重缺乏或部分缺乏，或肾脏对AVP不敏感，导致肾小管吸收水的功能障碍，从而引起多尿、烦渴、多饮与低尿比重和低渗尿为特征的一种综合征，尿崩症可分为中枢性尿崩症和肾性尿崩症。

**2. 尿崩症的病因**

中枢性尿崩症可由先天性神经垂体发育不良症、先天性神经垂体遗传病、感染、手术、外伤、肿瘤等原因引起AVP缺乏。

肾性尿崩症多见于肾上腺皮质机能亢进、高钙血症、子宫积脓、肝脏病、低钾血症等原因引起。肾小管对加压素的反应完全或部分障碍。

**3. 尿崩症的病理生理学**

AVP主要受视上核神经元和室旁核神经元合成分泌，然后沿下行纤维束通路至神经垂体贮存，待需要时释放入血，AVP释放受血浆渗透压感受器和血浆容量的调节，当某种原因导致血浆渗透压感受器的敏感性受损，或下丘脑视上核与视旁核合成分泌AVP和神经垂体素转运蛋白减少或异常，或视神经元到神经垂体的轴突通路受损以及神经垂体受损时，引起中枢性尿崩症。

肾性尿崩症，很多患病宠物的病因未明，病因查明的先天性肾性尿崩症主要由AVP受体突变、水孔蛋白突变引起。

## 治疗方案

**尿崩症的治疗**

(1) 治疗完全或部分中枢性尿崩症，首选药物是DDAVP。用药方法：DDAVP滴入结膜囊、鼻腔、包皮或阴门内，局部滴1～4滴，1～2次/日。此方法的优点是易于给药；缺点是作用时间短，价格昂贵。

(2) 非激素治疗包括使用氯磺丙脲、噻嗪类利尿剂以及限制盐的摄入。

① 氯磺丙脲可能有加强ADH对肾小管的作用，并刺激ADH的释放。另外本药需要ADH存在方能发挥作用，因此，只对ADH部分缺乏的病例有效。剂量为每天每千克体重10～14mg，口服。

② 噻嗪类利尿药　噻嗪类药物可用于治疗中枢性和肾性尿崩症。双氢氯噻嗪每千克体重2.5～5mg口服，2次/日；氯噻嗪每千克体重20～40mg，口服，2次/日。此药易引发低钾血症。

(3) 宠物主人若不治疗，只要提供充足的饮水，并且渴欲中枢保持完整，这些未治疗的自发性和先天性尿崩症患畜，也可能健康生活。

# 项目三　肾上腺疾病

## 任务一　肾上腺皮质机能亢进的诊断与治疗

### 任务导入

博美犬，6岁，母，腹部增大，被毛干燥无光泽，躯干两侧对称性脱毛，已有很长时间，最近表现出多饮多尿。如果你是宠物医生，应该怎么判断。

### 任务分析

在对患犬进行体格检查时，发现其腹底皮褶和粉刺较多，皮肤易擦伤，平日若有外伤，愈合较慢。实验室检查发现，可的松浓度异常升高，肝酶活性略有升高。

综合临床症状和化验检查，初步诊断为：肾上腺皮质机能亢进。

**1. 肾上腺皮质机能亢进有哪些症状**

肾上腺皮质机能亢进最常见的症状是色素沉着、皮肤钙化、多饮多尿、多食、喘、腹部增大、内分泌性脱毛、轻度肌肉无力和嗜睡。少见症状有昏迷、共济失调、转圈、无目的行走、呼吸困难（肺血栓栓塞）、雄性宠物睾丸萎缩、雌性宠物阴蒂肥大。

**2. 肾上腺皮质机能亢进如何诊断**

（1）常规实验室检查常出现异常，但不具有特异性和确诊性。

① 90%的病例血清碱性磷酸酶明显升高，50%的病例血清胆固醇浓度升高，丙氨酸氨基转移酶活性升高，血糖轻度升高，尿比重一般较低，尿蛋白和肌酐比大于3。

② 血象可能表现出应激性白细胞象（中性粒细胞增多、淋巴细胞减少、嗜酸性粒细胞减少），轻度红细胞增多以及出现散在的有核红细胞。

（2）放射检查对诊断很有帮助

① X射线　常见肝肿大，大约30%的肾上腺肿瘤已钙化，有的也会表现出支气管壁钙化。

② 超声检查　有时可以反映出双侧或单侧肾上腺增大、肿瘤等。

③ 计算机断层扫描（CT）或核磁共振（MRI）　是对肾上腺形态进行评估最精确和可靠的方法。

（3）尿皮质醇和尿肌酐比是初始筛查检测，但其特异性较低。

① 将新鲜尿样送到实验室检测。

② 当尿皮质醇和尿肌酐浓度均以nmol/L表示时，若尿皮质醇和尿肌酐比大于35则提示有肾上腺皮质机能亢进。

（4）ACTH刺激试验　ACTH（促肾上腺皮质激素）刺激试验是诊断肾上腺皮质机能亢进相对可靠、简单和安全的试验。如果开始治疗前做本试验，还可以与治疗后进行对比。试验的准确性为80%，约20%的肾上腺机能亢进宠物ACTH刺激试验结果为正常。猫的敏感性小于犬。

① 采集血样测试基础可的松浓度（血清、血浆）。

② 静脉注射 0.25mg 合成促肾上腺皮质激素（体重小于 5kg 的犬和所有的猫使用 0.125mg），在注射 60min 后采集第二次血样测试可的松浓度。或是按照 2.2U/kg 肌内注射 ACTH 凝胶，在注射 120min 后采集第二次血样测试可的松浓度。

ACTH 注射后血样可的松浓度介于 6～17μg/dL 为正常，浓度为 5μg/dL 或更低时暗示存在医源性肾上腺皮质机能亢进或自发性肾上腺皮质机能减退；浓度介于 18～24μg/dL 之间时为自发性肾上腺皮质机能亢进的临界值；浓度超过 24μg/dL 时确诊为自发性肾上腺机能亢进。ACTH 刺激后血浆可的松浓度升高，介于 18～24μg/dL 之间时，本身不能确诊为肾上腺皮质机能亢进，特别是临床特征和临床病理学数据与诊断不一致时。

猫给予 ACTH 后可的松浓度小于 12μg/dL 是正常的，介于 12～15μg/dL 之间为边缘值，介于 15～18μg/dL 则支持诊断，而大于 18μg/dL 则强烈暗示患有肾上腺皮质机能亢进。

（5）地塞米松抑制试验（DDST）。

① 犬对此试验的敏感性和准确性约为 85%。猫对此试验的敏感性和准确性不如犬，且不能单独用作确定肾上腺皮质机能亢进的依据。

② 犬给予地塞米松每千克体重 0.01mg 静脉注射，给药前和给药后第 4h、第 8h 分别采集血浆。结果判定如下：

| 给予地塞米松 4h 后可的松浓度 | 给予地塞米松 8h 后可的松浓度 | 解释 |
| --- | --- | --- |
| ＜1.4μg/dL | ＜1.4μg/dL | 正常 |
| ＜1.4μg/dL | ＞1.4μg/dL | PDH |
| ＜50%给药前浓度 | ＞1.4μg/dL | PDH |
| ＞1.4μg/dL 且＞50%给药前浓度 | ＞1.4μg/dL 且＜50%给药前浓度 | PDH 或 AT |

③ 犬给予地塞米松每千克体重 0.1mg，静脉注射，给药前和给药后 8h 采集血样，此试验用以区别 PDH 或 AT。结果判定如下：

| 地塞米松给予后可的松浓度 | 解释 |
| --- | --- |
| ＜50%给药前浓度 | PDH |
| ＜1.4μg/dL | PDH |
| ≥50%给药前浓度 | PDH 或 AT |

④ 猫给予地塞米松每千克体重 0.1mg，静脉注射，并采集给药前和给药后 4h、6h、8h 的血样，注射地塞米松 8h 后的血浆可的松浓度小于 1.0μg/dL 表明垂体-肾上腺皮质轴正常，值为 1.0～1.4μg/dL 时无诊断意义；当值高于 1.4μg/dL 时，支持肾上腺皮质机能亢进的诊断；注射地塞米松 8h 后的血浆可的松浓度越高，越支持肾上腺皮质机能亢进的诊断。

（6）没有一种诊断试验对于肾上腺皮质机能亢进的诊断是完全可靠的，对于患肾上腺皮质机能亢进的犬，所有的试验结果都可能正常，而对于患非肾上腺疾病的犬，这些试验也可能异常。当出现意外结果或结果有疑问时，应做其他诊断试验或重复该诊断试验，最好是在 1～2 个月后复检。

## 必备知识

**1. 什么是肾上腺皮质机能亢进**

肾上腺皮质机能亢进也叫库兴疾病（CS），是由各种病因造成肾上腺分泌过多糖皮质激素（主要是皮质醇）所致病症的总称。

**2. 肾上腺皮质机能亢进的病因**

（1）垂体分泌过量ACTH（促肾上腺皮质激素）或下丘脑分泌过量的CRH（促肾上腺皮质激素释放激素），也叫垂体依赖性肾上腺皮质机能亢进（PDH）。以下是几种常见病因。

① 垂体ACTH腺瘤。

② 垂体ATCH细胞瘤。

③ 垂体ACTH细胞增生。

④ 鞍区神经节细胞瘤。

⑤ 异位垂体ACTH瘤。

⑥ 异源性CRH/ACTH分泌综合征，该综合征是指垂体以外肿瘤组织分泌大量的CRH/ACTH或其类似物，刺激肾上腺皮质增生，使之分泌过量的皮质醇及肾上腺性激素所引起的CS。

⑦ 其他因素。

（2）肾上腺皮质病变　是肾上腺因自身疾病不受垂体的控制过量地分泌可的松。肾上腺皮质肿瘤、肾上腺皮质瘤以及原发性肾上腺皮质增生是导致CS的原因，其中以肾上腺皮质肿瘤（ATS）最常见。这些肿瘤生成的可的松可抑制下丘脑CRH的分泌并降低循环血浆中ACTH浓度，从而引起无病变的肾上腺皮质和病变的肾上腺皮质的正常细胞萎缩。

（3）医源性肾上腺皮质机能亢进　是由过量使用糖皮质激素以控制过敏性或免疫介导性疾病所致。使用含糖皮质激素的眼、耳或皮肤药物时也可以引发疾病，尤其长期用于10kg以下的小型犬。由于下丘脑-垂体-肾上腺皮质轴是正常的，长期过量使用糖皮质激素会抑制下丘脑分泌CRH并降低循环血浆中ACTH浓度，引起双侧肾上腺皮质萎缩。尽管外观临床症状出现CS症，但ACTH刺激试验结果却符合自发性肾上腺皮质机能减退。

**3. 病理生理学**

CS是由于长期血皮质醇浓度升高所引起的蛋白质、脂肪、碳水化合物、电解质代谢紊乱，干扰多种内分泌激素分泌，机体对感染的抵抗力降低。糖皮质激素和雄激素导致腹部脂肪沉积，血皮质醇浓度升高促进食欲而使体重增加，皮质醇升高拮抗胰岛素作用，导致胰岛素抵抗和高胰岛素血症，胰岛素抵抗又引起能量代谢异常。胰岛素的生理作用是促进脂肪合成，而头部和躯干对胰岛素敏感，以脂肪合成占优势；皮质醇的生理作用是脂肪动员，四肢则对皮质醇敏感，以脂肪分解占优势，皮肤变薄，皮下脂肪减少，加上CS者蛋白质分解加速、合成减少，机体长期处于负氮平衡状态，肌肉萎缩，四肢相对瘦小。血皮质醇升高和胰岛素抵抗共同作用导致机体脂肪重新分布，最终发展为向心性肥胖。

高皮质醇血症使糖异生作用增强，对抗胰岛素的降血糖作用，易发展成临床糖尿病。此外，CS可引起胰腺病变（如胰腺脂肪变性），影响胰腺内分泌功能而加重糖代谢紊乱。CS伴糖尿病患病宠物容易发生高凝状态和血栓栓塞性疾病。

皮质醇有潴钠排钾作用，尿钾排泄量增加，导致低血钾和高尿钾，同时伴有氢离子排泄增加，进而导致代谢性碱中毒。

长期性的过量的皮质醇对血管内皮会造成损害致使发生动脉硬化。皮质醇的钠水潴留加上高皮质醇会对缩血管物质起到敏感和增强效应。这一系列因素往往导致血压的升高。

皮肤的变薄、脱毛、弹力下降可能与高皮质醇导致的血管损伤、胰岛素拮抗以及其他内分泌激素失衡有关。

长期过量的糖皮质激素具有降低骨胶原转换作用，高皮质醇血症影响小肠对钙的吸收，且骨钙动员，大量钙离子进入血液后从尿中排出。这些因素是骨质疏松和骨坏死的诱发因素。

若垂体瘤生长或扩张进入下丘脑和丘脑，可能会表现出神经症状。大量皮质醇会减少酪氨酸（抑制性神经递质）浓度，这也有可能会使行为表现出兴奋状态。

另外高皮质醇会使白细胞总数及中性粒细胞增多，并促进淋巴细胞凋亡及淋巴细胞和嗜酸性粒细胞再分布。中性粒细胞向血管外炎症区域的移行能力减弱，自然杀伤数目减少，功能受到抑制。高皮质醇血症还加速青光眼和白内障的发展。

## 治疗方案

**肾上腺皮质机能亢进的治疗**

**1. 犬的治疗**

(1) 米托坦

① 米托坦（O，P′-DDD）化疗是治疗 PDH 最常用的方法。初期治疗时按每千克体重 40～50mg/天，连用 5～10 天，如果出现食欲下降、嗜睡、无力、腹泻等副作用，根据宠物整体状况，应及时给予强的松龙每千克体重 0.25～0.4mg/天。最好用 ACTH 刺激试验监测。维持期按每千克体重 25mg 给予，每月两次。

② 米托坦药物性肾上腺切除　使用过量的米托坦完全破坏肾上腺皮质。方案是使用米托坦每千克体重 70～100mg，连用 25 天。每周 ACTH 刺激试验监测。

③ 米托坦治疗时应注意发生肾上腺皮质机能减退的可能性，以及在维持治疗期间，临床症状的复发。

(2) 酮康唑　初期治疗每千克体重 5mg，每天 2 次，连用 7 天，如果未见食欲减退或黄疸，剂量可增加至每千克体重 10mg，每天 2 次，连用 14 天。经 10～14 天高剂量治疗后，应进行 ACTH 刺激试验，试验期间不停止给药。根据 ACTH 刺激试验结果可以调整用药剂量。

(3) 曲洛司坦　体重 5～20kg 用 60mg，每天 1 次；体重 20～40kg 用 120mg，每天 1 次；体重40～60kg 用 240mg，每天 1 次。连用 10～14 天后，ACTH 刺激试验检测。

(4) L-司来吉兰　推荐剂量为 1mg，每天 1 次；如果治疗 2 个月后仍无效果，增加至每千克体重 2mg，每天 1 次。

(5) 肾上腺切除术　以下情况不适用于手术。

① 肿瘤转移或浸润入周围器官或血管。

② 机体虚弱，麻醉风险高。

③ 尿蛋白与尿肌酐比增加。

④ 凝血异常。

否则就可以作为治疗方案。术后应密切监测电解质浓度。

(6) 放射治疗　当诊断为 PDH 时，可以试用。但仍需要进行米托坦或其他药物治疗。

主要治疗放射方式是$^{60}$Co 光子或线性加速光子放射，放射总剂量 48Gy，每次 4Gy，每周 3～5 天，连用 3～4 周。

(7) 本病通常终身用药，且伴有很多并发症。作出诊断后平均存活时间为 2 年。

**2. 猫的治疗**

(1) 猫的肾上腺皮质机能亢进难以治疗。米托坦和酮康唑对猫来说基本无效。美替拉酮用于肾上腺双侧切除前的稳定，剂量为每千克体重 65mg，每天 2 次。氨基导眠能也可用于术前稳定，计量为 30mg/天，每天 2 次。

(2) 肾上腺肿瘤和 PDH 最好手术治疗。术后应根据血清电解质给予醋酸氢化可的松或特戊酸脱氧皮质酮和泼尼松。

（3）钴放射治疗可以让垂体肿瘤体积变小，但临床症状无改善。

## 任务二 肾上腺皮质机能减退的诊断与治疗

### 任务导入

藏獒，2岁，母。有过生育史。近段时间经常喜卧，行走无力、食欲差，偶尔出现呕吐症状。食物来源主要为鸡架和犬粮，防疫及驱虫完善，试分析此犬有可能患有什么疾病？

### 任务分析

此犬体温37.8℃，生化检查高钾低钠，钠钾比值小于25。听诊发现心动过缓，触摸股动脉时，脉搏无力。

综合临床症状和化验检查，诊断为：肾上腺皮质机能减退。

**1. 肾上腺皮质机能减退有哪些症状**

临床实践中见到最多的症状表现是无力、食欲下降和精神沉郁。其他临床症状包括脱水、呕吐、心动过缓、脉搏弱等。从发病群体来讲，多发于中青年宠物，犬雌性相对多发，猫无性别倾向性。

**2. 肾上腺皮质机能减退如何诊断**

（1）临床实践中大部分依据病史、临床症状和血清电解质浓度异常变化来进行尝试性诊断。

（2）确诊必须做ACTH刺激试验，ACTH刺激后血浆可的松浓度$<2\mu g/dL$判断为肾上腺皮质机能减退；血浆可的松浓度$>5\mu g/dL$可排除肾上腺皮质机能减退；血浆可的松浓度介于$2\sim5\mu g/dL$之间无决定意义。

ACTH刺激试验下能鉴别犬猫自发的原发性肾上腺皮质机能减退和垂体衰竭引起的继发性肾上腺皮质机能减退，以及那些医源性引起的原发性肾上腺皮质机能减退。

（3）测定内源性ACTH浓度可以用来鉴别原发性或继发性肾上腺皮质机能减退。原发性肾上腺皮质机能减退，内源性ACTH浓度一般大于100pg/mL，而继发性肾上腺皮质机能减退内源性ACTH浓度一般$<45pg/mL$。

### 必备知识

**1. 什么是肾上腺皮质机能减退**

肾上腺皮质机能减退是由于肾上腺皮质分泌的糖皮质激素和盐皮质激素不足而引起的综合征。其又分为原发性和继发性两类，原发性肾上腺皮质机能不全（Addison's病）由肾上腺自身的疾病过程所引起，通常导致糖皮质激素和盐皮质激素缺乏。继发性肾上腺皮质机能不全是指因垂体和肾上腺皮质激素（ACTH）分泌不足，而导致糖皮质激素缺乏。

**2. 肾上腺皮质机能减退的病因**

在原发性肾上腺皮质机能减退中，自身免疫损害、肾上腺组织被毁或发育不良以及糖皮质激素合成酶缺陷或糖皮质激素抵抗是主要原因。

继发性肾上腺皮质机能减退中，腺垂体功能减退、下丘脑GRH缺乏和长期应用外源糖皮质激素者突然停药是最常见的原因。

**3. 病理生理学**

糖皮质激素不足时机体的糖异生作用和糖原分解都会产生降低效应，能量代谢也同时受损；因血管对儿茶酚胺的敏感性下降，血压会降低；肾脏排水能力下降；抗应激能力减弱；降低胃腺细胞对迷走神经和胃泌素的反应，减少胃酸和胃蛋白酶原的分泌等作用。

机体盐皮质激素不足导致水盐代谢异常，造成低钠和氯的丢失。钾离子和氢离子肾性潴留。

肾上腺皮质机能的减退造成的血钠过低和血管弹性差引起血液循环不足，进而导致低血压和血输出量下降。组织血液循环不良会引起机体虚弱、精神沉郁、肾前性氮血症，最终导致休克。另外，钾离子和氢离子的慢性潴留，会引起高钾血症和代谢性酸中毒。以上这些会引起心脏传导抑制和中枢神经系统抑制从而危及生命。

## 治疗方案

**肾上腺皮质机能减退的治疗**

（1）在治疗时必须依据血气和电解质的检测，结合 ACTH 刺激试验和临床症状来判断治疗效果。

（2）急性原发性肾上腺皮质机能减退往往存在低血压、低血容量、电解质紊乱和代谢性酸中毒。治疗时首先静脉给予生理盐水，在最初的 1～2h 按每千克体重 40～80mL/h，以后减慢输液速度。高血钾时根据其浓度进行调整，调整常用的方法是输生理盐水、胰岛素-葡萄糖疗法、葡萄糖酸钙或碳酸氢钠注射。

胰岛素-葡萄糖疗法是按每千克体重 0.5U 的胰岛素加每单位胰岛素用 1～1.5g 的葡萄糖静脉注射；葡萄糖酸钙按每千克体重 0.5～1.5mL 静脉注射；碳酸氢钠按 1～2mEq/kg 的剂量静脉缓慢给予。酸中毒严重的（$pH<7.1$），应考虑用碳酸氢钠进行治疗。

（3）慢性和急性肾上腺皮质机能减退，根据临床症状和常规实验室检测指标进行输液或口服药物的治疗，并监测血液的皮质醇浓度。输液一般按每千克体重 60～80mL/天的剂量静脉输入生理盐水；补充糖皮质激素常用强的松或强的松龙口服、每千克体重 0.2～0.4mg/天，醋酸可的松口服、每千克体重 1mg/天；补充盐皮质激素常用特戊酸去氧皮质酮，皮下或肌内注射，按每千克体重1～2mg，25～28 天 1 次。

（4）此病监护得当，按时服药，预后良好。

# 任务三　嗜铬细胞瘤的诊断与治疗

## 任务导入

普通猫 1 岁，到某宠物医院进行体检。体检发现患猫心动过速，血压偏高，肝肾功能正常，电解质指标也正常，请对其进行诊断。

## 任务分析

经过病史调查，此猫平日经常出现间歇性虚弱，于是进行超声波检查发现肾上腺有肿瘤，血压高于正常值，肝肾功能未见异常，甲状腺功能正常。

综合临床症状和化验检查，初步诊断为：嗜铬细胞瘤。

**1. 嗜铬细胞瘤有哪些症状**

嗜铬细胞瘤最常见于老年犬、猫，无性别和品种倾向性。儿茶酚胺的分泌是散在发生且不可预测的，因此，临床症状主要表现为散发性，而在就诊时往往已不明显。常见的症状是全身虚弱和发作性虚脱。其他症状有呼吸急促、喘、高热、心动过速、心律不齐、呕吐等。

临床症状的出现与否及严重程度与嗜铬细胞瘤大小和变病程度相关。

**2. 嗜铬细胞瘤如何诊断**

（1）有明显的临床症状结合腹部影像检查发现肾上腺有肿瘤，可以高度怀疑嗜铬细胞瘤。

（2）当怀疑嗜铬细胞瘤时，可以进行激发实验和抑制试验。激发试验现常用胰高血糖素，抑制试验常用可乐安和酚妥拉明，这些药理检验应当由有经验的特殊实验室来测定。

## 必备知识

**1. 什么是嗜铬细胞瘤**

嗜铬细胞瘤是起源于肾上腺髓质、交感神经节或其他部分的嗜铬组织，这种瘤持续或间断地释放大量儿茶酚胺，引起持续性或阵发性高血压和多个器官功能代谢紊乱。

**2. 嗜铬细胞瘤的病因**

嗜铬细胞瘤的诊断在犬、猫极为少见，目前病因不明。

**3. 病理生理学**

大部分嗜铬细胞瘤发生在肾上腺，也有极少数发生在肾上腺以外的地方。嗜铬细胞瘤以分泌儿茶酚胺为特征，但同时还分泌神经肽和APUD（APUD是来源于神经嵴的一系列内分泌细胞，弥散在许多器官及内分泌腺体内）激素。儿茶酚胺的分泌是散在发生且不可预测的。

嗜铬细胞瘤分泌大量儿茶酚胺导致血压急剧上升，同时引起小静脉及毛细血管前小动脉强烈收缩，以致毛细血管及组织发生缺氧，毛细管道通透性增加，血浆渗出，血容量减少；小动脉强烈收缩后对儿茶酚胺敏感性降低，血压下降；血压下降反射性引起儿茶酚胺分泌，使血压迅速回升。大量儿茶酚胺可导致脑血管强烈痉挛，紧缩血管床，血流减少和缺血，渗透性增加，继发脑水肿颅内高压。儿茶酚胺对心肌有直接毒性作用，可引起心肌退行性病变，并伴有炎性细胞灶，弥漫性心肌水肿有时可发生心肌纤维变性。心肌大量摄取儿茶酚胺后心肌糖原分解增加，儿茶酚胺还可使窦房房室结及传导系统的自主细胞活动增强，传递速度加快，并加快舒张期除极化速度，有利于异位节律的发生。严重的心律失常可导致突发死亡的可能性。

过量的儿茶酚胺导致胃、肠黏膜血管强烈收缩，甚至引起闭塞性动脉内膜炎或消化道出血，亦可使肠蠕动及张力减弱，引起结肠扩张，出现顽固性便秘。

儿茶酚胺刺激胰岛α受体能使胰岛素释放减少，同时还作用于肝脏α及β受体，使糖原异生和分解作用加强，周围组织利用糖减少，导致血糖升高。低血糖的发生极为少见，可能是儿茶酚胺引起高血糖后，导致胰岛素过多分泌所致，或与癌肿释放大量胰岛素类似物质及其他因子有关。

## 治疗方案

**治疗措施**

首选的治疗方法是手术。术前应用药控制和稳定心血管和代谢状况，术前服用酚苄明每千克体重0.25mg，每天2次，至少2周，稳定后方可手术。术中应密切监测血压变化。

长期内科治疗的目的是控制儿茶酚胺过度分泌。酚苄明每千克体重0.25mg，每天2次，作为长期防止高血压使用，若有心律不齐和心动过速可使用普萘洛尔。手术和药物的治疗效果取决于肿瘤的大小和有无转移。

# 项目四　胰腺内分泌疾病

## 任务一　犬糖尿病的诊断与治疗

### 任务导入

吉娃娃犬，7 岁，母。近日发现其走路时易碰撞周围物体，于是带到宠物医院进行问诊，医师发现此犬患有白内障，并且有多饮多尿的现象。此病如何进行诊断。

### 任务分析

病史调查发现此犬以前发生过多次产后低血钙，每次都采取大量静脉补钙。实验室检查发现，其甘油三酯、肝酶、血糖和尿糖都超出正常范围。

综合临床症状和化验检查，初步诊断为：犬糖尿病。

**1. 犬糖尿病有哪些症状**

（1）多数犬发生糖尿病时为 4～14 岁，雌性犬的患病率是雄性犬的 2 倍。

（2）典型症状是多饮、多尿、多食和体重下降。

（3）白内障多为星状形态。

（4）若无酮症酸中毒，大部分犬外观表现良好。

**2. 犬糖尿病如何诊断**

（1）临床宠物医师常用的诊断方法是根据典型的临床症状，且存在持续性的高血糖和尿糖，可诊断为糖尿病。

（2）葡萄糖耐量试验，血浆胰岛素和 C 肽测定局限于各种因素，目前无法走进宠物临床实践中。

### 必备知识

**1. 什么是犬糖尿病**

犬糖尿病是指犬因多种病因，导致机体胰岛素缺乏或（和）胰岛素作用缺陷引起碳水化合物、脂肪、蛋白质、水和电解质等代谢紊乱，临床以慢性高血糖为主要特征。

**2. 犬糖尿病的病因**

糖尿病的病因，尚未完全阐明。目前公认糖尿病不是单一病因所致的疾病，而是复合病因的综合征。发病与遗传、自身免疫及环境因素相关。从胰岛 B 细胞合成和分泌胰岛素，经血液循环到达体内各组织器官的靶细胞与特异受体结合，引发细胞内物质代谢效应，在这一系列整体过程中任何环节发生异常均有可能导致糖尿病的发生。

**3. 病理生理学**

（1）犬的糖尿病分为Ⅰ型糖尿病、Ⅱ型糖尿病和继发性糖尿病。Ⅰ型糖尿病属于胰岛素依赖性糖尿病，终身需要外源性胰岛素治疗。Ⅱ型糖尿病属于胰岛素抵抗为主伴胰岛素分泌不足或胰岛素分泌不足为主伴胰岛素抵抗，治疗通过口服降血糖药或注射胰岛素；继发性糖尿病是由其他疾病以及其他药物引发的，根据诱发因素不同，其治疗和预后也不同。

(2) 犬的糖尿病在诊断时大部分是Ⅰ型糖尿病，需要终身使用外源性胰岛素治疗。犬的暂时性或可逆性糖尿病不常见，相对来讲最常见的暂时性糖尿病是母犬因黄体酮刺激而使其生长激素过度分泌造成的糖尿病，在对母犬进行卵巢子宫摘除后，血浆生长激素浓度下降和胰岛素拮抗解除，如果胰腺内B细胞数量尚足够，则无需胰岛素治疗。

(3) 犬患糖尿病时，葡萄糖在肝、肌肉和脂肪组织的利用减少以及肝糖输出增多是发生高血糖的主要原因；脂肪组织因胰岛素不足，摄取葡萄糖及从血浆移除甘油三酯减少，脂肪合成减少；脂蛋白酯酶活性低下，血中游离脂肪酸和甘油三酯浓度升高；若超过机体对酮体的氧化利用能力时，大量酮体堆积形成酮症发展为酮症酸中毒；蛋白质会减弱，分解代谢加速，导致氮负平衡。

(4) 长期高血糖是微血管病发生的中心环节，其主要通过糖化终末产物、多元醇代谢旁路、己糖胺途径和血清动力的改变等，造成身体多器官功能受损和病变。

## 治疗方案

**治疗措施**

(1) 治疗目的是控制血糖和治疗或预防并发症。

(2) 口服降糖药物在宠物临床上目前为止极少使用，只有在胰岛素无法良好有效控制糖尿病的临床症状时才和胰岛素一起使用。推荐使用阿卡波糖12.5～50mg，体重大于25kg的犬最高剂量可增加到100mg。

(3) 胰岛素疗法

① 胰岛素疗法是目前犬糖尿病治疗的主要方法。目前国内临床使用的胰岛素，基本上都是来源于人用胰岛素。犬和重组人胰岛素的氨基酸序列相似，一般不会引起强烈的抗原刺激性。

胰岛素有许多制剂，常用于临床的有短效胰岛素（RI）、中效胰岛素（NPH）和长效胰岛素（PZI）。

② 因个体差异每只犬用胰岛素治疗时都要经过一个尝试期。若有其他内外环境变动引起血糖异常时，还需灵活掌握胰岛素的用量。

③ 临床最常用的治疗方法是在无并发症和稳定期时用中效胰岛素每千克体重0.5U，皮下注射，每日2次。笔者喜欢将短效和长效胰岛素结合同时使用，短效胰岛素平均为每千克体重0.3～1U，根据饮食决定注射次数，注射是在犬进食后进行；长效胰岛素平均为每千克体重0.3～0.7U，每日1～2次。

④ 在血糖不易控制时，应做血糖曲线来掌握合适的胰岛素剂量和注射时间。

⑤ 不要试图把血糖控制在正常值的下限，那样容易发生低血糖。并且应在开始治疗前告知主人有关糖尿病的并发症和治疗时的常见问题事项（如低血糖危害、酮症酸中毒危害等）。

⑥ 若有条件应建议主人每天进行尿糖检测。糖基化血红蛋白和果糖胺的监测对于评估每月血糖的趋势很有帮助。

⑦ 限制日常高碳水化合物的摄取，进行有规律的运动，并定期做全身体检。

(4) 苏木杰现象为夜间低血糖，早晨未进食时高血糖。此现象是过量胰岛素诱发低血糖，机体为了自身保护，通过负反馈调节机制，使具有升高血糖作用的激素分泌增加，血糖出现反跳性升高。苏木杰现象只需下调胰岛素用量即可。胰岛素抵抗是指使用正常量的胰岛素出现低于预期的正常的生物效应，当犬使用胰岛素超过2U/kg时，应当怀疑胰岛素抵抗。

同时排除并治疗相关的疾病（如母犬发情和感染等因素）。

## 任务二　猫糖尿病的诊断与治疗

### 任务导入

土猫，9岁，母，已绝育，被毛粗乱。主诉：多饮、多尿和多食，活力下降，喜嗜睡。请问该如何诊断

### 任务分析

身体触摸后未见明显异常，粪便检查和甲状腺功能检查均正常。血糖监测结果高出正常值两倍，尿糖也高出正常值。

综合临床症状和化验检查，初步诊断为：猫糖尿病。

**1. 猫糖尿病有哪些症状**

（1）猫糖尿病可见于任何年龄，但在诊断时，多数糖尿病患猫都在9岁以上，多见于去势公猫。

（2）典型症状是多饮、多尿、多食和体重下降。其他临床症状有嗜睡、被毛干燥、无光泽、粗乱、跳跃活动减少和后肢无力等。

**2. 猫糖尿病如何诊断**

（1）有相应的临床症状和持续性的高血糖、尿糖，可诊断为糖尿病。

（2）暂时性、应激性高血糖是猫的一个常见问题，所以诊断猫糖尿病时，必须存在持续的高血糖和尿糖。

### 必备知识

**1. 什么是猫糖尿病**

猫糖尿病是指猫因多种因素引起复杂的代谢紊乱。其特征是胰岛素缺乏或胰岛素作用受损，持续性的高血糖，从而导致对碳水化合物的不耐受，以及蛋白质和脂肪的异常代谢。

**2. 猫糖尿病的病因**

猫患糖尿病原因复杂。常见病因有以下几个方面。

（1）胰岛特异性淀粉样变、B细胞空泡化和变性以及慢性胰腺炎。

（2）一些糖尿病患猫无胰岛淀粉样变、炎症或变性，而免疫组化检查发现胰岛细胞或B细胞数量减少或两者同时减少。

（3）少数糖尿病患猫的胰岛存在淋巴细胞性浸润，同时伴有胰岛淀粉样变和空泡化。

（4）急性胰腺炎、胰岛素受体异常、体内其他激素异常等。

**3. 病理生理学**

（1）猫的糖尿病通常是根据是否需要胰岛素治疗分为IDDM（Ⅰ型糖尿病）和NIDDM（Ⅱ型糖尿病）。由于一些猫最初表现为NIDDM，但后来发展为IDDM，或是随胰岛素抵抗和B细胞功能的变化而在IDDM和NIDDM之间变换，因此上述分类有一定的局限性。

（2）胰腺分泌胰岛素的能力取决于胰岛病理损伤的严重程度并会随时间的增加而逐渐减少。

（3）继发性胰岛素抵抗可由并发的肥胖、疾病和药物引起，共同对猫糖尿病的发展

具有一定作用。引起胰岛素抵抗的疾病包括慢性胰腺炎、其他慢性炎症、甲状腺机能亢进、肾上腺皮质机能亢进和肢端肥大症等。胰岛素抵抗越严重，猫越容易出现高血糖。为了弥补胰岛素作用的日益减退及防止血糖升高，B细胞的胰岛素呈代偿性分泌增多，在此过程中，B细胞的增生和凋亡均增加，但后者更甚。当胰岛素抵抗进一步加重，B细胞因长期过度代偿而衰竭时，血糖会进一步升高，最终导致发展成糖尿病。高血糖可造成B细胞线粒体受损从而影响其分泌反应，如果不及时发现和控制高血糖，那么糖尿病就会越来越严重。

(4) 约20%糖尿病猫会呈“暂时性”糖尿病。在这些猫中，经过1～2个月的胰岛素治疗，临床症状和化验结果显示可停止胰岛素治疗，并且可能永远不需要胰岛素治疗。暂时性糖尿病猫在理论上都处于亚临床糖尿病状态，当胰岛受到某些具有胰岛素抵抗性的药物或某些疾病刺激时，就会变成临床型糖尿病。与健康猫相比，暂时性糖尿病猫的胰岛都存在一定的异常，代谢能力下降。当经过胰岛素的治疗和机体的逐渐自我调节后，B细胞功能得以改善并能够重新分泌与其相适应的胰岛素。

## 治疗方案

**治疗措施**

(1) 口服降糖药　口服降糖药主要用于控制NIDDM。这类糖尿病在犬极为少见，但常见于猫。目前口服降糖药有六大类，在临床上常用的有两大类，为磺酰脲类和双胍类。

① 磺酰脲类的主要作用是直接刺激B细胞分泌胰岛素。磺酰脲类要改善血糖，机体必须存在一定的胰岛素分泌能力。格列吡嗪是磺酰脲类中的一种，其主要用于无酮症和体格相对健康的猫，初始剂量是2.5mg/只，每天2次，与食物同服，如果治疗2周后未见副作用，剂量可以提高至5mg/只，每天2次。

使用格列吡嗪治疗时，对患猫每周至少进行3次的血糖、尿糖和酮体监测。如果血糖正常或出现低血糖，格列吡嗪的剂量应减少或停止给药。一周后重新评估血糖浓度以决定是否需要使用该药。如果高血糖复发，可以再次使用格列吡嗪治疗；如果临床症状持续恶化，出现酮症、酸中毒或外周神经疾病，应停用格列吡嗪改用胰岛素治疗。

格列本脲是磺酰脲类中的另一种降糖药，其作用与格列吡嗪相似。初始剂量为0.625mg/只，每天1次。疗效和副作用与格列吡嗪相似。

② 双胍类　目前临床常用药物是二甲双胍，它对B细胞功能无直接作用，但可通过增强肝脏和外周组织对胰岛素的敏感性，抑制肝糖产生和输出，抑制脂肪分解，减轻胰岛素抵抗，促进外周组织利用葡萄糖，最终导致血糖得以控制和改善。常用剂量为25～50 mg/只，每天2次。常见副作用是厌食和呕吐。疗效一般。

(2) 胰岛素治疗　猫和牛的胰岛素氨基酸序列相似，但在临床上采用重组人胰岛素治疗时，出现胰岛素抗体的情况很少见。

① 长效胰岛素比较适合猫，开始剂量为每千克体重0.5U，每日1～2次。对猫的血糖监测发现其很容易出现应激性高血糖的表现，这会导致医生对真实血糖的误判。在调节胰岛素用量时，可能会造成低血糖或苏木杰现象。

② 对于血糖控制不好的猫，建议制作血糖曲线。如果猫比较胆小，应激反应大，可教主人耳刺技术和血糖仪的使用，让其在家中进行操作，以减少人为对血糖的干扰因素。

③ 对于患糖尿病的猫的主人，应告知其低血糖和苏木杰现象等知识，并定期对猫进行体检，防止并发症危及健康和生命。

# 任务三 糖尿病酮症酸中毒的诊断与治疗

## 任务导入

萨摩耶犬，6岁，母。急促喘气和呕吐，病犬到医院后首先告知医师此犬有糖尿病，今天的症状和以前不一样，所以来进行身体检查，请问该如何检查？

## 任务分析

因其有喘气、呕吐和糖尿病，所以进行了血常规、X射线、心动超声、血糖、血气、尿糖、尿酮体、电解质和血压检查。检查结果发现：血糖、尿糖和尿酮体严重增高，电解质紊乱，血气提示机体酸中毒。

综合临床症状和化验检查，诊断为：糖尿病酮症酸中毒（DKA）。

**1. 糖尿病酮症酸中毒有哪些症状**

DKA是糖尿病的一种严重并发症，最常发生于未诊断患糖尿病的犬猫，DKA也发生于使用胰岛素治疗的犬猫，这是因为胰岛素剂量不足，同时伴有感染、炎症或出现胰岛素抵抗等疾病。

DKA早期会出现典型的症状：多饮和多尿，多食不一定都会出现。当出现酮血症和代谢性酸中毒合并恶化时，会出现严重的临床表现如呕吐、食欲废绝、嗜睡、抽搐、脱水以及呼吸中存在强烈的酮味。

**2. 糖尿病酮症酸中毒如何诊断**

DKA的诊断并不困难，有临床症状、尿糖和酮尿，并有高血糖就可诊断DKA。

## 必备知识

**1. 什么是糖尿病酮症酸中毒**

糖尿病酮症酸中毒（DKA）是指由于胰岛素不足和升糖激素不适当升高引起的糖、脂肪、蛋白质和水盐与酸碱严重性的代谢紊乱综合征。

**2. 糖尿病酮症酸中毒的病因**

（1）所有患DKA的犬猫都存在胰岛素相对或绝对不足的状态，胰岛素不足会造成脂肪动员和分解加速，血液和肝脏中的非酯化脂肪酸（FFA）增加，同时由于糖的氧化受阻，FFA发生氧化障碍而不能被机体利用，因此大量FFA转变为酮体，酮体中的乙酰乙酸和$\beta$-羟基丁酸均为较强的有机酸，会大量消耗体内储备碱，若代谢紊乱进一步加剧，血酮体进一步升高，超出机体的处理能力，便会发生代谢性酸中毒。

（2）当犬猫存在应激反应、胰腺炎、感染和肾功能不全时，会诱发升糖激素升高而导致DKA的发生。

**3. 病理生理学**

（1）严重失水　大量的葡萄糖从尿中排出，引起渗透性利尿，多尿症加重，同时引起水和电解质的过多丢失。严重失水使血容量减少，可导致休克和急性肾衰竭；失水使血浆渗透压升高，导致身体细胞积水，细胞脱水又引起器官功能障碍和损害。

（2）电解质平衡紊乱　渗透性利尿、呕吐及摄入减少等会造成电解质紊乱。酸中毒使钾离子从细胞内释出至细胞外，经肾小管与氢离子竞争排出使失钾更为明显，但由于失水甚于失盐，血液浓缩，故治疗前血钾浓度正常或偏高，而随着治疗进程，补充血容量、注射胰岛素、纠正酸中毒后，可发生严重低血钾；由于细胞分解代谢增加，磷在细胞内的有机结合发生障碍，磷自细胞释出后由尿排出，引起低磷；因酮体排出和多尿致使血钠丢失增加，失钠多于失水时，会引起缺钠性低钠血症，若失水超过失钠，会引起缺钠性高钠血症。

(3) 酸中毒　糖尿病代谢紊乱加重时，脂肪动员和分解加速，大量脂肪酸在肝脏经 $\beta$-氧化产生大量乙酰乙酸、$\beta$-羟基丁酸和丙酮，三者统称为酮体。当酮体生成量剧增，超过肝外组织的氧化能力时，血酮体升高称为酮血症，尿酮体排出增多称为酮尿，临床上统称为酮症。乙酰乙酸和 $\beta$-羟基丁酸是较强的有机酸，会造成机体内的储备碱消耗过量，若代谢进一步紊乱，血酮体继续升高，超过机体的处理能力时，便发生代谢性酸中毒。

(4) 周围循环衰竭和肾功能受损　严重失水，血容量减少和酸中毒，若未及时纠正，最终会造成低血容量性休克，血压下降，肾灌注量减少，引起少尿或无尿，严重者发生肾衰竭。

(5) 红细胞向组织供氧的能力与血红蛋白和氧的亲和力有关，可由血氧离解曲线来反映。血氧离解曲线受血 pH 值、二氧化碳分压等因素影响。酸中毒时，低 pH 值使血红蛋白和氧的亲和力降低，血氧离解曲线右移，以利于向组织供氧（直接作用）。另外，酸中毒时，2,3-DPG 降低，使血红蛋白与氧的亲和力增加，血氧离解曲线左移（间接作用）。通常直接作用大于间接作用，但间接作用较慢而持久。

(6) 中枢神经功能障碍　在严重失水、循环障碍、渗透压升高、脑组织缺氧等多种因素综合作用下出现神经元自由基增多，信号传递途径障碍，甚至 DNA 裂解线粒体失活，细胞呼吸功能及代谢停滞，出现不同程度的意识障碍和脑水肿。

## 治疗方案

**治疗措施**

DKA 的五个治疗目标是：①补充足够的水分；②提供合适的胰岛素，并配以合适的葡萄糖；③平衡电解质；④纠正酸中毒；⑤查找病因和处理并发症。

(1) 输液是抢救 DKA 首要的、极其关键的措施　DKA 犬猫常存在严重的脱水，脱水程度为 6%～12%，脱水应在 24～48h 内得以纠正，除非犬、猫出现休克，通常不需要快速补充液体。初始输液量一般为每千克体重 60～100mL/天，接着应根据犬、猫的心脏状况、脱水程度、尿液排出量、氮质血症的严重程度等综合考虑分析后进行。开始用的液体以生理盐水为基础，低渗液体应慎用于 DKA 犬、猫，因为宠物很少死于高渗性，但可死于注射过多游离水（即低渗液体）。输液过程中应监测血液离子变化，根据离子的变化调整液体的类型。

(2) 胰岛素治疗　大量基础研究和临床实践证明，持续性给予小剂量（速效）胰岛素的治疗方案，简便、有效、安全，较少引起脑水肿、低血糖、低血钾等。按每千克体重 0.05～0.1U/h 用生理盐水静脉持续给予，这一血清浓度对抑制脂肪分解和酮体生成能产生最大效应，且有很好的降血糖作用，对钾离子转运的影响却很小。亦可采用间歇性肌内注射，首次注射每千克体重 0.2U，以后每小时每千克体重 0.1U，一定要确保注射到肌肉，而不是皮下或脂肪组织。不管采用哪种方式，血糖的下降应当缓慢，理想的标准是每小时 60～100mg/dL。如开始经过 2h 的胰岛素治疗，血糖未下降，胰岛素用量应增加 1.5～2 倍。当血糖降至 250mg/dL 时，可以改为皮下注射胰岛素，也可改为 5%葡萄糖加入普通胰岛素静脉输入（按每 3～4g 葡萄糖加 1U 胰岛素计算）。尿酮体消失后，根据患病犬猫的血糖、尿糖和进食情况调节胰岛素用量。

(3) 在 DKA 疾病中都存在电解质紊乱，而电解质的紊乱会对机体产生非常严重的损害，甚至危及生命 DKA 的血清钾浓度高低不一，但经胰岛素和补液治疗后都会出现低血钾，当血钾很低时会危及生命，所以在治疗中应密切监测血钾的浓度。如果无法测定钾离子浓度，可按每升液体加入 40mEq 钾离子。

体内血磷也是应关注的重要离子，低血磷可致心肌、骨骼肌无力和呼吸阻抑，严重的血磷可引发溶血和严重的心律失常。补磷的推荐剂量为每千克体重 0.01～0.03mmol/h。

(4) 碳酸氢盐的治疗 根据犬猫的临床表现和血浆碳酸氢根或静脉二氧化碳总量来确定是否输入碳酸氢盐以及量的运用。补碱的原则和方法是宜少、宜慢，补碱过多和过快易发生血钾下降、脑水肿、组织缺氧加重以及反跳性碱中毒等。碳酸氢盐的补充公式：碳酸氢盐(mEq)＝体重(kg)×0.4×(12－测定的碳酸氢盐)×0.5。补充时应持续 6h 以上，不可静推。一旦血浆碳酸氢根浓度超过 12mEq/L，则停止进补。

(5) 发生 DKA 都是有原因的，查找原因可以有效防止以后的复发 临床上常见的原因有胰岛素剂量不足、宠物存在高应激反应、其他内分泌器官有问题等。在 DKA 时发生休克、心力衰竭和心律失常的，应及时给予对症治疗；肾衰竭大部分是由失水后休克造成的，也有一部分是肾脏自身有病变，加上失水、休克以及治疗不及时而加重；脑水肿的发生有 DKA 导致的，也有医源性导致的；DKA 可引起低体温和白细胞升高。不能单靠有无发热和血象来判断感染。DKA 的诱因以感染最为常见，且有少数患病宠物可以体温正常和低温，特别是昏迷者，不论有无感染均给予适当的抗生素和免疫调节剂。

## 任务四 胰岛素瘤的诊断与治疗

### 任务导入

红色贵宾犬，8 个月，母，多次出现短暂性晕倒，平日饮食正常，且主要以圈养为主。犬主怕此犬养不活于是来到宠物医院进行检查和治疗，试问该怎样考虑？

### 任务分析

体格检查此犬均正常，实验室检查排除心脏疾病，血糖略低于正常值，于是做进一步禁食实验和腹部超声波检查。与此同时血清送到专业实验室检测胰岛素浓度。

其结果是，禁食实验显示为低血糖，腹部超声未见异常，血清胰岛素浓度高于正常值。

综合临床症状和化验检查，初步诊断为：胰岛素瘤。

**1. 胰岛素瘤有哪些症状**

临床症状的严重程度取决于低血糖的持续时间和严重程度。主要症状有惊厥、虚弱、虚脱、共济失调、肌束震颤和异常行为等。另外惊厥常为自限性的，持续时间约 30s～5min，这可能刺激儿茶酚胺进一步分泌并激活其他对抗调节机制，使血糖浓度升高至危重值以上。

**2. 胰岛素瘤如何诊断**

(1) 血糖和胰岛素检查

① 多数胰岛素瘤患病宠物出现持续性低血糖。血糖浓度低于 60mg/dL，应将血清送到专业内分泌实验室测定葡萄糖和胰岛素。如果血糖正常，可禁食 4～12h 诱发低血糖，禁食期间应每小时监测血糖浓度。

② 健康犬禁食，血清胰岛素和葡萄糖浓度通常分别是 5～20μU/mL 和 70～110 mg/mL；犬血清胰岛素浓度超过 20μU/mL 而血糖浓度低于 60mg/dL 再伴有相应的临床症状和临床病理学检查结果，则可确诊胰岛素瘤。

③ 也有一些胰岛素瘤患病宠物，其血清胰岛素浓度在正常范围值，这有可能是还伴有其他疾病（如败血症等）。

（2）影像检查

① 腹部超声波检查　可用于检查胰腺区域肿瘤，并在肝脏和周围组织寻找转移病灶，但由于多数胰岛素瘤很小，腹部超声波检查不一定能发现异常，因此腹部超声波检查结果正常不能排除胰岛素瘤。

② X 射线检查　对于晚期胰岛素瘤有无出现肺转移进行评估。

## 必备知识

**1. 什么是胰岛素瘤**

胰岛素瘤又叫胰岛 B 细胞瘤，是内源性高胰岛素血症引起低血糖最常见的原因之一。

**2. 胰岛素瘤的病因**

胰岛素瘤的发病机制未明，可能与遗传缺陷及一些获得性因素有关。胰岛素瘤在犬和猫中极少发生。

**3. 病理生理学**

显微镜下，胰岛素瘤细胞和正常的胰岛细胞很相似，排列成团状或腺泡状。恶性胰岛素瘤与良性腺瘤较难鉴别。

正常的 B 细胞能按机体需要释放相应的胰岛素，血糖高时，胰岛素释放增加；血糖低时，胰岛素释放减少。而胰岛素瘤的这种反馈机制消失，以致胰岛素持续释放，而引起低血糖。此外，患胰岛素瘤的犬、猫由于肿瘤细胞合成胰岛素原增加，且胰岛素不能在细胞内贮存，导致胰岛素不断释放于体内而引起低血糖。

中枢神经主要依靠糖提供能量。低血糖发生后，脑组织的神经递质代谢、电解质转运和血-脑脊液屏障功能障碍，大脑、小脑、脑干等均出现自由基损害，谷胱甘肽、谷胱甘肽 *S*-转移酶、谷胱甘肽氧化物酶、谷胱甘肽还原酶、超氧化物歧化酶、*γ*-谷氨酰胺转肽酶、过氧化氢酶以及线粒体电子转移链复合物均出现明显变化，符合急性应激性脑损害的病理变化过程。低血糖若反复发作或持续时间较长，中枢神经系统的神经元出现变性与坏死，可致脑水肿、弥漫性出血或节段性脱髓鞘。正常犬、猫发生低血糖时，通过血糖对抗调节机制，使胰岛素分泌减少或完全停止，同时升血糖激素的分泌增加，反复的低血糖发作，损害脑组织对低血糖的感知，不能做出适当的对抗调节反应。

## 治疗方案

**治疗措施**

（1）药物治疗

① 糖皮质激素治疗　当多次喂食无效后，糖皮质激素可以刺激肝糖原分解。如果出现肾上腺机能亢进的症状应当减量或停药。

② 其他药物治疗　奥曲肽、二氮嗪和链脲霉素等。

（2）外科治疗　如果是独立性肿瘤手术效果较好。术后注意低血糖的发生。

# 任务五 胃泌素瘤的诊断与治疗

## 任务导入

红色贵宾犬，3 岁，多次出现呕吐，严重时吐出大量血色物质，每次对症治疗后均得以恢复。主人为了使其彻底治愈，带其到本院专家门诊处寻求帮助。

## 任务分析

通过了解其病史得知，此犬几乎每月出现一次严重的呕吐和便血，每次治疗主要使用的是奥美拉挫和硫糖铝。且每次发病实验室检查均排除了肝肾疾病、食物过敏疾病、胰腺炎以及肠道异物。考虑以上情况，这次进行内窥镜检查和血清胃泌素检测。内窥镜检查，可见大量胃液存留，胃黏膜皱襞肥大，胃幽门梗阻排除，食道轻度溃疡。血清胃泌素检测高于参考值。

综合临床症状和化验检查，初步诊断为：胃泌素瘤。

**1. 胃泌素瘤有哪些症状**

常见的症状是呕吐、呕血、便血、黑粪症和体重下降。其他症状有嗜睡、消瘦、虚弱、发热、脱水、贫血等。

**2. 胃泌素瘤如何诊断**

（1）胃液分析和血清胃泌素测定　胃液总量和基础胃酸排泄量以及血清胰泌素均高于正常值时，且有相应的临床症状即可确诊为胃泌素瘤。

（2）激发试验　对于非典型病例可以用此方法进行排除。如胰泌素激发试验、钙激发试验等。但这些试验都有一定的不确定性。

（3）影像检查　超声检查可发现部分肿瘤，X 射线检查只能作为排除检查。

（4）剖腹探查。

## 必备知识

**1. 什么是胃泌素瘤**

胃泌素瘤原名为卓-艾综合征（ZES），是指多发于胰腺和十二指肠的肿瘤，其能够分泌大量胃泌素，导致胃酸分泌增多，从而引起复发性、多发性和难治性溃疡及腹泻为特征的临床综合征。

**2. 胃泌素瘤的病因**

此病和遗传、体细胞突变、癌基因的活化以及肿瘤抑制的失活等有关。

**3. 病理生理学**

患胃泌素瘤的犬、猫因受临床多重因素制约，其确诊数量太少，无法做出详细的定论，根据临床相关统计此病大部分为恶性肿瘤。

胃泌素瘤分泌大量胃泌素，刺激胃壁细胞增生和分泌大量胃酸，使上消化道经常浸润于高胃酸环境，除了典型部位胃和十二指肠球部溃疡外，在不典型部位，如十二指肠降段、横段或空肠近端及胃大部切除术后的吻合口也可发生溃疡。这种溃疡易并发出血和穿孔，具有难治性的特点。

有的患病宠物发生腹泻，是由于胃泌素瘤分泌大量胃泌素，刺激胃壁细胞增生并分泌大量胃酸和胃液；刺激胃窦平滑肌收缩，增加肠蠕动；刺激胰泌素和胆囊收缩素分泌，导致胰液分泌亢进；同时大量胃酸损伤肠黏膜上皮细胞并影响胰脂酶活性等，因而导致吸收不良、脂肪痢。

**治疗措施**

（1）手术治疗　胃泌素瘤的治疗首选手术治疗，同时手术也是诊断的方法。若发生明显的转移且患病宠物外观状况不良，则应采用对症治疗。

（2）药物治疗　常用药物有 $H_2$ 受体阻断剂、质子泵抑制剂、前列腺素 $E_1$ 类似物和硫糖铝等。

（3）化疗和放疗对此病效果不好。

# 模块六　宠物神经系统疾病

【模块介绍】

本模块主要阐述了犬、猫的常见神经系统疾病，分为脑及脑膜疾病、脊髓疾病、机能性神经病三大部分。主要包括犬、猫的代谢性脑病、脑膜脑炎、热射病、日射病、脊髓炎、脊髓挫伤、椎间盘突出、癫痫、膈痉挛、舞蹈病及晕车症等疾病。通过本模块的学习，要求了解重要神经系统疾病发生的机制；熟悉主要神经系统疾病发生的原因、临床表现、转归、诊断及治疗的知识点；重点掌握犬、猫主要神经系统疾病的诊断与治疗的操作技能，并具备在实践中熟练运用上述常见神经系统疾病知识的能力。

## 项目一　脑及脑膜疾病

### 任务一　代谢性脑病的诊断与治疗

#### 任务导入

牧羊犬，2.5 月龄，母，体重 3.25kg。近日表现食欲不振，意识障碍，对外界刺激冷漠，嗜睡，多饮；有时突然吐出食物，并多尿；局部检查，可见眼结膜发绀，眼球下陷，皮肤无弹性，体温 37.6℃。试分析该犬是什么病。

#### 任务分析

病史调查发现该犬 2 周前曾患犬细小病毒病，经治疗后恢复，能吃能喝，为了曾加其食欲和营养，主人一直大量饲喂双汇火腿肠和犬粮。最近 1 周主要症状表现为多饮、多尿、嗜睡，进食后突然呕吐。经检查发现，该犬眼结膜发绀、皮肤无弹性、眼球下陷，口腔干，并有呕吐症状，心律不齐、呼吸不规则，便秘。初步诊断为细小病毒病所引起的代谢性脑病。

**1. 代谢性脑病有哪些症状**

代谢性脑病大多数以急性或亚急性起病，大多数开始表现为食欲不振、头晕、呕吐、意识障碍、对外界刺激冷漠等，也可伴有痉挛、抽搐、肌张力增高、心律不齐、呼吸不规则等。后期可发展成痴呆、昏睡以至昏迷及视力障碍。此外还表现为原发性疾病症状。本病如不及时治疗，预后不良，严重者可引起死亡。

**2. 代谢性脑病如何诊断**

根据病史、临床症状容易做出初步诊断，但明确病因则要对原发病进行鉴定，必要时可采取实验室相关检查。本病应与脑部的感染性疾病、脑外伤、脑炎、脊髓疾病等相鉴别。

## 必备知识

**1. 什么是代谢性脑病**

代谢性脑病是指犬、猫体内生化代谢改变造成脑组织内环境变化进而导致中枢神经系统受抑制而引起的脑功能障碍性临床综合征。代谢性脑病是一类可治性疾病，早期识别并给予及时治疗，对本病的预后极其重要。老龄及体弱久病的犬、猫多发本病。按引起本病的原因常可分为肝性脑病、肺性脑病、尿毒症性脑病、胰性脑病、内分泌性脑病、血糖异常相关性脑病、电解质代谢相关脑病、维生素相关性脑病及遗传性脑病等。

**2. 代谢性脑病的病因**

引起犬、猫代谢性脑病的原因很多，也很复杂，概括起来主要有以下原因：患有严重内脏疾病，如肝炎、严重肺炎、心肌炎、尿毒症、胰腺炎、急慢性胃肠紊乱、中暑等；内分泌失调，如肾上腺皮质机能减退、甲状腺机能减退等；营养代谢病，如低血糖症、高血糖症、高脂血症、B族维生素缺乏病、痛风、蛋白质-能量营养不良症、维生素A缺乏病、坏血病、维生素D缺乏病、骨质疏松症等；血液循环障碍性疾病，如高血压、血栓、心力衰竭等；电解质及酸碱平衡紊乱，如酸中毒、碱中毒、低钠血症、高钠血症、低钾血症、低镁血症；其他原因，如肿瘤、缺氧、外部创伤、感染、中毒、遗传性因素等。

## 治疗方案

**1. 治疗措施**

治疗较为复杂，原因不同，治疗措施不同。但主要采取对症治疗及治疗原发病。

**2. 防治原则**

加强护理，对症治疗及治疗原发病。

# 任务二　肝性脑病的诊断与治疗

## 任务导入

牧羊犬，2岁，母，体重25kg，体胖。最近一段时间出现食欲不振、异嗜、烦渴、血尿、黄疸、腹泻、呕吐、渐进性消瘦。前2日，突然表现烦躁不安、倒地抽搐、口吐白沫、嚎叫、震颤、转圈、沿墙根走动，兴奋过后则表现精神沉郁，包括运步缓慢、走路蹒跚、痴呆、昏睡等。这样兴奋与沉郁交替发作，且兴奋期渐次延长，沉郁期渐次缩短。局部检查，可见眼结膜黄染且苍白，眼球下陷，皮肤无弹性，体温37.2℃。后经治疗无效死亡，经解剖，发现肝脏纤维化严重且和十二指肠粘连，腹腔有大量腹水。试分析该犬是什么病。

## 任务分析

根据症状出现食欲不振、异嗜、烦渴、血尿、黄疸、腹泻、腹水、呕吐、渐进性消瘦及烦躁不安、倒地抽搐、口吐白沫、嚎叫、震颤、转圈、沿墙根走动等临床特点，结合解剖特点，可确诊为肝脏病变引起了肠功能性阻塞及肝性昏迷。

**1. 肝性脑病有哪些症状**

犬、猫常表现为食欲不振、体重减轻、生长停滞、烦渴、异嗜、呕吐、腹泻。对镇静剂、麻醉剂等药物耐受性差。伴有门脉高压或严重低蛋白血症时，出现腹水、腹围膨胀。猫还可出现明显流涎。在大量采食肉、肝脏等高蛋白质食物后出现神经症状，表现为精神沉郁、痴呆、昏睡以至昏迷及视力障碍等。泌尿系统检查肾脏肿大，多尿，有的伴结石、血尿、蛋白尿。

**2. 肝性脑病如何诊断**

主要通过病史、临床症状和实验室检查做出诊断。血管造影术可确定门脉系统短路的部位和血液分流程度。血液检查可见红细胞增加，血清总蛋白和血清尿素氮降低，丙氨酸氨基转移酶和碱性磷酸酶升高，血氨于进食后明显升高。静脉注射酚磺溴酞钠每千克体重5mg，30min后滞留超过5%。疑似本病的犬，氯化铵每千克体重0.1 g，口服30min后血氨明显高于投药前。X射线检查可见肝萎缩或轮廓不清，有腹水、肾肿大或泌尿系统结石。尿沉渣检查多见尿酸铵结晶。

## 必备知识

**1. 什么是肝性脑病**

肝性脑病又称肝性昏迷，是由严重肝病引起的以代谢紊乱为基础、中枢神经系统功能失调的一种综合征，其主要的临床表现是意识障碍、行为失常和昏迷。本病犬多见，猫也有发生。

**2. 肝性脑病的病因**

引起犬肝性脑病的原因很多，主要由以下原因引起，如肝炎、脂肪肝、肝硬化、肝肿瘤等。肝实质损伤，尤其急性肝坏死和慢性肝病晚期，肝脏的代谢机能减退，氨、吲哚、巯基乙醇、短链脂肪等代谢产物在血液中堆积。先天性门脉系统短路可出现在肝内，多见于大型犬种，如爱尔兰猎狼犬、澳洲牧牛犬、拉布拉多犬。后天性门脉系统短路，见于严重的肝脏疾病（如慢性肝炎、肝硬化）。先天性尿素循环酶缺乏致氨代谢为尿素的过程受阻，致使血液中的氨大量蓄积。

## 治疗方案

**1. 治疗措施**

减少肠道氮代谢产物的吸收，减轻肝脏负担，可限制食物中蛋白质和脂肪的摄入量；为抑制消化道细菌分解蛋白质产生过量的氨，可使用氨基糖苷类药物，如口服新霉素每千克体重20mg，1次/6h；投入乳果糖、石蜡油或硫酸镁、硫酸钠溶液清理胃肠道，便于含氮化合物的清除。对有神经症状的病例，可用抗癫痫药，如溴化钾，开始最大剂量为每千克体重100mg/天，口服，4次/天，连用2天，随后，其剂量维持在每千克体重30mg/天；结合输氧、保肝、适量补液及维生素 $B_1$、维生素 $B_2$ 治疗，有利于肝肾功能恢复、肝氨类代谢产物的排出及纠正碱中毒。

**2. 防治原则**

消除病因、加强护理、支持及对症疗法。

# 任务三　脑膜脑炎的诊断与治疗

## 任务导入

拉布拉多犬，5月龄，两天前犬主带该犬外出爬山，回来后该犬食欲减退，精神不振，出现后肢无力症状，行走中转弯容易摔倒，最初以为是运动过量所致，未予重视，今天早上该犬突然倒地抽搐。临床检查发现患犬眼球微凸，视力障碍，无目的地四处游走，冲撞障碍物，步态踉跄，后躯无力，变向时经常摔倒。强制其静止后表现精神不安、哀嚎。

## 任务分析

据了解该犬有乱吃东西的习惯，爬山时前后乱跑，在主人未注意时捡食路边被细菌污染的食物引起发病，根据症状和病史可以初步判断出该犬属于细菌引起的非化脓性脑炎。

**1. 脑膜脑炎有哪些症状**

患病犬、猫的临床表现与炎性病灶在脑组织中的位置、大小及性质有很大关系。临床一般表现为兴奋、烦躁不安、惊恐。有的发现意识障碍，不认识主人、捕捉时咬人、无目的地奔走、冲撞障碍物；有的以沉郁为主，头下垂、眼半闭、反应迟钝、肌肉无力，甚至嗜睡。另外，如果是单纯性脑炎，除个别患有化脓性脑膜脑炎的病例体温升高可达41℃外，体温常不见升高。当大脑受损时表现为行为和性情的改变，步态不稳、转圈，甚至口吐白沫、癫痫样痉挛；脑干受损时，表现为精神沉郁、头偏斜、共济失调、四肢无力、眼球震颤；炎症侵害小脑时，出现共济失调、肌肉颤抖、眼球震颤、姿势异常。炎症波及呼吸中枢时，出现呼吸困难。如伴发前数段脊髓膜炎症，背神经受到刺激，颈、背部敏感，轻微刺激或触摸该处，则有强烈的疼痛反应，肌肉强直痉挛。

**2. 脑膜脑炎如何诊断**

根据症状和病史可做出初步诊断。确诊可进行穿刺，采取脑脊髓液检查。细菌性脑膜脑炎时，脑脊液中蛋白质含量和白细胞数目显著增加。粒细胞性脑膜脑炎时，脑脊液中蛋白质含量、白细胞数目增加，并见大量的单核细胞，哈巴犬还可见嗜酸性粒细胞增多。化脓性脑膜脑炎时，脑脊液中除中性粒细胞增多外，还可见到病原微生物。另外，脑脊液血清学试验有助于确定特定的病原；CT和MRI能够较好地确定脑部器质性病变。

## 必备知识

**1. 什么是脑膜脑炎**

脑膜脑炎是指脑膜和脑实质的炎症。临床上以一般脑症状、局灶性脑症状和脑膜刺激症状为特征。常见于犬。

**2. 脑膜脑炎的病因**

主要有感染因素和非感染性因素。感染性因素常见于病毒、细菌、真菌及寄生虫感染，多为原发性原因。如犬瘟热病毒、犬副流感病毒、狂犬病病毒、伪狂犬病病毒、犬细小病毒、猫传染性腹膜炎病毒、猫免疫缺陷病毒、李氏杆菌链球菌、葡萄球菌、弓形虫、犬新孢子虫、新型隐球菌、荚膜组织胞浆菌等的感染。非感染性因素常见于中毒、免疫性、外伤及其他原因及疾病所引起，多属于继发性原因。如氟乙酸钠、杀鼠剂、汞、铅等中毒；免疫性疾病，由免疫反应引起的脑膜脑炎，多见于大型青年犬，对皮质类固醇类药物治疗敏感；其他如创伤、肿瘤等。

## 治疗方案

**1. 治疗措施**

首先将患病宠物置于黑暗、安静的环境中，尽可能减少刺激。给予易于消化、营养丰富的流质或半流质食物；如为细菌性感染，可选用头孢菌素、磺胺、氯霉素、氨苄青霉素等。

免疫反应引起的脑膜脑炎，可采用皮质类固醇类药物治疗。颗粒性脑膜脑炎可使用皮质类固醇类药物和放疗药物合并治疗。可静脉注射20%葡萄糖、20%甘露醇或25%山梨醇。当犬、猫有高度兴奋、狂躁不安时，可使用镇静剂，如苯巴比妥或氯丙嗪每千克体重1mg，肌内注射。

发生心脏衰竭时，可用樟脑、安钠咖等强心剂。

预防一般着重加强平时生活管理，严格科学免疫，注意环境卫生，防止传染性与中毒性因素的侵害。当同屋犬、猫患本病时，应隔离观察和治疗，防止传播。

**2. 防治原则**

加强护理、消除病因、降低颅内压、消炎、镇静安神、恢复大脑皮层功能及对症治疗。

## 任务四　热射病和日射病的诊断与治疗

### 任务导入

藏獒，2岁，母，体重达50kg。平时养在大铁笼子里，铁笼上面没有遮阴设备，阳光直照（当地气温33℃，地面温度45℃）。下午3时发病，病情急重，张口喘，呼吸迫促，从口腔流出大量口水，并有反胃呕吐症状，卧地不起，发病时吃喝正常。临床检查：体温42℃，呼吸88次/min，脉搏180次/min。呼吸困难，心搏动强、振动全身，眼结膜充血，瞳孔缩小，卧地不起，四肢呈游泳状态划动。从口腔流出大量口水，右侧卧、站不起来。试分析该犬是什么病。

### 任务分析

根据病史、病情及临床症状，结合当地气候，初步判断为中暑。

**1. 热射病和日射病有哪些症状**

日射病的初期，精神沉郁，有时眩晕，四肢无力，步态不稳，共济失调，突然倒地，四肢呈游泳样划动，眼球突出，神情恐惧，有时全身出汗。病情发展急剧，心血管运动中枢、呼吸中枢、体温调节中枢的机能紊乱，甚至麻痹。心力衰竭，静脉怒张，脉微细数；呼吸急促，节律失调。有的体温升高，皮肤干燥，汗液分泌减少或无汗。瞳孔初散大，后缩小。兴奋发作，狂暴不安。有的突然全身性麻痹，皮肤、角膜、肛门反射减退或消失，反射亢进，常常发生剧烈的痉挛或抽搐，迅速死亡。

热射病表现为体温急剧上升，甚至达到41℃以上；皮温增高，直肠内温度灼手。反复呕吐，口吐泡沫或血沫，突然晕厥倒地，意识丧失，从嗜睡陷入昏迷。脉搏疾速而微弱，心律不齐，血液循环障碍，静脉瘀血，黏膜发绀。呼吸急促，节律失调，出现陈-施呼吸。伴有肺充血和肺水肿，呼吸困难，张口吐舌。

**2. 热射病和日射病如何诊断**

根据发病季节（炎热夏季，多因使役过度、饮水不足、阳光直接照射或因通风不良、闷热）体质、症状可以作出初步诊断。但要注意与其他类症鉴别。

（1）脑及脑膜炎鉴别要点　多数由传染性、中毒性因素引起。主要表现脑神经症状，体态反常，昏迷，卧地，兴奋、沉郁交替发生。体温、呼吸及血液循环障碍较中暑轻微。

（2）肺充血、肺水肿鉴别要点　主要由于剧烈使役，心脏机能增强，引起肺脏流入量和流出量同时增多，从而所引起的主动性充血，或由心脏机能不全引起的肺毛细血管瘀血性被动性充血等导致的一种肺部疾病。以呼吸困难为主要症状，可视黏膜发绀，口鼻流出泡沫状液体。一般无明显的神经症状，体温变化不大。

## 必备知识

**1. 什么是热射病和日射病**

中暑又称热卒中、热衰竭，是犬、猫在外界环境中的光、热、湿等物理因素的作用下，造成机体的侵害，导致体温调节功能障碍的一系列病理现象。在强烈的日光直射下，引起脑及脑膜充血和脑实质的急性病变，导致中枢神经系统机能发生严重障碍，通常称为日射病。在潮湿闷热的环境中新陈代谢旺盛，产热多，散热少，体内积热，引起严重的中枢神经系统功能紊乱现象，通常称为热射病。临床上以体温升高、循环衰竭及神经症状为特点。本病多发于炎热夏季，多见于短头品种犬，猫较少见。由于病情发展急剧严重，常造成犬猫死亡，应引起特别重视。

**2. 热射病和日射病的病因**

（1）原发性因素　在炎热季节，兼日光直射下，长时间运动、调教训练、竞赛等原因，可发生日射病。长时间在狭小、通风不良且潮湿闷热的室内、车厢、船舱及犬箱内易引起热射病。

（2）诱导性因素　主要是长期缺少运动或锻炼，体质肥胖，汗腺缺乏，体质虚弱，心脏衰弱，被毛粗厚、不洁或因暑热，饮水不足，缺乏食盐等。

## 治疗方案

**1. 治疗措施**

（1）加强护理，防暑降温　先将犬、猫放置于通风阴凉处，然后根据条件可采用冷敷、冷水擦洗或冲洗、头颈部放置冰袋、灌服冷水或静脉注射等渗盐水等措施实施物理降温。药物降温方法可应用氯丙嗪，用量为每千克体重3～5mg，肌内注射或混于5%葡萄糖氯化钠溶液中静脉注射，可以保护下丘脑体温调节中枢，减少产热，促进外周血管扩张，缓解痉挛，促进散热。

（2）镇静安神　对兴奋狂躁的患畜，可肌内注射氯丙嗪、地西泮，或用水合氯醛灌肠。强心、防止肺水肿及降低颅内压。对伴发肺水肿者，立即静脉泻血，随即静脉注射复方氯化钠溶液或10%葡萄糖溶液适量。对心脏机能不全的，可静脉注射10%安钠咖或毒毛花苷K。

（3）降低颅内压　可静脉注射山梨醇或甘露醇。

（4）减缓呼吸困难　对呼吸困难、黏膜发绀的犬、猫可给予氧气袋或插管输氧。呼吸衰竭病例可皮下注射尼可刹米。

（5）纠正酸中毒　可采用洛克液（氯化钠8.5g、氯化钙0.2g、氯化钾0.2g、碳酸氢钠0.2g、葡萄糖1g、蒸馏水1000mL）静脉注射500mL。

**2. 防治原则**

加强护理，防暑降温，镇静安神，强心利尿，缓解酸中毒，防止病情恶化，采取急救措施。

# 项目二　脊髓疾病

## 任务一　脊髓炎的诊断与治疗

### 任务导入

贵宾犬，3岁，母，7kg。上午洗完澡后，后肢无力，第2天四肢无力，2天无大小便。检查体温38.3℃，全身瘫痪，不能吠叫。触诊全身无疼痛反应，四肢针刺无反应。口舌发绀。X射线拍片显示膀胱内尿潴留，肠内有大量粪便，脊椎外状无明显改变。试分析该犬是什么病。

### 任务分析

根据病史、临床症状、四肢针刺无反应、X射线片确诊为急性脊髓炎。

**1. 脊髓炎有哪些症状**

原发性急性脊髓炎，突然发病，体温升高。有的不愿运动，有易疲劳、四肢疼痛等前期症状。随着病情的发展症状较为复杂，临床上可出现运动、感觉、反射等机能障碍。

（1）运动障碍　表现为兴奋和麻痹两种症状，病初脊背强硬，肌肉痉挛和抽搐，步态强拘，容易跌倒；进一步发展，后躯完全麻痹或不完全麻痹，病犬拖拽后躯行走。腰椎发病，仅引起后肢和尾麻痹；如果颈髓发病，则四肢完全麻痹。

（2）感觉障碍　主要表现为感觉过敏、减弱或消失。

（3）中枢障碍　当支配膀胱、直肠和生殖器官的低级神经中枢机能发生障碍时，初期发生尿闭、便秘、阴茎勃起等，后期发生尿失禁、阳痿等。

（4）反射障碍　病灶部的皮肤、肌肉和腱的反射机能发生异常减弱或消失，或反射亢进。颈髓炎时，多表现为反射亢进；腰髓炎时，引起反射机能减退或亢进。

**2. 脊髓炎如何诊断**

可根据病史、突然发生脊髓障碍临床症状做出诊断。但要注意与其他运动障碍性及神经系统性疾病做鉴别诊断。

### 必备知识

**1. 什么是脊髓炎**

脊髓炎是指脊髓实质的炎症。本病常与脊髓膜炎同时发生。按炎性渗出物性质，可分为浆液性、浆液纤维素性及化脓性。按炎症过程的分布，可分为局限性、弥漫性、横贯性、散布性脊髓炎。临床上常以感觉、运动、反射机能障碍和肌肉萎缩为特征。常发生于犬，而猫较少发生。

**2. 脊髓炎的病因**

常见于机械性损伤、传染感染、细菌感染及中毒等原发性因素。如机械性损伤、椎骨骨折、脊髓挫伤、脊髓震荡、犬瘟热、狂犬病、破伤风、细菌毒素及毒物中毒。另外，椎间盘突出、佝偻病、骨软病、感冒、受寒、过劳等也都是发病的诱因。

## 治疗方案

**1. 治疗措施**

（1）加强护理　保持病犬安静，避免进行对脊髓有刺激作用的运动，注意防止褥疮，为了防止肌肉萎缩可进行肌肉按摩或电针治疗。对有膀胱积尿或便秘的病例，应定时导尿、灌肠，及时排出宿粪。

（2）抗菌消炎　配合使用肾上腺糖皮质激素，在炎症初期可用冰袋冷敷，后期在麻痹处涂擦刺激剂，如樟脑配、四三一合剂、松节油等或用红外线、超短波、热敷等物理疗法，以促进血液循环。对于细菌感染引起的可选用青霉素、氨苄青霉素、头孢菌素及磺胺等进行抗菌治疗。病毒感染引起的可应用相应的抗血清、免疫球蛋白或抗病毒药物。

（3）促进神经机能恢复　可使用维生素 $B_1$、维生素 $B_2$、辅酶 A、三磷酸腺苷。为兴奋中枢神经系统，增强脊髓反射机能可用 0.2%硝酸士的宁皮下注射。为促进脊髓内渗出液吸收，可用盐酸毛果芸香碱，必要时也可应用肾上腺皮质激素进行治疗。

**2. 防治原则**

加强护理、抗菌消炎、促进神经机能的恢复。

# 任务二　脊髓损伤的诊断与治疗

## 任务导入

腊肠犬，5 岁，母，10kg。上午从楼梯上摔下，后肢无力，卧地不起，呻吟，无大小便。检查体温 38.7℃，触诊后肢无疼痛反应，肌张力减弱，前肢反应正常。X 射线拍片显示膀胱内尿潴留，第 4、第 5 腰椎滑脱。试分析该犬是什么病。

## 任务分析

根据病史，结合症状特点及 X 射线拍片检查确诊为急性脊髓损伤。

**1. 脊髓损伤有哪些症状**

脊髓损伤的症状取决于部位。损伤的严重性取决于 3 个因素，即速度（压迫力量）、程度（压迫面积）及时间（压迫时间）。

（1）急性脊髓损伤　常伴有其他器官的严重损伤，如出血、休克、气道阻塞或骨折等。因脊髓损伤部位不同，其临床表现也不一样。第 1～5 颈椎髓节损伤一般可见四肢共济失调、轻瘫、四肢反射正常或反射活动增强，偶见四肢麻痹。如损伤严重，可出现呼吸麻痹。第 6 颈椎髓节到第 2 胸椎髓节损伤时，轻者为四肢共济失调、轻瘫，重者出现四肢麻木或麻痹，偶见前肢轻瘫和后肢麻痹，前肢脊反射和肌张力正常或减退，后肢则过强。第 3 胸椎髓节到第 3 腰椎髓节损伤为犬、猫最常见的损伤部位，其典型的症状为前肢步态和脊反射正常，后肢轻瘫、共济失调或瘫痪，脊反射、肌张力正常或活动过强；第 4 腰椎髓节到第 5 腰椎髓节和马尾损伤者，出现不同程度的轻瘫、共济失调或瘫痪，常伴有膀胱功能失调，肛门括约肌和尾麻木或麻痹，前肢反射功能正常，后肢反射和肌张力降低或丧失。

（2）慢性脊髓损伤　临床神经症状呈渐进性，病程可持续数周至数月，有时急性发作（常与脊髓肿瘤或 11 型椎间盘突出有关），伴有脊椎病理性骨折、脊髓出血或脊髓梗死等。但有些病例因脊髓长期受压、突发性代偿失调而无这些病理变化。

**2. 脊髓损伤如何诊断**

急性脊髓损伤根据病史、症状和神经学检查可做出初步诊断，并可依据脊髓损伤的程度和有无疼痛，确定其预后。常用止血钳钳夹肢末端，若无痛觉，则提示预后不良。为获取精确的损伤位置和损伤程度，或需手术治疗，应做X射线检查，包括X射线平片摄影、脊髓造影，必要时用现代影像技术（CT和MRI）诊断。慢性脊髓压迫其诊断方法与急性脊髓损伤相同，其中脊髓造影对所有的慢性病例则更为重要。

### 必备知识

**1. 什么是脊髓损伤**

脊髓损伤是指外力作用引起脊髓组织的震荡、挫伤或压迫性损伤。临床上有急性脊髓损伤和慢性脊髓损迫两种。

**2. 脊髓损伤的病因**

脊髓损伤的病因主要为机械性损伤，如因摔倒、车祸、坠落、枪击或钝性物体打击等引起投射性损伤、脊椎骨折或脱位等。也可见于脊髓疾病如椎间盘疾病、肿瘤等。

### 治疗方案

**1. 治疗措施**

治疗本病首先应限制犬、猫活动，防止脊髓的再度损伤。对疼痛不安的宠物，可使用镇痛剂或镇静剂。将犬、猫放在平板上，用绷带临时固定，避免脊柱扭转、伸屈。对发生休克、呼吸困难的病例，应立即予以抢救。消炎可用地塞米松，开始时大剂量（每千克体重2～4mg）静脉注射，以后逐步减少。为达到更好的效果也可用甲氢泼尼松琥珀酸钠，犬、猫的剂量分别为每千克体重2～40mg、10～20mg，肌内注射或静脉注射。为了防止感染，应适当应用抗生素或磺胺类药物进行治疗。一旦全身病情稳定，应抓紧手术治疗。手术的目的是通过减压术解除脊髓的压迫。如伴发脊髓损伤性膀胱或肠麻痹，要定时导尿和灌肠，排除积尿和积粪。瘫痪的病例，要经常调换褥垫和躺卧姿势，防止发生褥疮。

**2. 防治原则**

加强护理，镇痛、消炎、防止感染。

## 任务三　椎间盘突出的诊断与治疗

### 任务导入

京巴犬，4岁，母，体重5kg。该犬前几天呻吟不安，触之大叫，昨天发现走路不稳，左右摇摆，且不愿挪步。现两后肢瘫痪，小便失禁；问诊发现该犬长期食入鸡肝脏，且饲料单一。检查体温38.6℃，发病部位表现为椎间间隙钙化，呼吸急促，心音正常，节律略快，触诊腹围增大，膀胱充盈，针刺两后肢及腰部均无疼痛反应；X射线摄影检查：腰椎间钙化明显。

### 任务分析

根据病史、临床症状、X射线摄影特点，确诊为椎间盘突出症。

**1. 椎间盘突出有哪些症状**

（1）颈部椎间盘突出　初期病犬颈部、前肢过度敏感，颈部肌肉疼痛性痉挛，爪尖抵地，腰背弓起，头颈不愿伸抬起；行走小心，耳竖起，触诊颈部可引起剧痛或肌肉极度紧张。重者，颈部、前肢麻木，共济失调或四肢截瘫。

(2) 胸腹部椎间盘突出　初期严重疼痛、呻吟、不愿挪步或行动困难。有的病例剧烈疼痛后突然发生两后肢运动障碍（麻木或麻痹）和感觉消失，但两前肢往往正常。病犬尿失禁，肛门反射迟钝。上运动神经元病变时，膀胱充满，张力大，难挤压；下运动神经元损伤时，膀胱松弛，容易挤压。后肢有无深痛是重要的预后症候。感觉麻痹超过24h意味着预后不良。

(3) X射线检查　X射线显示椎间盘间隙狭窄，并有矿物质沉积团块，椎间孔狭小或灰暗，关节突异常间隙形成。如做脊髓造影术，可见脊索明显变细（被椎间盘突出物挤压），椎管内有大块矿物阴影。

**2. 椎间盘突出如何诊断**

根据品种、年龄、病史及临床症状，可做出初步诊断。本病确切诊断主要取决于神经学检查和X射线检查。

神经学检查包括姿势反应（本体意识反应、单侧肢伫立、行走）、部位反射（股二头肌、股三头肌、胫骨前肌、腓肠肌及骸骨等）、膀胱功能试验、膜反射和疼痛敏感试验等。后两者有助于发现胸腰段脊髓病变程度。有条件的还可做CT或MRI检查，有助于精确发现椎间盘突出的位置，尤其椎孔内髓核突出物。

## 必备知识

**1. 什么是椎间盘突出**

椎间盘突出是指椎间盘变性、纤维环破坏、髓核向背侧突出压迫脊髓而引起以运动障碍为主要特征的脊椎疾病。常发生于胸腰椎，发病率占85%，其次为颈椎占15%。临床上以疼痛、共济失调、麻木、运动障碍或感觉运动麻痹为特征。本病多见于体型小、年龄大的软骨营养障碍类犬。

**2. 椎间盘突出的病因**

一般认为椎间盘突出是在椎间盘退变的基础上发生的，但引起其退变的诱因仍不明确，下列因素可能与本病的发生有关。

(1) 内分泌失调　(如甲状腺机能减退)　内分泌失调在椎间盘退变过程中起重要作用。自身免疫现象可作为椎间盘退变的启动因子。

(2) 品种因素　多见于体型小、年龄大的软骨营养障碍类犬，如腊肠犬（发病率比其他品种犬发生率总和高10～20倍）、京巴犬、西施犬等；非软骨营养障碍类犬也可发生。

(3) 外伤因素　尽管外伤对引起椎间盘退变并不重要，但发生椎间盘退变可促使椎间盘突出的发生。

(4) 椎间盘因素　异常脊椎应激、椎间盘的营养（如缺钙）、溶酶体酶活性异常等，都可引起基质的变化。

## 治疗方案

**1. 治疗措施**

(1) 保守疗法　适应证为疼痛、肌肉痉挛、疼痛性麻木及共济失调。其目的在于减轻脊髓及神经根炎症，促使背侧纤维环愈合。常用强制休息、限制活动、镇静消炎等方法。地塞米松是治疗本病综合征的首选药，开始用量为每千克体重0.2～0.4mg，每天2次，连用2～3天；严重或急性脊髓椎间盘压迫者，剂量可加大至每千克体重2mg。或保泰松，每千克体重0.2mg，内服，每日2次，3天后减量。也可用阿司匹林和肌肉松弛剂等。尿失禁者每天定时挤压膀胱排尿2～3次。另外，还可采用针灸、电针、按摩、温敷和穴位药物注射等进行治疗。

（2）手术疗法　适应证为有疼痛，药物治疗1～2周无效，复发时症状加剧。手术包括开骨窗术和减压术。开骨窗术指通过两椎体间钻孔，刮取椎间盘组织。此法仅在临床症状较轻和椎管内突出物有限时，才有治疗意义。减压术指切除椎弓骨组织，取出椎管内椎间盘突出物，以减轻脊髓压迫。椎管内有大量椎间盘突出者、感觉运动麻痹不超过24h者适宜采用本手术。

**2. 防治原则**

加强护理、镇痛、消炎、手术切除椎间盘多余组织及椎管内椎间盘突出物。

# 项目三　机能性神经病

## 任务一　癫痫的诊断与治疗

### 任务导入

腊肠犬，3岁，母，体重约11kg。犬已病3年余，每隔20～30日复发1次，每次15～20min，发病时突然倒地抽搐，全身僵硬、四肢伸展，头颈向一侧弯曲，有时四肢呈游泳样划动，口吐白沫，怪叫等，发作无常，近日病犬每日发作，有时一天发作2～5次。试分析该犬是什么病。

### 任务分析

根据病史，以及发病突然、反复发作和暂时性的特点，确诊为癫痫。

**1. 癫痫有哪些症状**

多由于神经紧张、惊吓、疲劳、兴奋等诱发因素，宠物突然发病，反复发作，意识不清，肌肉阵发性或强直性痉挛，症状突然消失。临床上，多数病例无前驱症状而突然发作，本病的发作频度不一，可数月、数日发作一次，也可一日内发作数次。有的小发作一日可数十次，甚至达百次左右。有的发作以白天为主，有的则以夜间为主。发作时间有的有大致规律，有的则不规律。发作时患病宠物全身战栗，体位失去平衡，突然倒地，没有知觉，全身肌肉痉挛，眼球震颤旋转。面部痉挛，牙关紧闭，口吐白沫，头颈后仰，四肢抽搐，呼吸、心跳加快，粪尿失禁，全身出汗。

犬的真性癫痫由四个阶段组成：先兆期、前驱症状期、发作期和发作后期。先兆期表现不安、焦虑及微细的行为异常。前驱症状期病犬安静，知觉丧失。

发作期的临床表现分为大发作、小发作、局限性发作和精神运动性发作。大发作（定型发作）是宠物常见的一种类型。发作前的先兆症状：皮肤感觉过敏，不断点头或摇头，用后肢扒头等，极短暂，仅为数秒。大发作发生，突然倒地，惊厥，全身僵硬，呈现强直性或阵发性痉挛，10～30s不等，四肢伸直，口吐白沫，角弓反张，咀嚼，眼睛斜视，眼球旋转，瞬膜突出，瞳孔散大。排粪、排尿失禁，流涎。被毛竖立，鼻孔开张，鼻唇颤动。大发作可持续1～2min。发作后恢复正常，惊厥消失，意识感觉恢复，病犬自动起立，环视四周。少数病犬，兴奋性增强，奔走追人、咬人。有的病犬神情淡漠，定向障碍，不安，视力丧失，可持续数分钟至数小时。小发作（非定型发作）宠物极为少见，其特征为短暂的意识丧失，只有几秒钟，一过性的意识障碍，呆立不动，呼叫无反应。痉挛症状轻微、短暂，眼睑闪动，眼球旋转，口唇震颤等。局限性发作时肌肉痉挛动作限于身体某部分，如面部肌肉或某一肢体。常常由局限性的小发作引发大发作。精神运动性发作表现精神状态异常，如愤怒、幻觉及流涎等。发作后期知觉恢复，自行起立，或仍伴有视觉障碍、肌肉无力、沉郁、共济失调等症状。此期可持续数分钟、数小时甚至数天。

继发性癫痫是包括脑病在内的原发病的症状。脑病常引起局灶性症状，而颅外疾病时仅反映大脑皮质机能障碍状况，除癫痫以外还伴有原发病的症状。

**2. 癫痫如何诊断**

根据本病突然发病、反复发作和暂时性的特点可以作出初步诊断。而中枢神经系统和其他器官无病理解剖学变化，根据病史、临床症状可作出诊断。继发性癫痫应注意鉴别由犬瘟热、弓形体病、有机磷中毒、破伤风等引起的癫痫。

## 必备知识

**1. 什么是癫痫**

癫痫是由于大脑某些神经元异常放电引起的暂时性的脑机能障碍，临床上以反复发生、短时间的感觉和意识障碍、强直性与阵发性肌肉痉挛为主要特征。犬的发病率高于猫，西班牙长耳犬多发。

**2. 癫痫的病因**

原发性癫痫也称真性癫痫或自发性癫痫，多因脑组织代谢障碍，在脑皮质或皮质下中枢兴奋性增高，使兴奋与抑制过程紊乱而引起，有的可能与遗传因素有关。牧羊犬、猎兔犬、荷兰卷尾犬的癫痫具有遗传性。犬的第一次癫痫发作在6月龄到5岁之间，发病率为1%，雌犬多于雄犬，发作频率有随年龄增长而增多的倾向。

继发性癫痫又称症候性癫痫，引发本病的原因是多方面的，主要是由颅内疾病引起，多见于各种传染病引起的脑病、寄生虫病（脑包虫、脑囊虫）、脑肿瘤、营养代谢性疾病及中毒等。传染病引起的有犬瘟热、结核病、狂犬病等；营养代谢病引起的，如低钙血症、低血糖症、B族维生素缺乏症等；中毒病引起的，如铅、汞等重金属中毒，有机磷、有机氟等农药中毒，二氧化碳中毒等。另外，外耳道炎、内分泌机能紊乱、过敏反应、过度刺激如惊吓与恐吓等原因也可引发本病的发生。

## 治疗方案

**1. 治疗措施**

对症状性癫痫，应除去病因，积极治疗原发病，控制或缓解症状，采取抗感染、驱虫、补钙、补镁、颅腔手术摘除肿瘤或寄生虫。镇静解痉可用10%的苯巴比妥钠溶液以每千克体重0.4mg肌内注射；或普里米酮（扑痫酮），每千克体重10～20mg，每天3次口服；西地泮每千克体重1.5～5.0mg/天，分2～3次口服，在发作时，可肌内注射或静脉注射，对犬效果迅速，安全性高，抗痉挛作用强；或口服水合氯醛进行预防性治疗。以上药物用药后，发作次数虽减少，但未完全控制，可调整剂量或另加一种药物，更换新药时应将新老药同时试用一段时间，待新药见效后，方能停用老药。加强护理尤其是在癫痫发作时，要使病犬安静，避免外界刺激，保定头部，以免发生意外事故。

**2. 防治原则**

加强护理、保持安静，减少外界各种刺激和及时治疗原发性疾病。

# 任务二　膈痉挛诊断与治疗

## 任务导入

狮子犬，8月龄，母。该犬按免疫程序注射过3次五联疫苗。由于天性胆小，很少外出，更害怕见生人，客人和生人来了叫个没完，从来不和其他犬玩。近3天来食欲减少，腹肋部一起一伏有节律地跳动。因犬和主人同睡，晚上可听见“咯噔”的打咯声，睡着以后消失，最近发生得更严重，除睡觉后都可听见打咯声。试分析该犬是什么病。

## 任务分析

根据病史易受刺激，临床特点腹肋部一起一伏有节律地跳动并发出“咯噔”的打咯声可初步诊断为膈痉挛。

**1. 膈痉挛有哪些症状**

本病的主要特征是病犬躯干、四肢出现有规律或无规律的抖动，腹部及躯干发生独特的节律性振动，尤其是腹肋部三起一伏有节律地跳动，所以俗称“跳肷”。同时，伴发急促的吸气，心音不齐。俯身于鼻孔附近，可听到呃逆音。同步膈痉挛，腹部振动次数与心脏跳动相一致；非同步性膈痉挛，腹部振动次数少于心脏跳动。

在膈痉挛时，病犬不食不饮，神情不安，头颈伸张，流涎。膈痉挛典型的电解质紊乱和酸碱平衡失调是低氯性代谢性碱中毒，并伴有低钙血症、低钾血症和低镁血症。

膈痉挛的持续时间一般为5～30min，也可至12h以上，最长者有3周。如治疗及时，膈痉挛很快消失，预后良好。顽固性患畜，可死于膈肌麻痹。

**2. 膈痉挛如何诊断**

根据患病宠物腹部与躯干有节律地振动，同时伴发短促的吸气与呃逆音，一般可作出诊断。但应注意与阵发性心悸相区别。

## 必备知识

**1. 什么是膈痉挛**

膈痉挛民间俗称“跳肷”，是由于膈神经受到各种因素的刺激而引起膈神经兴奋度增高，使膈肌发生强烈痉挛性收缩的一种病症。临床以上胸部呈现有节律地震颤、收缩、精神不安等为主要特征。根据膈痉挛与心脏活动的关系，可分为同步性膈痉挛和非同步性膈痉挛，前者与心脏活动一致，而后者与心脏活动不一致。有统计表明，1000例以上的犬病中，犬膈痉挛约占7%。猫较少发生。

**2. 膈痉挛的病因**

能引起膈痉挛的原因很多，主要原因如下。

（1）膈神经受到刺激　消化器官疾病，如胃肠突然受到刺激、过食、冷食、胃肠过度胀满、胃肠炎症、消化不良、食道扩张等。急性呼吸器官疾病，如纤维素性肺炎、胸膜炎等。脑和脊髓的疾病，尤其是膈神经起始处的脊髓病。中毒性疾病，肠道内腐败发酵产生的有毒产物影响等。

（2）其他方面　如药物、全身麻痹、手术后、受到惊吓、天气变化、运输、电解质紊乱、过劳以及肿瘤、主动脉瘤等的压迫等，也都可以引起膈痉挛的发生。

**1. 治疗措施**

首先应查明病因，实施对因治疗，对低血钙或低血钾病犬，可静脉注射葡萄糖酸钙，氯化钾溶液缓慢静脉注射或口服电解多维。解痉镇静可采用水合氯醛 2g 溶于水口服，肌内注射氯丙嗪 1.5mL 或 25%硫酸镁溶液 10mL（犬）做缓慢静脉注射。

**2. 防治原则**

消除病因，减少应激，解痉镇静，治疗原发病。

## 任务三　舞蹈病的诊断与治疗

### 任务导入

萨摩耶犬，1 岁，母，25kg。该犬 1 个月前患病腹泻，宠物医院诊断为犬瘟。经过治疗其他症状得到控制，但颜面、咬肌、头顶不断发生抽搐。试分析该犬是什么病。

### 任务分析

根据病史曾得过犬瘟，结合颜面、咬肌、头顶不断发生抽搐的临床特点，确诊为由犬瘟引起的舞蹈病。

**1. 舞蹈病有哪些症状**

患病肌群多为颜面、颈部、四肢、躯干等，严重的可波及全身各肌群。多伴为癫痫样发作、运动失调、麻痹或意识障碍，很快进入全身衰竭。

头部抽搐发生于口唇、眼睑、颜面、咬肌、头顶及耳等。颈部抽搐时，颈部肌肉上下活动和点头活动。横膈膜抽搐可见沿肋骨弓的肌肉间歇性痉挛。四肢抽搐限于单肢或一侧的前后肢同时抽搐。

**2. 舞蹈病如何诊断**

根据病史调查、临床症状基本可以做出诊断。但要注意分析原发病。

### 必备知识

**1. 什么是舞蹈病**

舞蹈病是头部、躯干及四肢的某块肌肉或肌肉群剧烈地间歇性痉挛和较规律、无目的地随意运动。因痉挛发生于颈部和四肢，行走时呈舞蹈样步态，所以称为舞蹈病。

**2. 舞蹈病的病因**

舞蹈病主要为脑炎所致。见于犬瘟热、一氧化碳中毒、脑肿瘤、脑软化、脑出血等。

### 治疗方案

**1. 治疗措施**

目前还没有理想和有效的治疗方法，治疗本病首先要查明病因，若是犬瘟引起的可参照犬瘟热的治疗原则，采取免疫血清皮下或肌内注射，血清为每千克体重 2～5mL，连用 3～4

天，用免疫犬全血进行静脉注射效果更好。在早期使用单克隆抗体效果较好。同时给予抗病毒注射剂、干扰素、特异性转移因子等，配合中药清开灵等镇静安神药有一定的疗效。做好护理，对不食者进行人工灌食；对站立不稳者，还应防止摔伤；对长期卧地病例要定时翻身。

**2. 防治原则**

加强护理，消除病因，采取镇静等措施。

## 任务四　晕车症的诊断与治疗

### 任务导入

泰迪犬，3月龄，母，2kg。该犬刚从朋友家抱回不久，未曾打疫苗和驱虫，早上吃了不少狗粮，上午把狗放在轿车内准备带它出去玩，结果走了没多远，发现该犬流涎、呕吐黄水及狗粮。临床检查精神欠佳，流涎。CDV（犬瘟病毒）/CPV（细小病毒）阴性，体温正常。试分析该犬是什么病。

### 任务分析

根据坐车、无接触毒物等病史，结合症状及CDV/CPV检查，初步诊断为晕车症。

**1. 晕车症有哪些症状**

主要表现为精神较差，头低耳耷，流涎、干呕和呕吐，也有不安和打呵欠的。

**2. 晕车症如何诊断**

根据病史及临床症状可做出诊断。但必须与中毒病、过敏性疾病、胃肠疾病及其他神经系统疾病相鉴别。

### 必备知识

**1. 什么是晕车症**

晕车症是犬乘坐汽车、火车、飞机、轮船等时，表现以流涎、干呕、呕吐等为主要特征的病症。

**2. 晕车症的病因**

晕车症主要是由于持续震动，前庭器官的机能发生变化而引起的一种应激反应。如果宠物胆小、易紧张、恐惧，更易发生晕车症。

### 治疗方案

**1. 治疗措施**

一般下车后休息一会儿，症状即减轻或消失。可用氯丙嗪每千克体重1mg肌内注射。将宠物安置在安静的环境下休息。为预防晕车症，可用苯巴比妥（片剂）每千克体重1～2mg，口服。有晕车史的宠物，乘车前12h和前1h，按上述剂量口服苯巴比妥，或乘车前1h肌内注射乙酰丙嗪每千克体重0.22mg，药效最低可维持12h。

在平时犬的管理方面，应注意加强犬的乘车锻炼。

为防止犬在运输过程中出现呕吐，可在出发前12h和前1h口服苯巴比妥片每千克体重1～2mg，也可口服乙酰丙嗪每千克体重0.5～2mg或氯丙嗪每千克体重3mg。夏天高温季节运输犬只时，给犬口服氯丙嗪，有助于降温解暑，减少应激反应和死亡。

**2. 防治原则**

加强护理，减少应激，镇静安神。

## 技能训练一　犬中暑的抢救

**【目的要求】**

1. 掌握中暑宠物的发病原因、临床症状及诊断。

2. 掌握犬的中暑治疗原则及抢救措施。

**【诊疗准备】**

1. 材料准备　1mL一次性注射器、5mL一次性注射器、一次性输液器、听诊器、体温计、监护仪等。

2. 药品准备　70%乙醇、冬眠灵、异丙嗪、25%葡萄糖、复方氯化钠溶液、5% $NaHCO_3$、地塞米松、毒毛旋花苷K等。

3. 病例准备　宠物医院中暑犬一例。

**【方法步骤】**

1. 病史调查　收集病犬发病情况的详细资料，着重注意中暑犬曾长时间在日光直射中或在闷热环境中活动，而且病情发展迅速。

2. 临床检查　临床中中暑症状轻度的犬，通常在高温环境下一定时间后，出现全身疲乏，四肢无力，结膜潮红，大量流涎，呕吐；若病情进一步加重，则体温升高，皮肤灼热，脉搏细数，血压下降，甚至发展为重度中暑。年老抵抗力差的犬较易发生中暑，出现衰竭状态，主要以心功能不全为特征，表现为血压下降、可视黏膜苍白、皮肤冷感、脉弱或缓慢、脱水时口渴、虚弱、烦躁不安、四肢抽搐、全身痉挛、共济失调、呕吐、腹泻等。青壮年犬发生中暑时，出现痉挛状态，其特点为四肢肌群短暂、间歇地痉挛和抽搐，发作不超过数分钟。有明显脱水症状，继而体温可超过41℃，最高者甚至可超过43℃，皮肤灼热、干燥，呼吸快而弱，脉速、惊厥，最后出现昏迷。

**【治疗措施】**

1. 治疗原则　加强护理，防暑降温，镇静安神，强心利尿，缓解酸中毒，防止病情恶化，采取急救措施。

2. 消除病因　立即将犬移至通风阴凉处休息，如能饮水，给予清凉的含盐饮水。

3. 物理降温　用冰水在犬头、颈、四肢内侧、腹股沟内敷擦。全身皮肤用冰水或冷水加少许酒精拭浴，配合电扇降温，如有空调设备，可将环境温度降至22～25℃，或直接将犬置于25 ℃左右的水池中浸泡30min以上。也可用40℃的糖盐水每千克体重50～100mL经股动脉快速注射，补充水盐和葡萄糖，改善体内循环，以迅速降低体温。

4. 药物降温　药物降温与物理降温同用，效果较好。常用氯丙嗪每千克体重0.5～1mg加入5%葡萄糖注射液或生理盐水适量，静脉滴注1～2h。对于高热、昏迷及抽搐者，用氯丙嗪（冬眠灵）每千克体重0.5～1mg、异丙嗪每千克体重0.025～0.05mg、派替啶每千克体重2～4mg，加入25%葡萄糖液20mL中，15min内注射完。高热、昏迷无抽搐者，氯丙嗪、异丙嗪适量，加入25%葡萄糖注射液25mL静脉推注。高热、无昏迷抽搐者，用异丙嗪加入25%葡萄糖注射液20mL中静脉推注。氯丙嗪最大用量不能超过25mg/次，派替啶不得超过50mg/次。

5. 防止渗出、强心　地塞米松每千克体重 0.25mg，皮下注射；毒毛旋花苷 K 0.25～0.5mg/次，加入 5%葡萄糖注射液稀释 10～20 倍，缓慢静脉注射。

6. 支持疗法及对症治疗　中暑犬大量流涎，失水较多，故要及时适当输液，一般成年种犬可补糖盐水适量，速度宜慢。要注意保证呼吸通畅，必要时输氧。也可给病犬输林格液，以纠正低钠血症。对于抽搐、烦躁不安的犬，肌内注射安定每千克体重 0.2～12mg。急性肾衰者早期静脉缓慢滴注甘露醇每千克体重 0.5～1g/kg，及速尿每千克体重 2～6mg 静脉注射。可疑有弥散性血管内凝血时，应用肝素 10mL/次，用生理盐水或 5%葡萄糖注射液适量稀释后静脉注射，每天 3～4 次。

**【作业】**

1. 病例讨论　讨论中暑的发病原因、救治原则及预防。

2. 写出实习报告　根据实训过程及结果总结本次病例的诊断及治疗过程。

## 技能训练二　犬椎间盘突出的诊断与治疗

**【目的要求】**

1. 掌握犬的椎间盘突出的发病原因、临床症状及诊断。

2. 掌握犬的椎间盘突出的治疗原则、治疗措施及注意事项。

**【诊疗准备】**

1. 材料准备　1mL 一次性注射器、5mL 一次性注射器、各型号一次性输液器、导尿管、听诊器、体温计、监护仪、X 射线机、观片灯等。

2. 药品准备　地塞米松、保泰松、天麻注射液，复合维生素 B、维生素 C 及三磷酸腺苷等。

3. 病例准备　宠物医院椎间盘突出犬一例。

**【方法步骤】**

1. 病史调查　翔实收集发病犬的品种、年龄、发病时间、症状及用药情况等信息。

2. 临床检查

(1) 颈部椎间盘突出　初期病犬颈部、前肢过度敏感，颈部肌肉疼痛性痉挛，爪尖抵地，腰背弓起，头颈不愿伸抬起；行走小心，耳竖起，触诊颈部可引起剧痛或肌肉极度紧张。重者，颈部、前肢麻木，共济失调或四肢截瘫。

(2) 胸腹部椎间盘突出　初期严重疼痛、呻吟、不愿挪步或行动困难。有的病例剧烈疼痛后突然发生两后肢运动障碍（麻木或麻痹）和感觉消失，但两前肢往往正常。病犬尿失禁，肛门反射迟钝。上运动神经元病变时，膀胱充满，张力大，难挤压；下运动神经元损伤时，膀胱松弛，容易挤压。后肢有无深痛是重要的预后症候。感觉麻痹超过 24h 意味着预后不良。

(3) X 射线检查　X 射线摄影征象为椎间盘间隙狭窄，并有矿物质沉积团块，椎间孔狭小或灰暗，关节突异常间隙形成。如做脊髓造影术，可见脊索明显变细（被椎间盘突出物挤压），椎管内有大块矿物阴影。

**【治疗措施】**

1. 治疗原则　加强护理、镇静、镇痛、消炎等。

2. 消炎　地塞米松是治疗本病综合征的首选药，开始用量为每千克体重 0.2～0.4mg，每天 2 次，连用 2～3 天；严重或急性脊髓椎间盘突出压迫者，剂量可加大至每千克体重

2mg。或保泰松，每千克体重 0.2mg；内服，每日 2 次，3 天后减量。也可用阿司匹林和肌肉松弛剂等。

3. 改善神经根血循环、镇静、镇痛　可肌内注射或静脉注射天麻注射液每千克体重 2～4mg，1～2 次/天。

4. 改善神经营养　可给病犬静脉注射复合维生素 B、维生素 C 及能量合剂。

5. 加强护理　强制休息、限制活动，尿失禁者每天定时挤压膀胱排尿 2～3 次。

6. 手术疗法　药物治疗 1～2 周无效，或反复时，可采用手术刮除椎管内椎间盘组织。

【作业】

1. 病例讨论　椎间盘突出的原因及不同部位椎间盘突出的症状。

2. 写出实习报告　根据实训过程及结果总结本次病例的诊断及治疗过程。

## 复习思考

【名词解释】

1. 代谢性脑病　2. 肝性脑病　3. 脑膜脑炎　4. 热射病　5. 日射病　6. 脊髓炎　7. 脊髓损伤　8. 椎间盘突出　9. 癫痫　10. 膈痉挛　11. 舞蹈病　12. 晕车症

【简答题】

1. 代谢性脑病的主要原因有哪些？代谢性脑病的诊断和治疗应该注意什么？
2. 肝性脑病的原因和临床特征是什么？其治疗措施有哪些？
3. 引起犬、猫脑膜脑炎的主要原因有哪些？其治疗措施有哪些？如何预防本病？
4. 比较热射病与日射病的原因、发病机制及临床症状有什么不一样？其急救措施有哪些？
5. 在炎热的夏季如何预防犬中暑的发生？
6. 引起脊髓炎的原因有哪些？有哪些临床特征？
7. 脊髓损伤的临床特征及治疗措施有哪些？
8. 椎间盘突出的主要原因是什么？如何进行诊断？其治疗方法有哪些？
9. 简述膈痉挛发生的原因及主要临床特点？
10. 什么叫舞蹈病？本病常见的原因是什么？
11. 如何预防犬、猫晕车症的发生？

【病例分析】

病例：京巴犬，6 岁，母，6kg。主诉：该犬一年前发生过一次腰椎间盘突出症，之后治愈，已无明显症状，四五天前被重摔一次，当时未见明显异常；就诊前 1 天，该犬走路摇摆，触及其背部疼痛不安并不时呻吟，有时大叫；该犬后肢不能站立，左前肢用力支地。检查：体温 38.9℃，听诊呼吸、心音正常；神经学检查：肌腱反应正常，后躯疼痛反应迟钝；X 射线摄影检查：腰椎 $L_2$-$L_3$-$L_4$-$L_5$－$L_6$-$L_7$ 间的椎间盘均钙化。

诊断：腰椎间盘突出症。

治疗：(1) 0.5g（2mL 灭菌水稀释）氨苄西林钠 1mL，125mg 泼尼松 4mL，维生素 $B_1$ 1/2 支，维生素 $B_{12}$ 1/2 支（隔日加 1 次），以上药物混合在痛点皮下注射，1 次/天。(2) 骨宁 1/2 支，皮下注射，1 次/天。(3) 痛立定 0.6mL，皮下注射。(4) 关节生 1 片/次，2 次/天，连服 2～3 个月。

请分析确诊腰椎间盘突出症的依据是什么？如何鉴别脊髓损伤、脊髓炎？腰椎间盘突出症的治疗原则是什么？

# 模块七 宠物代谢紊乱性疾病

【模块介绍】

近几年随着宠物医疗和保健水平的提高，犬瘟热、犬细小病毒感染等恶性传染性疾病的发生逐渐减少，而因日粮中营养物质不足、过剩、比例不均衡或者由于机体吸收、利用、排泄离子功能障碍引起的代谢紊乱性疾病逐渐增多。本模块主要阐述了犬、猫的常见代谢紊乱性疾病，分为营养物质代谢紊乱性疾病和电解质代谢紊乱性疾病两大部分，主要内容包括犬、猫的肥胖症、高脂血症、高钙血症、低钙血症、高钠血症、低钠血症、高钾血症等疾病。通过本模块内容的学习，要求学生了解主要代谢紊乱性疾病的发生机制；熟悉主要代谢紊乱性疾病的病因、临床症状、病理变化、预后及治疗的知识点；重点掌握犬、猫常见的代谢紊乱性疾病的诊断与治疗的操作技能，并且具备在实践中能够运用所学的知识诊断和治疗相关疾病的能力。

## 项目一 营养代谢性疾病

### 任务一 肥胖症的诊断与治疗

#### 任务导入

拉布拉多犬，5 岁半，母，半年前实施绝育手术。主诉该犬幼龄时食欲就很好，常规体检时体重超标，绝育手术后体重增加更明显。触诊检查表明该犬皮下脂肪丰富、体态丰满，用手触摸肋骨没有明显的层次感；视诊检查表明该犬腹部增宽、下垂，腰部脂肪隆起，腰线消失。试分析该犬是什么病。

#### 任务分析

病史调查发现该犬自幼龄时体重就超标，主要临床症状表现为食欲亢进，不耐热，易疲劳，不愿走动，灵活性降低，反应迟钝、贪睡；血液生化检测表明胆固醇和甘油三酯的含量均高于正常水平，初步诊断为犬肥胖症。

**1. 肥胖症有哪些症状**

患肥胖症的犬猫皮下脂肪丰富、体态丰满，用手触摸肋骨没有明显的层次感，或者摸不到肋骨；腹部增宽、下垂，严重者垂到地面，腰部脂肪隆起，腰线变粗或者消失；食欲亢进或减退，不耐热，易疲劳，灵活性降低，迟钝或贪睡，容易和主人失去亲和力；易发生关节炎、椎间盘突出症、骨折等骨关节疾病；发生心脏病、高血压、糖尿病、胰腺炎、溃疡、繁殖障碍等的可能性增加；对犬瘟热、犬细小病毒感染等传染性疾病的抵抗力降低；麻醉和手术的风险增加，寿命缩短；血液生化检查发现犬、猫血液中胆固醇和脂肪含量增高。

由内分泌紊乱和其他疾病引起的肥胖症除了有肥胖的一般症状之外，还有各种原发病的症状表现，比如肾上腺皮质机能亢进引起的肥胖症有典型的掉皮屑、脱毛、皮肤色素沉积等临床变化。

**2. 肥胖症如何诊断**

犬、猫肥胖症可以通过视诊、触诊结合血液脂质浓度变化进行确诊。

标准体型的犬、猫的肋骨和脊椎能够很容易触摸到，腹部有明显的皱褶；患有肥胖症的犬、猫肋骨和脊椎很难触摸到，腹部的皱褶也消失且腹部明显膨大。血液生化检查表明血清总胆固醇、脂蛋白、甘油三酯等含量明显升高。

## 必备知识

**1. 肥胖症的概念**

肥胖症（obesity）是一种慢性营养代谢性疾病，是指体内脂肪，尤其是甘油三酯（三酰甘油）积聚过多而导致的一种状态，是由于机体摄取的总能量超过消耗量，造成多余的能量以脂肪的形式蓄积在体内，引起体内脂肪蓄积量增加。

犬、猫的肥胖症多数是由于过食造成的，目前在全世界范围内该病的发生率远远高于犬、猫的各种营养缺乏性疾病。

**2. 肥胖症的病因**

引起犬、猫肥胖症的最主要原因是能量摄取超过机体的消耗，造成大量脂肪在体内蓄积，常见的发病因素主要有以下几个方面。

（1）生活方式不健康引起的肥胖，这也是造成宠物肥胖的主要原因　在采食方面对宠物过度溺爱，给予高能量、易消化食物和过于精细的食物，且不限制采食次数和采食量；宠物主人未养成良好的遛狗、逗猫的习惯，造成宠物的运动量过少。

（2）肥胖与品种、年龄、性别的关系　犬类中的巴哥犬、德国牧羊犬、比格犬、达克斯猎犬和短毛猫都是容易发胖的品种。随着宠物年龄的增大，肥胖的发生概率变大，十岁以上的犬和老年猫的肥胖率在60%左右。母犬母猫的肥胖率高于公犬、猫。

（3）遗传因素　父母肥胖的犬、猫，它们的子女往往也易肥胖。

（4）其他因素　公犬、猫去势、母犬、猫绝育，某些疾病如甲状腺机能减退、糖尿病、肾上腺皮质机能亢进、垂体瘤、下丘脑损伤等也可引起犬、猫食欲亢进和嗜睡，导致体重逐渐增加。

## 治疗方案

**肥胖症的防治**

防治犬、猫肥胖症要采取综合性措施，以预防为重点才能够达到减肥与保健的双重目的。

（1）加强饲养管理，纠正不合理的生活方式　制定限制宠物日粮供给的方案，并得到宠物主人的充分理解，严格按照方案标准执行。在食谱方面要作出调整，减少高热量食物的饲喂量，增加低脂肪高纤维食物的饲喂量。在饲喂上采取少量多次的方法，把一天的食量分为3～4次喂给，平时不再饲喂其他零食。

（2）运动疗法　每天定时牵遛犬、猫，使其保证每天进行20～30min中等强度运动，患有肥胖症的犬、猫要加强运动量和运动时间。

（3）治疗引起宠物肥胖症的原发病。

（4）药物减肥法 使用生长激素、甲状腺素等促进消化的药物提高代谢率，使用催吐剂、淀粉酶抑制剂、食欲抑制剂等抑制消化吸收的药物。

（5）预防 防止发育期的宠物过肥是预防成年宠物肥胖症的最有效的方法，要防止宠物减肥成功后再次复发肥胖。

## 任务二 高脂血症的诊断与治疗

### 任务导入

小型雪纳瑞犬，7岁，母，两周前在其食物中补充添加了猪腮肉，昨天起该犬表现出腹泻、腹痛、间歇性呕吐等临床症状，昨天下午起对该犬禁食，今天早晨观察腹泻、腹痛症状消失，呕吐症状也明显减轻，遂来医院就诊。试分析该犬是什么疾病。

### 任务分析

病史调查发现该犬最近两天发病，在发病前两周内其日粮添加了高脂肪含量的猪腮肉，禁食后临床症状明显得到缓解。视诊发现该犬有呕吐动作，细小病毒抗原试纸板检测呈阴性，初步诊断为高脂血症。

**1. 高脂血症有哪些症状**

按照发病原因将高脂血症分为餐后高脂血症、原发性高脂血症和继发性高脂血症。

餐后高脂血症是一种正常的生理现象，升高的血脂浓度会随着消化过程迅速降低，无临床症状。

原发性高脂血症的主要临床症状和并发症包括嗜睡、不愿活动、腹泻、腹痛、癫痫、间歇性呕吐、肝脏疾病、急性胰腺炎、角膜脂质病变、脂血症性视网膜病变等。部分患犬会出现阵发性症状，症状持续数小时到数天，禁食后症状迅速消失。原发性高脂血症多发于6岁以上的中老年犬，且小型犬的发病率明显高于大型犬类，但其发病率无明显性别差异。

继发性高脂血症主要表现出原发性疾病的临床症状。

**2. 高脂血症如何诊断**

高脂血症的诊断除了依靠临床症状以外，最重要的是实验室诊断。

为了避免餐后高脂血症，血脂的测定需要在犬猫禁食12h后进行。正常犬餐后甘油三酯的浓度一般低于5.7mmol/L，如果甘油三酯的浓度超过11.4mmol/L，即可诊断为高脂血症。

血清中甘油三酯的浓度也能够通过血清样本的状态进行估测，无高脂血症犬的血清清澈，甘油三酯的浓度低于2.28mmol/L；当犬血清浑浊时甘油三酯的浓度约为3.42mmol/L；当犬血清不透明时甘油三酯含量约为6.84mmol/L；当犬血清呈现脱脂乳状时甘油三酯的浓度约为11.4mmol/L；当犬血清呈现全乳状时甘油三酯的浓度可高达28.5～45.6mmol/L。

### 必备知识

**1. 高脂血症的概念**

高脂血症指的是血液中的脂类特别是胆固醇或甘油三酯及脂蛋白浓度升高。血脂是血浆中所含的脂质的总称，包括胆固醇、甘油三酯、磷脂、游离脂肪酸等。

血液中的部分脂类和蛋白质结合形成脂蛋白，按照密度由低到高将脂蛋白分为四类：乳糜颗粒（CM，富含外源性甘油三酯）、极低密度脂蛋白（VLDL，富含内源性甘油三酯）、低密度脂蛋白（LDL，富含胆固醇和甘油三酯）和高密度脂蛋白（HDL，富含胆固醇及其脂类）。

**2. 高脂血症的病因**

按照发病原因将高脂血症分为餐后高脂血症、原发性高脂血症和继发性高脂血症。

餐后高脂血症是指犬猫等在进食后会发生短暂性甘油三酯浓度增高，这是一种正常的生理现象，正常犬餐后高脂血症现象一般会维持6～12h。

原发性高脂血症是指犬在禁食12h后仍存在高血脂现象，且不存在其他能够引起继发性高脂血症的疾病。原发性高脂血症一般是有遗传性的，可能是由特定品种犬、猫的先天性基因缺陷所造成的。常见的原发性高脂血症有猫和杂种犬的先天性脂蛋白酶缺乏、小型雪纳瑞犬的自发性高脂蛋白血症、比格犬的家族性高脂蛋白血症等。

继发性高脂血症主要是由内分泌疾病和代谢紊乱性疾病所引起的，常伴发于急性胰腺坏死、肾病综合征、胆道阻塞、糖尿病、肾上腺皮质机能亢进、胰腺炎等。

## 治疗方案

**1. 高脂血症的治疗原则**

高脂血症治疗的首要步骤是确定发病原因，是原发性还是继发性。治疗继发性高脂血症的关键是治疗原发病，在原发病治愈后通过实验室检查确定继发性高脂血症是否得到治愈，一般情况下在原发病治愈后4～6周高脂血症能够痊愈。

**2. 高脂血症的治疗方法**

治疗原发性高脂血症特别是高甘油三酯血症的方法主要有两类：食物疗法和药物疗法。

（1）食物疗法　食物疗法的关键是改变患犬的饮食结构，饲喂低脂肪和高纤维性食物。日粮要求脂肪含量低于12%、纤维含量高于10%。在饲喂低脂肪日粮两个月后重新检测血清中的脂质浓度，如果血清中甘油三酯浓度低于5.7mmol/L，可将此日粮长期食用。如果两个月后犬的高脂血症仍然存在，可向日粮中补充鱼油、维生素E等物质，增加治疗效果。

（2）药物疗法　如果食物疗法无明显效果，或者血清中甘油三酯浓度仍高于5.7mmol/L，可以试用降血脂类药物。

常用的降血脂药物主要有烟酸、降丹灵、吉非贝齐等。烟酸的使用剂量通常为25～100mg/天，分3次使用，该药物能够迅速降低血清中甘油三酯的浓度，但可能会引起红斑、瘙痒等副作用。降丹灵的使用剂量通常为0.5～4g/天，分三次使用。吉非贝齐的使用剂量通常为200mg/天，分3次使用。降血脂类药物使用过程中副作用较多，应注意应用剂量及方法。

# 项目二 电解质紊乱性疾病

## 任务一 高钙血症的诊断与治疗

### 任务导入

波斯猫，3月龄。该猫自出生后体质比较弱，个体矮小，宠物医生建议补充适量的钙制剂，促进生长发育。遵从医嘱，猫主人在日粮中添加了葡萄糖酸钙片和维生素D胶囊，添加后一周该猫食欲明显增强，活泼爱动，但是添加两周后表现出乏力、倦怠、多尿、多饮，偶然出现惊厥。试分析该猫是什么病。

### 任务分析

病史调查发现该猫日粮中添加了大量的补钙类制剂，主要症状表现为倦怠、嗜睡、多尿，偶尔有惊厥症状。实验室检查血钙浓度为4.2mmol/L，初步诊断为原发性高钙血症。

**1. 高钙血症有哪些症状**

高钙血症的临床症状与血钙升高的水平和速度有关系，症状主要表现在神经系统、心血管系统、呼吸系统、消化系统、泌尿生殖系统等。

(1) 神经系统症状　神经系统症状主要是高钙血症对脑细胞的毒性，能够干扰脑细胞的电生理活动。轻度表现为犬、猫乏力、倦怠、反应迟钝；重度表现为肌肉收缩无力、腱反射减弱，听力、视力和定位能力障碍或者丧失；血钙浓度过高能够引起惊厥、昏迷甚至死亡。

(2) 心血管和呼吸系统症状　高钙血症可引起血压升高和各种心律失常。血钙在肺内沉着，造成肺部感染，引起肺炎，呼吸困难，甚至呼吸衰竭。心律异常如果没有及时治疗，可引起致命性心律不齐。因钙离子可激活凝血因子，故可导致广泛性血栓形成。

(3) 消化系统症状　表现为食欲减退、恶心、腹痛、呕吐、体质消瘦，重者发生麻痹性肠梗阻。钙离子可刺激胃酸和胃泌素分泌，引起消化性溃疡。若钙异位沉积于胰腺管，会刺激胰酶过度分泌，引发急性胰腺炎。

(4) 泌尿系统症状　高血钙可损伤肾小管，降低肾小管浓缩功能，引起多尿、烦渴、多饮，甚至失水、电解质紊乱和酸碱失衡。钙在肾实质中沉积可引起肾钙质沉积症、失盐性肾病、间质性肾炎等，最终引起肾功能衰竭。

**2. 高钙血症如何诊断**

高钙血症的诊断除了依靠临床症状以外，还需要借助实验室诊断。

(1) 血钙测定　血钙含量升高，浓度可达到15～25mg/100mL（正常值为9.5～12mg/100mL)。

(2) 尿沉渣检查　尿液中存在大量蛋白质、管型等有型物质，这些物质是由于钙沉积于肾脏皮质部所引起的。

(3) X射线检查　肺脏组织因钙盐沉积造成密度升高；心脏阴影变大，由圆形变成方形；胃壁增厚，密度增加。

(4) 心电图检查　高钙血症时心电图的T波升高，ST段上升，有心律不齐的表现。

## 必备知识

**1. 高钙血症的概念**

高钙血症是指血清钙离子浓度的异常升高。按照血清钙离子的浓度可将高钙血症分为轻度高钙血症、中度高钙血症和重度高钙血症。三种高钙血症的血钙浓度分别在2.7～3.0mmol/L、3.0～3.4mmol/L和3.4mmol/L以上。按照高钙血症发生的机理可将其分为甲状旁腺激素（PTH）依赖性高钙血症和非甲状旁腺依赖性高钙血症。

**2. 高钙血症的病因**

犬、猫高钙血症产生的原因主要有以下四个方面。

（1）恶性肿瘤引起的高钙血症　患有恶性肿瘤的老龄犬、猫在肿瘤晚期可能会发生高钙血症。肿瘤细胞可通过血液循环转移至骨骼，直接破坏骨组织，将骨钙释放出来，引起高钙血症。此外，肾癌、上皮细胞样肺癌等产生维生素D样固醇、甲状旁腺素样物质，这些物质直接作用于骨组织，使骨组织发生吸收而释放钙。

（2）原发性甲状旁腺功能亢进　甲状旁腺分泌过多的甲状旁腺激素，导致骨组织溶解吸收，释放大量钙，使血钙增高。维生素A进服过多也可通过增加骨吸收而产生高钙血症。

（3）葡萄糖酸钙等钙制剂、维生素D、高钙类食物等进服过多，可显著增加钙在肠道内的吸收，从而产生高钙血症。

（4）长期的制动引起的高钙血症　犬、猫等骨折后石膏固定、神经坏死导致的截瘫等能显著减少肌肉加于骨骼的应力。应力减少导致骨吸收增加，如果肾脏不能有效清理过多的钙质，就会产生高钙血症。

## 治疗方案

**1. 高钙血症的治疗原则**

治疗时需要先查明发病的原因，根据不同的原因制定不同的治疗措施。对于重症病例应该及时对症治疗，补液以改善脱水状况。

**2. 高钙血症的治疗方法**

（1）因过度补钙造成的高钙血症应该停止投给钙制剂和维生素$D_3$，限制食用含钙多的食物。

（2）轻度高钙血症　治疗的目的在于降低血钙水平。未见威胁生命的高钙血症可进行定期监测，观察血清钙、肾功能、骨密度和尿钙排泄。轻度高钙血症患犬应该避免使用利尿类药物。

（3）中度高钙血症　除了治疗引起高钙血症的原发性疾病外，可采取后续的治疗措施，有以下几个方面。

① 静脉滴注生理盐水扩增血液容量，使患者轻度“水化”。

② 如果欲使血钙下降快些，可以静脉滴注生理盐水加用襻利尿药，如果血钙下降不理想，可再加用双磷酸盐口服。

（4）重度高钙血症　不管有无症状均应紧急处理，治疗方法包括以下几个方面。

① 扩充血容量　在检测血钙、血液动力学等指标的情况下，输入较大量的生理盐水。

② 增加尿钙排泄　用襻利尿剂可显著增加尿钙排泄。

③ 减少骨的重吸收　双磷酸盐能够抑制破骨细胞的活性，减少骨的重吸收，使血钙不被动员进入血液。使用时可将双磷酸盐放在500mL生理盐水中静脉滴注给药，给药时间控制在4h之内，不同类型双磷酸盐的给药途径、用量和降血钙的效果不同。

# 任务二　低钙血症的诊断与治疗

## 任务导入

雌性贵宾犬，经产第二胎，产子 7 只，产后第 7 天早晨突然发病，表现为全身震颤，呼吸急促，卧地不能站立。试分析该犬是什么病。

## 任务分析

病史调查发现该犬产仔后一周，主要临床检查指标如下：体温 42℃，呼吸急促、呈张口呼吸，流涎，心跳 210 次/min，心音亢进，全身肌肉震颤、痉挛、卧地不起。初步诊断为产后低钙血症。

**1. 低钙血症有哪些症状**

在犬、猫等宠物临床中因甲状旁腺功能减退和肾功能衰竭造成的低钙血症并不多见，主要见于维生素 D 代谢障碍和日粮中钙元素含量不足或比例失调。

幼龄低钙血症多发生于 1～3 月龄的幼犬，是导致佝偻病的主要原因。该病在发病初期症状表现不明显，幼犬不爱活动，逐渐发展表现为四肢变形呈 X 形或者 O 形、关节肿胀、前肢腕关节变性疼痛；病犬出现异嗜，站立时四肢交替负重，行走时跛行；牙齿发育不全，出现龋齿和脱落；肋骨和肋软骨结合部呈念珠状肿胀，两侧肋弓外翘。

生长发育期低钙血症多发生于 6～12 月龄的犬、猫，此阶段对钙的需要量大，如果不注意钙的补给，或者饲料中钙磷比例失调，都会引起钙的吸收障碍，出现骨软症。患骨软症的犬、猫生长发育缓慢，体格瘦小、易骨折。

哺乳期低钙血症又称为产后癫痫、产后子痫或产后痉挛，是母犬分娩后一种严重的代谢紊乱性疾病，产后血钙浓度急剧下降是引起本病的直接原因。本病主要发生于小型玩赏犬，尤以京巴犬、狮子犬、西施犬等多发，中型犬与大型犬较少发病。该病主要以低血钙和运动神经异常兴奋而引起的肌肉强直性痉挛为特征，同时伴发呼吸增数等症状。

根据产后血钙水平下降的速度将哺乳期低钙血症分为急性型和慢性型两种类型。急性型主要发生于产后 7～14 天，病犬突然发病，全身肌肉强直性痉挛；四肢呈游泳状，口角和面部肌肉痉挛；重症者狂叫，全身肌肉发生阵发性抽搐，眼球上下翻动，头颈后仰，呼吸急促，口不断开张闭合，甚至咬伤面部，唾液分泌增加，口角附着白色泡沫或唾液不断流出口外。慢性型主要发生于产后 2～4 周，病犬表现为后肢乏力，迈步不稳，难以站立，呼吸加快，流涎。

**2. 低钙血症如何诊断**

根据犬的发病情况和临床症状，结合实验室检验，血清中钙离子的含量在 70mg/L 以下（正常血钙浓度为 90～115mg/L）即可确诊为犬低钙血症。

## 必备知识

**1. 低钙血症的概念**

低钙血症是指血清钙离子浓度低于正常值的现象，属于钙代谢紊乱。在生物体内发挥生理作用的是游离钙（即离子钙），所以低钙血症一般指游离钙低于正常值（＜ 1.1mmol/L）。按照犬、猫发病阶段不同分为幼龄低钙血症、生长发育期低钙血症和哺乳期低钙血症，不同的发病阶段有各自的临床特征。

**2. 低钙血症的病因**

低钙血症的发病原因主要有以下四个方面。

(1) 甲状旁腺功能减退　甲状旁腺功能减退包括原发性、继发性及假性甲状旁腺功能减退。原发性甲状旁腺功能减退是一组多原因疾病，有遗传的可能；继发性甲状旁腺功能减退在宠物临床上较为常见，甲状旁腺功能减退使大量 $Ca^{2+}$ 进入骨细胞，造成血液中钙离子浓度降低。

(2) 维生素D代谢障碍

① 维生素D缺乏　多见于营养不良，特别是接触阳光过少时；此外还见于慢性腹泻、慢性胰腺炎及胃切除术后等。

② 维生素D羟化障碍　见于肾功能衰竭、肝脏疾病等。由于维生素D羟化障碍，体内不能有效地生成活性维生素 $D_3$。

③ 维生素D分解代谢加速　长期应用抗癫痫药物苯巴比妥能有效地增强肝微粒体酶的活性，使维生素D及25-(OH) $D_3$ 在肝脏的分解代谢加速。

(3) 日粮中钙元素含量不足或比例失调　宠物日粮中理想的钙磷比例为犬(1.2～1.4)∶1、猫(0.9～1)∶1。日粮中磷含量过多或钙含量不足会导致钙磷代谢失调，引起低钙血症。

(4) 肾功能衰竭　肾功能衰竭引起1，25-$(OH)_2D_3$ 的生成减少，使肠道钙的吸收减少。

(5) 药物过量应用

① 用于治疗高钙血症及骨吸收过多的药物，如二膦酸盐、降钙素、磷酸盐等过量使用。

② 钙螯合剂的大量使用：常用的钙螯合剂有EDTA、枸橼酸钠等，这些螯合剂能够和血清中的游离钙离子结合，形成复合物，造成低钙血症。

治疗方案

**1. 低钙血症的治疗原则**

治疗时需要先查明发病的原因，根据不同的原因制定不同的治疗措施。因甲状旁腺功能减退和肾功能衰竭造成的低钙血症首先要治疗原发病，因维生素D代谢障碍和日粮中钙元素含量不足或比例失调造成的低钙血症要以补钙为主。

**2. 低钙血症的治疗方法**

对于幼龄犬和生长发育阶段的犬，日粮中钙、磷的比例一定要均衡，尽可能饲喂犬粮，不要大量饲喂宠物肝脏组织。用鱼或者肉饲喂时不剔去骨头，可将骨头磨碎，增加钙的吸收。对于出现产后低钙血症的犬应及早治疗，治疗的主要方法有以下几种。

(1) 补钙　对于痉挛症状较严重的患犬，取20mL 10%葡萄糖酸钙、3mL维生素 $B_1$、3mL维生素C加到200mL 5%葡萄糖注射液，缓慢静脉注射。肌内注射维生素 $D_3$（用量按使用说明）。一般情况下输液完毕后犬的各项症状都能得到缓解，能站立行走。第二天再输10%葡萄糖酸钙10mL、5%葡萄糖注射液100mL，直至痊愈。

对痉挛症状较轻的患犬，取10mL 10%葡萄糖酸钙、3mL维生素 $B_1$、3mL维生素C加到100mL 5%葡萄糖注射液，缓慢静脉注射。肌内注射维生素 $D_3$（用量按使用说明）。一般情况下15min后痉挛症状消失，第二天再补钙5mL，直至痊愈。

(2) 镇静　对于抽搐、痉挛较为严重的病犬，可按每千克体重0.1mg肌内注射盐酸静松灵。

(3) 退烧　如果病犬体温上升到40℃以上须配合肌内注射安乃近或氨基比林，用量按照使用说明。

**3. 低钙血症的预防**

① 增强户外运动量，多晒太阳，进行日光浴，辅助钙质的吸收。

② 日常多饲喂一些骨头汤、青菜等含钙和维生素较多的食物。

③ 口服维生素AD胶囊、鱼肝油。

④ 尽可能给幼龄犬猫饲喂钙、磷、镁等矿物质元素比例合适的犬猫专用日粮，保证钙离子的充分吸收。

⑤ 在哺乳期间，母犬大量分泌乳汁，极易造成钙质的大量流失。为防止抽搐症的复发，在发病期间将母犬与幼犬隔离，对幼犬进行人工哺乳。同时改善母犬的营养，促进母犬的康复。

## 任务三　高钠血症的诊断与治疗

### 任务导入

黄色松狮犬，体重约12kg，头天晚上挣脱狗链后偷食了厨房的腌制腊肉一块，约0.7kg。第二天早晨发现该犬肌肉震颤、步履蹒跚、无目的前冲，犬主带其来医院求诊。试分析该犬是什么病。

### 任务分析

病史调查发现该犬偷食了食盐含量极高的腊肉，主要症状表现为精神沉郁、食欲废绝但渴欲增加，喝地面上的污水。眼球凹陷，脉搏数为144次/min，听诊有心内杂音，心律不齐。实验室检查血钠的浓度为176mmol/L（正常范围为138～156mmol/L），初步诊断为食盐中毒引起的犬高钠血症。

**1. 高钠血症有哪些症状**

NaCl对食道黏膜及胃组织有强烈的刺激性，因此高钠血症的初始症状与胃肠道有关，神经症状则出现得较晚。

该病早期症状主要表现为口渴、尿量减少、恶心、呕吐、脱水、肌肉无力、体温升高。晚期则表现出脑细胞失水的典型特征：烦躁、易激动、抽搐、癫痫样发作、肌张力增高、反射亢进等高度兴奋状态或者精神淡漠、嗜睡、昏迷等抑制状态，严重者会引起死亡。

**2. 高钠血症如何诊断**

依据犬猫口渴、饮水量和尿量减少等临床症状可以作出初步诊断，确诊还需要进行实验室诊断。通过测定血清钠的浓度，根据浓度的变化（犬高于150mmol/L，猫高于162mmol/L）即可作出确诊。

### 必备知识

**1. 高钠血症的概念**

高钠血症指血清中钠离子浓度过高（通常犬高于150mmol/L，猫高于162mmol/L）并伴有血浆渗透压过高、细胞外液容量减少。

**2. 高钠血症的病因**

高钠血症主要是由失水引起，有时也伴有失钠，但失水程度大于失钠。少数情况下输入过多含高浓度钠盐的液体也会引起高钠血症。常见的病因有以下几个方面。

（1）应激等造成肾上腺皮质激素分泌亢进、长期应用糖皮质激素等造成钠潴留。

（2）水分摄入不足　昏迷、嗜睡、口腔疾病、拒食、消化道病变等引起饮水困难；脑外伤、脑血管病变等引起渴感中枢迟钝或渗透压感受器不敏感；原发性饮水过少症。

（3）水丢失过多

① 经肾外丢失　高热、高温、剧烈运动等导致过度喘息，以及气管切开、过度换气等可使水从呼吸道丢失过多；胃肠道渗透性水样腹泻也可造成本症。

② 经肾丢失　主要由多种疾病及大量应用渗透性利尿剂所引起。糖尿病如果不能得到及时控制可造成大量的溶质微粒通过肾小管造成渗透性利尿；长期鼻饲高蛋白流质饮食等能够引起溶质性利尿（鼻饲综合征）；使用山梨醇、高渗葡萄糖溶液、甘露醇、尿素等脱水疗法致溶质性利尿。

（4）水分子转入细胞内　可见于剧烈运动、抽搐等。剧烈运动、抽搐等造成细胞内小分子增多，渗透压增加，促使水从胞外进入胞内，引起高血钠，不过该症状的持续时间一般都不长。剧烈运动造成乳酸性酸中毒时，糖原大量分解为小分子的乳酸，使细胞内渗透压过高，水转移到细胞内，也可造成高钠血症。

（5）钠输入过多　常见于注射 $NaHCO_3$、过多输入高渗性 NaCl 等，钠输入过多往往伴有严重血容量过多。

（6）肾排钠减少　见于右心衰竭、腹水、肝硬化、肾病综合征等肾前性少尿；急、慢性肾功能衰竭等肾性少尿；原发性醛固酮增多症等排钾保钠性疾病。

（7）原发性高血钠症　由口渴中枢障碍或血管加压素调节异常引起。少数原发性高钠血症有肉芽肿、脑肿瘤等病变或创伤、脑血管意外等病史。

## 治疗方案

**1. 高钠血症的治疗原则**

高钠血症的治疗原则是降低血液中钠离子的浓度，血清钠离子浓度下降的速度要缓慢，最好低于 1mmol/h，以减少细胞外液向细胞内转移，避免发生神经细胞肿胀、脑水肿和颅内压升高。

**2. 高钠血症的治疗方法及注意事项**

定时监测血清电解质浓度，及时调整液体类型和输液速度是治疗高钠血症的关键。

（1）治疗前尽可能去除病因或是针对病因进行治疗。

（2）根据血气分析结果，适当补充低渗（0.45%）或者等渗（0.9%）的 NaCl 溶液。

补充溶液时要注意以下几个方面。

① 多数病例会出现低血钾的情况，补液时可以加入适量的钾离子。

② 若犬、猫出现典型的低血容量症状时，补液速度可以适当加快。一般情况下补液速度一定要慢，以防止出现脑水肿。

③ 在补液期间宠物的神经症状如果恶化或者突发抽搐表明出现脑水肿，需要用高渗盐水或甘露醇治疗。

④ 细胞外液的量恢复后需要重新评价血清钠离子的浓度。如果症状没有改善，继续补充水分。

（3）含有 2.5%葡萄糖的半渗性 NaCl 溶液（0.45% NaCl）是公认的出现高钠血症但无脱水症状的首选液体制剂。如果用该制剂治疗 12～24h 后症状仍未减轻，可用 5%葡萄糖溶液代替该制剂。

# 任务四 低钠血症的诊断与治疗

## 任务导入

本地土犬，体重11kg，主诉昨日给其饲喂了大量的未经煮熟的牛内脏，今晨该犬出现持续呕吐、腹泻和食欲废绝，遂到医院就诊。试分析该犬可能是什么病。

## 任务分析

病史调查发现该犬所食入的牛内脏并未加工成熟，里面有大量的细菌。临床观察病犬精神沉郁，被毛粗乱，结膜潮红，全身不断颤抖。呕吐物中混有黏液和血液，粪便恶臭呈灰色胶样并混有血液，病犬对声音的刺激反应迟钝。实验室检查犬细小病毒抗原阴性，初步诊断为犬急性胃肠炎。

**1. 低钠血症有哪些症状**

低钠血症本身不是一种疾病，而是其他潜在疾病的一种表现形式。低钠血症临床症状出现与否以及疾病的严重程度取决于低钠血症发展的速度和程度，低钠血症发展越快，临床症状出现得越早越严重。

低钠血症最严重的是中枢神经症状，该症状是随着血浆渗透压的变化而出现的。病犬刚开始表现为精神沉郁、嗜睡、厌食、呕吐，随着病情的进一步发展表现为肌肉震颤、癫痫、定向力障碍、昏迷等。疾病发展初期，脑部细胞相关防御机制通过“保钠排钾”的方式抵消低钠血症的影响。当血浆渗透压下降速度超过脑部抵抗水分进入神经元的防御机制时，神经症状出现。

**2. 低钠血症如何诊断**

实验室检查血清钠离子浓度低于137mmol/L，尿量减少，尿比重正常或增高，尿中氯化物减少或缺乏，即认为是低血钠症。

## 必备知识

**1. 低钠血症的概念**

钠离子是机体细胞外液的主要离子成分，在维持渗透压方面起到重要作用。低钠血症又称为低钠综合征，是指血清中钠离子浓度低于137mmol/L。低钠血症会降低血浆渗透压，如果机体不能及时代偿，就会出现一系列机能紊乱，尤其是脑部。

临床上对宠物低钠血症要详细检查其潜在病因，缓解低钠血症，避免引起神经症状。

**2. 低钠血症的病因**

按照发病的原因将低钠血症分为缺钠性低钠血症和稀释性低钠血症。

（1）缺钠性低钠血症　是由于体内水和钠同时丢失而以钠的丢失相对过多所致，可见于下列情况。

① 消化液损失过多　常见于急性胃肠炎、肠梗阻、肠瘘等。

② 钠排出过多　常见于糖尿病、利尿药引起的大量利尿、肾上腺皮质机能减退、急性肾功能衰竭多尿期、酸中毒等。

③ 血浆渗出过多　见于大面积烧伤、急性大失血等。

（2）稀释性低钠血症　钠离子在体内的含量并不减少，但由于水分潴留而引起，常见于下列情况。

① 慢性代谢性低钠　常见于慢性消耗性疾病（肿瘤、结核等）、慢性肾脏病、肝硬化等。

② 慢性充血性心力衰竭　见于各种心肌肥大、心瓣膜闭锁不全等心脏疾病。

③ 严重损伤后低钠　严重损伤后由于水潴留和钠进入细胞内而使钾逸出，因此血浆中除血钠浓度降低外还伴有高钾血症。

④ 水中毒所致的低钠　常见于抗利尿激素（ADH）大量分泌或肾功能衰竭时机体摄入过多的水分。

## 治疗方案

**1. 低钠血症的治疗方法**

低钠血症的发生原因是多方面的，是很多其他疾病发生过程中的临床症状之一，因此低钠血症的治疗要根据不同的发病特征进行特异性的治疗。

（1）急性低钠血症　急性低钠血症是指在48h内发生的低钠血症，其临床特征为四肢痉挛性瘫痪、大脑半球假性瘫痪、吞咽功能不全、变哑。本病应该迅速治疗，以免引发脑水肿，造成宠物死亡。但过快纠正低钠血症可引起脑桥髓鞘溶解，所以补钠时要特别注意输液速度和随时检测血钠浓度变化。

（2）慢性低钠血症　慢性低钠血症的治疗应根据有无临床症状而采取不同方法。慢性无症状的低钠血症首先要查找引起低钠血症的病因，然后针对病因进行治疗。临床上很多病例在去除病因后低钠血症也随之解除，因此慢性低钠血症以保守治疗为主。

对病因暂时不能去除的病患，可采用限制水的摄入和抑制抗利尿激素（ADH）释放的方法缓解低钠血症。常用的抑制ADH释放的药物为地美环素，该药物可抑制肾小管对ADH的反应，使自由水排出增多。此药对神经、肝脏和肾脏有毒性，且可发生光敏感，幼犬服用会造成牙齿和骨骼异常，因此幼犬和肝功能异常、肾功能异常的患犬禁用。

（3）失钠性低钠血症　本症常见于胃肠道和肾脏丢失钠，同时有水丢失，但钠丢失多于水丢失，故引起失钠性低渗状态。本症能够导致血容量不足和末梢循环衰竭，由于水和钠同时丢失，不会导致脑细胞内外渗透压不平衡，故无神经受损和颅内高压症状。本症的治疗措施主要是补钠，静脉补充生理盐水或高浓度盐水即可，补充的剂量和速度，需要严格计算和控制。

（4）稀释性低钠血症　本症发生的主要原因是肾脏排泄功能障碍和心、肝、肾功能受损而导致水在体内潴留，故治疗措施主要是限制水的摄入和利尿以排除自由水。

症状轻的犬只需要适当限制水的摄入量。由心、肝、肾功能受损造成的稀释性低钠血症的发病机制是多因素的，这类病犬的治疗比较困难。此类患犬总体钠不减少反而增多，总体水也增多并伴有水肿、胸腔积液或腹水，但总体水大于总体钠。治疗时如果给予钠盐可加重水肿，如果用利尿药则可加重低钠血症，而过分限制饮水病犬又不易接受。本症治疗时要注意每天摄入水量应少于每天尿量和不显性失水量之和，可适当使用利尿药以增加水的排泄，使水重吸收减少。此类患犬治疗时除了限水外，也要限制钠离子的供应量。

**2. 低钠血症的治疗注意事项**

（1）轻度低钠血症（血清钠离子浓度＞135mmol/L）可选用乳酸林格液或林格液进行治疗。

（2）中度低钠血症（120mmol/L＜血清钠离子浓度＜135mmol/L）和出现临床症状的低钠血症可选用生理盐水进行治疗。

（3）重度低钠血症（血清钠离子浓度＜120mmol/L）可采用高渗盐水溶液（3%NaCl

溶液等）进行治疗。高渗盐水使用时应谨慎，仅应用于有严重神经症状的犬、猫。

（4）若犬、猫无临床症状或临床症状较轻时，钠离子每小时的纠正速率应控制在0.5mmol/L以内，直至血清钠离子浓度恢复至120～125mmol/L。

（5）急性严重低钠血症和出现神经症状的患病犬、猫应该避免将血清钠离子浓度快速恢复至125mmol/L。

（6）血浆容量和电解质平衡应在开始治疗后24～48h逐渐恢复，并定时检测血清电解质浓度。

（7）低钠血症发生的越急越严重，血清钠离子浓度的纠正速率越要慢。如果犬、猫已经发生循环障碍，提示体液中缺钠严重，此时除了补充盐水外还要及时补充血浆等胶体溶液以扩充血容量。

（8）低钠血症如果同时有缺钾现象，要同步补充钾离子。$K^+$进入细胞内，使细胞内$Na^+$流向细胞外液，有利于细胞外$Na^+$的升高和血浆渗透压提高。

## 任务五　高钾血症的诊断与治疗

### 任务导入

波斯猫，1岁，母，体重3.1 kg。主诉该猫在半年前曾被车撞伤，引起荐髂关节脱位，骨盆和尾椎骨折，后通过手术切除尾椎。该猫术前大小便失禁，尿血，后治疗好转。回家后一直尿频，老舔生殖器，昨日发现尿闭，呕吐，不吃东西，遂来医院治疗。试分析该犬是什么病。

### 任务分析

病史调查表明该犬有骨盆骨折史，伤到泌尿系统。临床症状表现为精神差，呼吸急促，不能走动，尾部被尿液污染，外生殖器肿胀。听诊心律不齐，触诊膀胱积尿，敏感疼痛，体质虚弱。实验室检查相关指标如下：BUN＞140mg/100mL（正常值为15～35mg/100mL），$K^+$浓度为7.9mmol/L（正常值＜5mmol/L）。初步诊断结果为猫尿道阻塞引发的高钾血症。

**1. 高钾血症有哪些症状**

高血钾症往往不是一种独立的疾病，而是很多其他疾病发生过程中的一个临床表现，因此高钾血症常被原发病掩盖。该症主要表现为极度倦怠，四肢肌肉无力，四肢末梢厥冷，肌腱反射消失，也可能出现动作迟钝、嗜睡等中枢神经症状。严重者心率减慢、心音低钝、房室传导阻滞、室性期前收缩、心室纤颤或心脏停搏。

高钾血症的发病机制是胞外高浓度钾离子引起细胞膜静息电位下降至阈值电位，损害了细胞膜的复极化和细胞的兴奋性，导致机体出现虚弱。轻度至中度高钾血症（血钾离子低于7mmol/L）通常无症状。随着高钾血症的恶化，出现全身性骨骼肌虚弱、心肌兴奋性下降、心肌不应期增加并延缓传导。

**2. 高钾血症如何诊断**

高钾血症无特殊的临床症状，常被原发病或尿毒症的症状所掩盖，因此一般以实验室检查和心电图检查为主要诊断依据。

（1）血气分析血清钾离子浓度高于5mmol/L，往往伴有代谢性酸中毒和二氧化碳结合力降低。

（2）心电图是诊断的重要指标

① 当血钾浓度大于6mmol/L时，会出现高尖的T波。

② 当血钾浓度在7～9mmol/L时，PR间期延长，P波消失，QRS波群变宽，R波渐低，S波渐深，ST段与T波融合。

③ 当血钾浓度大于9mmol/L时，出现正弦波，QRS波群延长，T波高尖，宠物进而表现出心室颤动。

(3) 根据病史、体格检查、血常规检查、血清生化检查、尿液分析等可找出原发病因。其中最常见的病因是医源性静脉给予过多钾所致，另外还可见于肾功能不全、雄性猫的尿道堵塞、肾上腺皮质机能减退、泌尿道破裂所致的尿腹症等。

## 必备知识

**1. 高钾血症的概念**

高钾血症是指血清钾离子浓度高于5mmol/L。钾离子浓度在5～6mmol/L的称为轻度高钾血症；钾离子浓度在6～7mmol/L的称为中度高钾血症；钾离子浓度高于7mmol/L的称为重度高钾血症。

**2. 高钾血症的病因**

犬、猫血浆内钾离子浓度是通过钾离子在细胞内外间的分布和肾脏排泄两个途径进行调控，维持体液相对稳定的状态。因此引起高钾血症的原因主要有两个方面：大量的钾离子进入细胞外液；肾脏排泄钾离子的能力降低。具体原因有以下几个方面。

(1) 钾离子在细胞内外间的转移　细胞内钾离子外移见于输入血型不符的血液或由于其他原因造成的严重溶血、酸中毒、缺氧以及外伤所致的挤压综合征等。

(2) 肾脏排泄减少　常见于少尿或无尿性肾功能衰竭、慢性肾功能衰竭末期、尿道堵塞、膀胱破裂、肾上腺皮质机能减退、鞭虫病、沙门菌感染等造成的特发性胃肠炎等。

(3) 医源性　临床治疗过程中过量给予含钾液体、大量使用青霉素钾等抗生素、给予保钾性利尿剂等。

## 治疗方案

**1. 高钾血症的治疗原则**

在宠物排尿正常的情况下，只要血钾浓度能够维持在不高于7mmol/L，宠物一般不表现出临床症状。因此在高钾血症的治疗中首先要找出潜在病因，只要根据原发病进行治疗，血钾浓度一般都可恢复。但在临床上宠物如果出现血钾浓度高于7mmol/L，且出现心血管系统障碍的临床症状时，应及时治疗以挽救生命。

**2. 高钾血症的治疗方法**

本症治疗以静脉补液为主，扩充血容量、稀释血钾浓度、提高肾脏灌注量和促进钾离子排泄。

(1) 选用生理盐水、乳酸林格液等液体来治疗犬猫高钾血症　相对于血浆，生理盐水、乳酸林格液等液体中钾离子的浓度较低，进入心血管系统中能够有效稀释血钾。这些液体制剂中也可以添加终浓度为5%～10%的葡萄糖，葡萄糖能够刺激机体分泌胰岛素，促进葡萄糖和钾离子由细胞外转入细胞内。

(2) 添加特定药物阻止高钾血症可能导致的心脏毒性　可选用碳酸氢钠、胰岛素等药物，这两种药物可将钾离子由细胞外转移至细胞内。也可补充钙制剂，钙制剂虽然不能降低血钾浓度，但是能够通过阻断高钾血症对细胞膜的影响而减少对心脏的毒性。在常规治疗方法起效前，这些特定疗法能够帮助重建正常的心脏传导功能，能够起到积极、短效和挽救生命的作用。

## 技能训练　哺乳期犬低钙血症的抢救

**【目的要求】**

1. 掌握哺乳期犬低钙血症的发病原因、临床症状及诊断。

2. 掌握哺乳期犬低钙血症的治疗原则及抢救措施。

**【诊疗准备】**

1. 材料准备　1mL 一次性注射器、5mL 一次性注射器、一次性输液器、听诊器、体温计、监护仪等。

2. 药品准备　70%乙醇、地塞米松、盐酸氯丙嗪、维生素 D、小柴胡注射液、10%葡萄糖酸钙、5%葡萄糖氯化钠注射液、复方氯化钠注射液、氨苄西林钠等。

3. 病例准备　宠物医院哺乳期低钙血症母犬 1 例。

**【方法步骤】**

1. 病史调查　收集病犬发病情况详细资料，病犬应处于哺乳期，且产子数目较多，发病前无任何征兆而突然发病，发病时间多在产子后 1～4 周，发病犬的体型一般较小，以一胎和二胎的发病率最高，病情发展迅速，治疗不及时会引起病犬迅速死亡。

2. 临床检查　临床中缺钙症状较轻的犬表现为后肢乏力，迈步不稳，部分患犬表现为难以站立，呼吸加快，流涎。肌肉轻微震颤，张口喘气，厌食，嗜睡，有的伴有呕吐或者腹泻。临床中缺钙症状严重的犬开始表现为不安、兴奋、流涎、四肢强拘，很快发展为肌肉震颤，全身肌肉间歇性或者强直性痉挛，可视黏膜轻度发绀，嘴角流涎，呼吸促迫呈张口呼吸、次数达 100 次/min 以上，心跳亢进，次数达 150 次/min 以上，体温迅速升高到 40℃以上。严重病例出现面部不随意颤动，无法自行走动而呈现游泳状划动。

3. 实验室检查　犬正常血清钙的含量为 9～11.5mg/dL，血清中钙的含量在 7.0mg/dL 以下即可诊断为犬的低钙血症。血钙的浓度越低，临床症状表现越明显。

**【治疗措施】**

1. 消除病因　用 10%的葡萄糖酸钙 10～20mL（补钙量根据发病程度和病犬大小酌情增减），5%葡糖糖氯化钠注射液每千克体重 40mL，地塞米松每千克体重 2mg，混合缓慢静脉注射。每日一次，多数病例 1～2 次即可治愈。严重病例可连续注射 2～4 次葡萄糖酸钙。

2. 物理降温　对于体温较高、呼吸急促的病犬，可在头部敷以凉毛巾或冰袋，或者腹部用 70%的酒精涂擦，以利于降温。

3. 药物降温　持续高烧的病犬应用小柴胡注射液等药物降温。对于高热、昏迷及抽搐的患犬，常用盐酸氯丙嗪按每千克体重 0.5～1mg 加入 5%葡萄糖液或生理盐水适量，静脉滴注 1～2h。

4. 支持及对症疗法　低钙血症犬大量流涎，失水较多，故要及时适当输液，一般成年科犬可补糖盐水适量，速度宜慢。要注意保证呼吸通畅，必要时输氧。对于抽搐、烦躁不安的犬，按每千克体重 0.2～12mg 安定的用量进行肌内注射。

**【作业】**

1. 病例讨论　讨论哺乳期犬低钙血症的发病原因、救治原则及预防。

2. 写出实习报告　根据实训过程及结果总结本次病例的诊断及治疗过程。

## 复习思考

**一、名词解释**

1. 肥胖症 2. 血脂 3. 原发性高脂血症 4. 继发性高脂血症 5. 高钙血症 6. 甲状旁腺激素 7. 异嗜 8. 产后癫痫 9. 高钠血症 10. 低钠血症 11. 保钠排钾 12. 稀释性低钠血症 13. 高钾血症

**二、简答题**

1. 犬、猫肥胖症的发病原因有哪些？
2. 饲养过程中如何有效避免犬、猫肥胖症？
3. 犬、猫高脂血症的发病原因有哪些？
4. 犬、猫高脂血症的治疗方法有哪些？
5. 犬、猫高钙血症的临床症状有哪些？
6. 犬产后癫痫的发病原因有哪些？
7. 犬产后癫痫的防治措施有哪些？
8. 高钠血症的发病原因有哪些？
9. 低钠血症的治疗方法有哪些？
10. 高钾血症的临床诊断要点有哪些？

# 模块八 宠物中毒性疾病

【模块介绍】

本模块主要阐述宠物临床常见的中毒性疾病，包括灭鼠药和农药中毒、居家用品中毒、常用药品中毒三部分。重点讲述犬猫的安妥中毒、磷化锌中毒、灭鼠灵中毒、有机磷中毒、有机氟化物中毒、砷及砷化物中毒、士的宁中毒、阿司匹林中毒、阿维菌素类药物中毒等。针对每种中毒病，重点阐述该病的发生原因、临床症状、诊断和治疗方法，使学生能够熟悉中毒性疾病的发病特点，掌握中毒性疾病的常规治疗措施，和部分中毒性疾病的特效治疗措施（如有机磷中毒和有机氟中毒等）。

## 项目一 灭鼠药中毒

### 任务一 安妥中毒的诊断与治疗

#### 任务导入

普通家猫，突然出现呕吐、腹泻、流涎，测量体温降低，很快出现呼吸急促，鼻孔流出带血色的液体。试分析该家猫患何种疾病。

#### 任务分析

病史调查发现该家猫发现于户外，主要表现为急性呕吐、腹泻和体温降低，进一步检查发现胸腔叩诊呈水平浊音，穿刺有多量液体流出，听诊肺部有明显啰音。初步怀疑为中毒性疾病。

**1. 安妥中毒的临床症状**

宠物误食后几分钟至数小时出现呕吐、口吐白沫、流涎、肠蠕动增强、水样腹泻等中毒症状。随后表现出呼吸困难，鼻孔流出泡沫状血色黏液，病犬、猫兴奋、不安，或怪声嚎叫，听诊心率加快，胸部听诊有水泡音、湿啰音；叩诊肺部有浊音；由于缺氧表现黏膜发绀，张口呼吸，最后常因窒息而死亡。

**2. 安妥中毒如何诊断**

根据犬猫食入毒物的病史、临床症状可做出初步诊断。确诊需进行饲料、呕吐物或胃内容物的安妥检测。

## 必备知识

**1. 什么是安妥中毒**

安妥中毒是因犬、猫食入安妥后，其有毒成分萘硫脲导致机体呼吸困难、肺水肿和胸腔积液的一种中毒性疾病。

**2. 发病原因**

安妥，化学名为甲萘硫脲，商品为灰色粉剂，属高毒性人工合成农药，长期作为杀鼠剂使用，通常按2%～3%的比例配成毒饵毒杀鼠类，现在很少应用。犬、猫中毒主要是由于安妥毒品、毒饵保存或使用不当，如污染饲料导致，也见于犬、猫等食入中毒死亡的鼠尸。

安妥口服致死量：犬为10～40mg/kg，猫为75～100mg/kg。成年犬对安妥的敏感性高于幼犬。另外，安妥的毒性还与进入犬、猫体内的途径有关，经消化道摄入可因呕吐而使毒性降低。安妥的颗粒大小也影响其毒性，直径为50～100μm的大颗粒比5μm的小颗粒毒性大。犬胃内空虚时比胃内容物充满状态更容易中毒，呕吐功能可影响安妥对犬、猫的毒性，呕吐功能强中毒症状就较轻，这也是无呕吐功能的鼠类最敏感最易中毒的原因之一。

**3. 安妥的致病机制**

安妥能迅速地从肠道吸收并分布于肺、肝、肾和神经组织中，通过肾脏排出。其分子结构中的硫脲部分可在组织液中水解为$CO_2$、$NH_3$、$H_2S$等，对局部组织产生刺激作用，刺激胃肠黏膜可以引起急性出血性胃肠炎。安妥可使肺毛细血管的通透性增强，引起肺水肿造成呼吸衰竭。但对犬、猫的主要毒害作用则是经交感神经系统，对血管收缩起的阻断作用，造成肺部微血管通透性增加，以致血浆大量透入肺组织和胸腔，导致严重的呼吸障碍并窒息死亡。

## 治疗方案

**1. 防治原则**

预防本病主要抓好安妥及毒饵的保存和管理，防止误食。中毒死亡的鼠类应及时清除，防止犬猫误食中毒。

本病目前尚无特效疗法，主要采取对症治疗。临床上可试用10%硫代硫酸钠静脉注射，同时给予高糖、维生素C等；肺水肿比较严重时，最好先静脉放血，然后缓慢静脉注射等渗盐水，以防肺水肿的发展；有条件时，积极给予吸氧、强心、护肝和营养支持疗法。

**2. 治疗措施**

本病无特效解毒药。可采取中毒病的一般急救措施，如先以0.1%～0.5%高锰酸钾溶液洗胃，再投服硫酸镁导泻。禁止投服油类、牛奶及碱性药物，以免促进毒物吸收。为缓解肺水肿和胸膜渗出，可先静脉放血，再缓慢静脉注射高渗利尿剂如50%葡萄糖。同时采取强心、输氧、注射维生素K制剂等对症疗法。

# 任务二　磷化锌中毒的诊断与治疗

## 任务导入

一家猫突然表现精神不振，呕吐带蒜臭味的胃内容物，体温下降，呼吸困难，四肢痉挛，腹泻，粪便也带有酸臭味。试分析该猫病情。

## 任务分析

根据该猫发病突然，食欲废绝，嗜睡，体温下降，流涎、呕吐、腹泻，呕吐物和粪便均有蒜臭味等临床表现，初步诊断为磷化锌中毒。

**1. 磷化锌中毒的临床症状**

犬、猫食入中毒量的磷化锌后，常在15min～4h之内出现中毒症状。大剂量时可在短时间内造成宠物死亡。中毒宠物早期出现厌食、昏睡、流涎，随后出现剧烈的呕吐（呕吐物在暗处可发出磷光，呕吐物或呼出气体有蒜臭味），腹痛不安，腹泻，排出物中带有暗红色的血液黏液，严重者发生脱水虚脱。随着中毒的加剧，表现共济失调、卧地不起、呼吸困难、张口伸舌、虚弱无力，最后抽搐和衰竭死亡。

**2. 磷化锌中毒如何诊断**

根据犬、猫误食毒饵的病史，以及临床表现流涎、呕吐、腹痛、腹泻，呕吐物和胃内容物带大蒜臭味等特征，即可做出初步诊断。确诊需对呕吐物、胃内容物或残余饲料进行实验室检测，主要检查磷和锌。

## 必备知识

**1. 什么是磷化锌中毒**

磷化锌中毒是犬、猫摄入磷化锌毒饵而引起的以中枢神经系统机能和消化系统功能紊乱为主要特征的一种中毒性疾病。

**2. 发病原因**

宠物磷化锌中毒，多是因误食毒饵或被磷化锌污染的食物所致。磷化锌含蒜臭味，犬、猫接触较少，中毒多因吃入磷化锌中毒的鼠而发生。

**3. 致病机制**

进入体内的磷化锌，在胃酸的作用下产生磷化氢和氯化锌，磷化氢气体直接刺激胃黏膜，引起急性出血性胃肠炎。未完全分解的磷化锌被胃肠吸收后进入血液，随血液循环进入全身组织，一方面直接损伤血管内膜红细胞，形成血栓并发生溶血；另一方面，引起组织细胞变性坏死，最后由于全身广泛性出血、组织缺氧以致昏迷死亡。

## 治疗方案

**1. 磷化锌中毒的预防**

为预防磷化锌中毒，首先应加强磷化锌的管理和使用，投放毒饵时，应及时清理未被采食的残剩毒饵，中毒死亡的鼠尸应深埋处理。

**2. 磷化中毒治疗**

磷化锌中毒目前尚无特效解毒药，一般是针对酸中毒、胃肠肝损害进行对症治疗。中毒早期可用1%硫酸铜溶液，一方面起催吐作用，另一方面硫酸铜可与磷化锌生成不溶性磷化铜沉淀，从而阻止吸收而降低毒性。还可用0.1%～0.5%高锰酸钾溶液洗胃，可将磷化锌转化为磷酸盐而失去毒性；也可口服活性炭。洗胃彻底后，再服硫酸钠15g（不宜用硫酸镁）进行导泻。为防止酸中毒，可用葡萄糖酸钙或乳酸钠溶液静脉注射。发生痉挛时给予镇静解痉药物等对症治疗。

# 任务三 灭鼠灵中毒的诊断与治疗

## 任务导入

雄性藏獒，体重 42kg，出现黏膜苍白、呼吸困难、流鼻血，粪便带血。按细小病毒病治疗，症状未见改善。试分析该病例。

## 任务分析

根据该犬黏膜苍白、呼吸困难、流鼻血等症状，结合家具厂投放有灭鼠灵，实验室检测发现犬细小病毒和犬瘟热病毒结果均为阴性，同时犬尿液中灭鼠灵代谢物呈阳性。该病例诊断为灭鼠灵中毒。

**1. 灭鼠灵中毒的临床症状**

杀鼠灵中毒主要分为急性和亚急性两种类型。急性中毒可因发生脑、心包腔、纵隔或胸腔内出血，无前驱症状即很快死亡。亚急性中毒，从吃入毒物到引起宠物死亡，一般需经 2～4 天。初期精神不振、厌食；稍后不愿活动、走路跛行、厌站喜卧、呼吸费力、眼结膜发白有出血点、心搏快而失调；继续发展，表现共济失调、贫血、血肿、黑粪便、眼前房出血、血尿、吐血等；最后痉挛、昏迷而死亡。

**2. 灭鼠灵中毒的剖检变化**

灭鼠灵中毒以大面积出血为特征，常见出血部位为胸腔、纵隔间隙、血管外周组织、皮下组织、腹膜下和脊髓、胃肠及腹腔。心脏松软，心内外膜出血，肝小叶中心坏死。

**3. 灭鼠灵中毒如何诊断**

根据病史，结合广泛性出血症状可初步诊断，确诊需检测血液的凝血时间、凝血酶原时间，进行毒物分析，观察维生素 K 治疗结果及香豆素含量多少。凝血项检验可见内外途径凝血过程均发生障碍，凝血时间、凝血酶原时间、激活的凝血时间和激活的部分凝血活酶时间均显著延长，分别为延长 2～10 倍。

## 必备知识

**1. 什么是灭鼠灵中毒**

用于杀灭老鼠的药物种类繁多，其中就有华法林钠俗称灭鼠灵，是一种抗凝血杀鼠药。这类药物进入犬、猫机体后干扰肝脏对维生素 K 的利用抑制凝血因子，影响凝血酶原合成，使凝血时间延长而导致的一种中毒病。其中毒后的特点为宠物全身各个部位自发性地大出血，创伤、手术或针扎后出血不止。

**2. 发病原因**

抗凝血药为当前允许使用的杀鼠药，各地广泛使用，因此易造成犬、猫中毒，多发生于以下情况：①犬、猫采食了抗凝血杀鼠药毒杀的老鼠，发生二次中毒；②犬、猫误食了抗凝血药；③用华法林钠等抗凝血药物防治血栓性疾病，用药量过大或用药时间过长；或者在用华法林钠时应用了能增强其毒性的保泰松、阿司匹林、广谱抗生素和氯丙嗪等。各种抗凝血杀鼠药的毒性不同，不同宠物以及同一宠物的不同个体对它们的敏感性亦各异。

**3. 致病机制**

华法林类抗凝血毒物所共有的香豆素或茚满二酮基核，是其呈维生素 K 拮抗作用而导致凝血障碍的基础。华法林等香豆素类抗凝剂的毒性作用即在于对维生素K这一氧化还原循环的干扰，特异性地抑制氧化型维生素K的还原，结果活化的维生素K枯竭，肝细胞生成的凝血酶原，因子Ⅶ、Ⅸ和Ⅹ，其谷氨酸残基未经氢化，不能与钙离子和磷脂结合，无凝血功能活性，致使需要这些维生素K、依赖性凝血因子参与的内外途径凝血过程都发生障碍，而导致出血倾向。华法林钠在犬体内的半衰期为20～24h，在华法林钠中毒期间，如果能得到维生素K的大量持续供给，使维生素K凝血因子的生成和羧化仍能照常进行，可起到解毒作用。

## 治疗方案

**1. 灭鼠灵中毒的预防**

加强灭鼠灵毒饵的管理，及时清理中毒死亡的鼠尸和残剩的毒饵，毒饵投放地区要加强犬、猫的看管，防止误食中毒。

**2. 灭鼠灵中毒的治疗**

早期可催吐，用0.02%高锰酸钾溶液洗胃，并用硫酸镁或硫酸钠导泻，对于中毒宠物保持宠物安静，避免受伤，在凝血酶原时间尚未恢复正常之前，禁止实施任何外科手术，及时应用止血药扩充血容量并维持肝脏正常功能。治疗要点是消除凝血障碍，为消除凝血障碍应补给维生素K作为香豆素类毒物的拮抗剂。维生素$K_1$为首选药物，猫为2～5mg、犬为10～15mg，混于葡萄糖注射液内静脉注射，每隔12h一次，连用3～5天。

急性病例出血严重，为纠正低血容量并补给即效的凝血因子，应输注新鲜全血每千克体重10～20mL，其中出血严重的急性病例按每千克体重20～30mL输入新鲜全血，一半量迅速输注，另一半量缓缓滴注，可增加血容量和增强止血功能。出血常在输血过程中或输注后的短时间内逐渐停止。体腔积血通常不易放出，血肿亦不必切开，凝血功能恢复后，积血多能自行吸收。

# 任务四　有机磷中毒的诊断与治疗

## 任务导入

金毛犬，洗浴并进行体外驱虫后，突然发病，大量流涎、呕吐、腹泻，肌肉震颤，步态不稳，呼吸困难，瞳孔缩小，肢体末端发凉。试分析该病例。

## 任务分析

根据该犬有接触有机磷的病史，结合其发病突然，大量流涎、呕吐、腹泻、瞳孔缩小、肌肉震颤等临床表现，初步诊断为有机磷中毒。

**1. 有机磷中毒的临床症状**

该病少数呈最急性经过，大多数呈急性经过。一般于摄入毒物几分钟或几个小时后出现症状，主要表现为胆碱能神经兴奋，乙酰胆碱大量蓄积，出现毒蕈碱样、烟碱样和中枢神经系统症状。

（1）烟碱样症状　表现为肌纤维性震颤，血压上升，严重时全身肌肉组织麻痹。

（2）毒蕈碱样症状　表现为食欲不振、流涎、呕吐、瞳孔缩小、呼吸困难、多汗、可视黏膜苍白、支气管分泌增多及肺水肿等。

（3）中枢神经症状　呈急性经过，病初精神兴奋不安，继而出现狂躁不安，体温升高，重者陷于昏睡、昏迷或死亡。

**2. 有机磷中毒如何诊断**

根据误食毒饵的病史、症状及病变进行初步诊断，紧急情况，可行阿托品治疗性诊断，如为有机磷中毒，则在注射后 30min 内心率不加快，原心率快者反而减慢，毒蕈碱样症状缓解。否则，动物很快出现口干、瞳孔散大、心率加快等现象。

## 必备知识

**1. 什么是有机磷中毒**

有机磷中毒是由于宠物接触含有机磷毒饵或被有机磷污染的食物而引起的中毒性疾病。主要临床表现为呕吐、腹泻、不安、流涎、抽搐、强直性痉挛、口腔分泌物增加、瞳孔缩小等。病因：有机磷药物属于剧烈的接触毒，具有高度的脂溶性，犬、猫摄入少量（例如1～3 mg/kg 体重）即出现急性中毒。宠物有机磷中毒，常见于使用药浴液、喷雾剂、驱虫颈圈及口服药物。宠物中毒以经消化道吸收最多见。

**2. 有机磷中毒的原因及机制**

犬、猫多因误食毒饵及被毒死的鼠、鸟而发生中毒。有机磷经消化道、呼吸道或皮肤进入机体后，随血液及淋巴液分布于全身，在体内经氧化、水解、脱氨基、脱烷基、还原、侧链变化及生物转化后，进行代谢，氧化的结果一般会使毒性增强。有机磷可抑制毒蕈碱受体、烟碱受体、神经肌肉突触处的胆碱乙酰化酶，而出现烟碱样症状、毒蕈碱样症状。有机磷对胆碱酯酶的抑制作用，长时间后为不可逆的。

## 治疗方案

**1. 一般治疗措施**

应先及时切断毒物来源，防止进一步吸收，去掉驱虫颈圈，药浴液引起的中毒应用大量清水冲洗，经消化道中毒的可用 2%～3%食盐水洗胃，并灌服活性炭。救护人员应戴手套，防止毒物经皮肤侵入人体。

**2. 实施特效解毒**

可使用胆碱酯酶复活剂和乙酰胆碱拮抗剂。

阿托品不能解除胆碱酯酶的抑制作用，但能阻断乙酰胆碱的毒蕈碱样作用，从而解除平滑肌痉挛和腺体分泌。阿托品剂量：每千克体重 0.2mg。用药：通常前 1/4 静脉注射，余下 3/4 皮下注射或肌内注射。

常用的胆碱酯酶复活剂有解磷定、氯磷定等。解毒作用在于能和磷酰化胆碱酯酶的磷原子结合，形成磷酰化解磷定，解磷定和氯磷定的剂量为 20～50mg/kg，用生理盐水配成 2.5%～5%的溶液，缓慢静脉注射，以后每隔 2～3h 注射 1 次，剂量减半，直至症状缓解。

**3. 支持疗法**

对于危重病例，将宠物置于通风处，给氧。

# 任务五　有机氟化物中毒的诊断与治疗

## 任务导入

某犬场喂食后半小时，犬只突然发病，表现不安，毫无目的地狂叫、乱窜、乱撞，发展迅速，有的病犬狂叫不停，全身痉挛，倒地后四肢不停滑动，角弓反张，死亡。饲喂剩食的10只母犬未发病。试分析该病例。

## 任务分析

根据该病发病急、来势猛，而饲喂剩食的犬不发病，结合临床表现，初步怀疑为有机氟中毒。

**1. 有机氟中毒的临床症状**

犬、猫直接摄入有机氟化合物30min后出现症状，临床表现为中枢神经系统和心血管系统损害的症状。

犬在摄入毒物2h后出现症状，病初呕吐、流涎、兴奋不安、尖叫、呻吟、呼吸困难、心律不齐，不久四肢抽搐、角弓反张，循环数次发作后，导致呼吸衰竭而死亡。

猫中毒后不时发出刺耳尖叫，四肢阵发性痉挛，瞳孔散大，四肢冰凉，体温下降至37℃以下，呼吸急促、心率加快、心律不齐。

血液生化检验可见血液葡萄糖、柠檬酸和氟含量明显升高，血清钙含量降低，血清CK、AST、AIT和LDH活性显著升高。

**2. 有机氟中毒如何诊断**

根据接触有机氟毒物的病史，结合神经兴奋、心律失常等主要临床症状，可做出初步诊断。确诊尚需测定血液内的柠檬酸含量，并采集可疑饲料、饮水、呕吐物、胃内容物、肝脏或血液，做羟肟酸反应，以证实氟乙酰胺的存在。

## 必备知识

**1. 什么是有机氟化物中毒**

有机氟化物中毒是犬、猫误食了有机氟化物而引起的一种中毒性疾病，临床上以突然发病，呼吸困难、痉挛、抽搐、心律失常为特征。

**2. 病因**

有机氟化物是高效、剧毒、内吸性驱虫剂与杀鼠剂，生产中使用较广泛的有氟乙酰胺、氟乙酸钠等。犬、猫多因吃食被氟乙酰胺毒死的鼠尸、鸟尸，被有机氟制剂污染的植物、饲料、饮水后，而引起中毒。由于氟乙酰胺在体内代谢、分解和排泄较慢，再被其他宠物采食后易引起所谓的“二次中毒”。

**3. 中毒机制**

有机氟化物经消化道、呼吸道或皮肤被机体吸收后，在体内脱胺形成氟乙酸，氟乙酸经乙酰辅酶A活化并在缩合酶的作用下与草酰乙酸结合，生成氟柠檬酸，氟柠檬酸的结构与柠檬酸相似，是柠檬酸的拮抗物，与柠檬酸竞争三羧酸循环中的顺乌头酸酶，从而抑制乌头酸酶的活性，阻止柠檬酸代谢，使三羧酸循环中断，称为“致死性合成”。同时，柠檬酸代谢蓄积，丙酮酸代谢受阻，严重破坏细胞的呼吸和功能。这种作用可发生于所有细胞中，但以心、脑组织受害最为严重，使心脏、大脑、肺脏、肝脏和肾脏等组织细胞产生难以逆转的病理改变。对犬、猫的心脏和神经系统均有毒害作用。

## 治疗方案

(1) 特效解毒剂　及时使用解氟灵（50%乙酰胺），剂量为每千克体重0.1～0.3g/天，以0.5%普鲁卡因液稀释，分2～4批注射，首次注射量为日量的一半，连续用药3～7天。

若无解氟灵，可用乙二醇乙酸酯（醋精）100mL 溶于 500mL 水中饮服或灌服。

（2）用硫酸铜催吐犬、猫或用高锰酸钾溶液洗胃，然后灌服鸡蛋清。

（3）进行强心补液、镇静、兴奋呼吸中枢等对症治疗。

## 任务六　砷及砷化物中毒的诊断与治疗

### 任务导入

宠物医院接诊一犬病，主述：患犬突然发病，呕吐、流涎、腹泻、粪便恶臭，随后，患犬出现神经症状，兴奋不安，再然后转为沉郁、无力、肌肉颤抖、体温下降等。试分析该病例。

### 任务分析

**1. 症状及病理变化**

急性中毒多于采食后数小时发病，主要呈现重剧胃肠炎症状和腹膜炎体征。中毒宠物呻吟、流涎、呕吐、腹痛不安、胃肠臌胀、腹泻、粪便恶臭。口腔黏膜潮红、肿胀，齿龈呈黑褐色，有蒜臭样砷化氢气味。随病程进展，当毒物吸收后，则出现神经症状和重剧的全身症状，表现兴奋不安、反应敏感，随后转为沉郁，衰弱乏力、肌肉震颤、共济失调，呼吸急促、脉搏细数，体温下降，瞳孔散大，经数小时乃至 1～2 日，由于呼吸或循环衰竭而死亡。

慢性中毒主要表现为消化功能紊乱和神经功能障碍等症候。患病宠物消瘦，被毛粗乱逆立，容易脱落，黏膜和皮肤发炎，食欲减退或废绝，生长迟缓，流涎，便秘与腹泻交替，粪便潜血阳性。

急性病例胃肠道变化十分突出，胃、小肠、盲肠黏膜充血、出血、水肿和糜烂，腹腔内有蒜臭样气味。肝、肾、心脏等呈脂肪变性，脾增大、充血。

慢性病例除胃肠炎症病变外，尚见有喉及支气管黏膜的炎症以及全身水肿等变化。

**2. 砷及砷化物中毒如何诊断**

根据患病宠物以消化紊乱为主、神经机能障碍为辅的临床特征，结合接触砷或砷化物的病史，可做出初步诊断。确诊需测定饲料、饮水、乳汁、尿液、被毛、肝、肾、胃肠及其内容物中的砷含量。肝、肾的砷含量（湿重）超过 10～15mg/kg 时，即可确定为砷中毒。

### 必备知识

**1. 砷及砷化物毒性概述**

砷及其化合物多用于农药（杀虫剂、除草剂、土壤消毒剂）、灭鼠药、兽药和医药（如治疗梅毒、变形虫等）、颜料、木材防腐、羊毛浸洗等之用。元素砷的毒素不大，但其化合物的毒性非常大，管理不慎或使用不当可引起人畜砷中毒。

砷化物可分为无机砷化物和有机砷化物两大类。无机砷化物中属剧毒的包括三氧化二砷（砒霜）、砷酸钠、亚砷酸钠等；属强毒类的有砷酸铅等。有机砷化物有甲基胂锌（稻谷青）、甲基砷酸钙（稻宁）、甲基砷酸铁铵（田安）、新胂凡纳明（914）、乙酰亚胂酸铜（巴黎绿）等。无机砷比有机砷毒性强，三价砷的毒性大于五价砷，其中以亚砷酸钠和三氧化二砷的毒性最强。

**2. 病因**

(1) 砷污染水体和土壤后可以被动植物摄取并在体内累积，引起慢性中毒。

(2) 误服含砷农药处理过的种子，喷洒过砷制剂的农作物及饮用被砷化物污染的饮水。误食含砷的灭鼠毒饵。

(3) 以砷剂药浴驱除体外寄生虫时，因药液过浓，浸泡过久，皮肤有破损或吞饮药液、舐吮体表等；内服或注射某些含砷药物治疗疾病时，用量过大或用法不当均可引起中毒。

**3. 致病机制**

砷制剂对皮肤和黏膜具有局部刺激和腐蚀作用。砷可由消化道、呼吸道及皮肤进入机体，先聚积于肝脏，然后由肝脏慢慢释放到其他组织，贮存于骨骼、皮肤及角质组织中。砷可通过尿、粪便、汗及乳汁排泄。

砷制剂为原生质毒，可抑制酶蛋白的巯基，并干扰氧化磷酸化作用，阻碍细胞的正常代谢，导致组织细胞死亡。砷尚能麻痹血管平滑肌，破坏血管壁的通透性，造成组织、器官瘀血或出血。神经组织损害最明显，引起广泛性神经系统病变、多发性神经炎。

## 治疗方案

(1) 急性中毒时，尽快采用20g/L氧化镁溶液或1g/L高锰酸钾溶液，或50～100g/L药用炭溶液，反复洗胃。实施补液、强心、保肝、利尿、缓解腹痛等对症疗法。

(2) 防止毒物进一步吸收，可将40g/L硫酸亚铁溶液和60g/L氧化镁溶液等量混合，震荡成粥状，每4h灌服一次，每次5～40mL。也可使用硫代硫酸钠2～10g/次，溶于水中灌服。

(3) 应用巯基络合剂。5%二巯基丙磺酸溶液，每千克体重5～8mg，肌内或静脉注射，首日3～4次，次日2～3次，第3～7天每日1～2次，停药数日后，再进行下一疗程；或用5%～10%二巯基丁二酸钠溶液，每千克体重20mg，缓慢静脉注射，3～4次/日，连续3～5天为一个疗程，停药数日后再进行下一疗程。

# 项目二　居家用品中毒

## 任务一　油漆涂料中毒的诊断与治疗

### 任务导入

贵宾犬因主人最近装修新房，装修工上午油漆家具后，贵宾犬出现精神差、呕吐、腹泻、呼吸困难等症状，试分析该病例。

### 任务分析

根据患犬主要临床表现，以及其与油漆涂料接触病史，可作出初步诊断。

**1. 临床症状**

食欲下降，沉郁，大量流涎，呕吐，腹泻，呼吸急促，呼吸困难，吞食油漆类化合物后，有时会出现中枢神经系统过度兴奋或抑制，出现昏迷、抽搐。

**2. 油漆涂料中毒如何诊断**

根据犬、猫大量流涎、呕吐、腹泻等临床症状，结合有吞食油漆病史，或皮毛上沾有油漆可作出诊断。

### 必备知识

**1. 什么是油漆涂料中毒**

油漆涂料中毒是宠物因误食被油漆涂料的化学物质污染的食物、异物或饮水而发生中毒。

**2. 油漆涂料中毒的原因和机制**

大多数油漆对胃肠道具有局部刺激性；石油分馏物为脂溶性，能改变中枢神经系统功能，引起肺水肿、肝及肾脏损害；吞食含铅的油漆时会引起铅中毒。

### 治疗方案

**1. 油漆涂料中毒的预防**

妥善保管好油漆涂料，勿使犬猫接触新油漆粉刷的家具，防止中毒。

**2. 油漆涂料中毒的治疗**

活性炭洗胃后，服用硫酸钠盐类泻药；温热肥皂水冲洗皮肤；支持疗法及对症治疗。

## 任务二　尼古丁中毒的诊断与治疗

### 任务导入

一宠物犬，误将主人的电子烟所用的液态尼古丁吸入，立刻出现口吐白沫，呕吐不止。

试分析该病例。

## 任务分析

根据特征性临床症状，结合吸入尼古丁病史，可做出初步诊断。

**1. 临床症状**

流涎，兴奋呼吸系统，心动过速；呕吐，腹泻；肌肉震颤，共济失调，抽搐；呼吸浅表，缓慢，瘫痪，死亡。

**2. 如何诊断该病**

根据临床症状，结合尼古丁吸入病史，或呕吐物或胃内容物中发现不完整的香烟或雪茄，可做出诊断。

注意与下列疾病的鉴别诊断：士的宁中毒、有机磷中毒、氨钾酸酯中毒区别。

## 必备知识

**1. 什么是尼古丁中毒**

尼古丁中毒是宠物因摄入含尼古丁气体过多，或经过皮肤、黏膜吸收过多的烟碱而发生中毒。临床表现恶心、呕吐、流涎、腹泻、肌肉震颤、共济失调等症状。

**2. 中毒原因**

来源于宠物主人使用的含烟碱的飞镖、香烟或雪茄、某些杀虫剂，犬、猫最小致死量为20～100mg，烟碱溶液经皮肤及黏膜吸收迅速。

**3. 中毒机制**

小剂量的烟碱对全身的自主神经系统有刺激作用，大剂量的烟碱能阻断自主神经节及肌肉神经节间冲动传道。

## 治疗方案

**1. 预防**

将烟灰缸和香烟置于犬、猫无法接触到的地方，防止犬、猫误食中毒。

**2. 治疗**

(1) 阻止毒物的吸收　催吐，1/2000 的高锰酸钾溶液或活性炭洗胃，皮肤接触引起的中毒用肥皂水冲洗。

(2) 支持疗法　呼吸衰竭时，给氧并进行人工呼吸；早期应用镇静药地西泮（安定）2.5～20mg，必要时进行静脉注射；中毒后期，应用中枢神经系统兴奋药去氧肾上腺素，每千克体重 0.5mg，缓慢静脉注射；苯丙胺硫酸盐，每千克体重 4.4mg，皮下注射；补液，补充电解质，纠正酸碱失衡。

# 任务三　去污剂和肥皂中毒的诊断与治疗

## 任务导入

苏格兰牧羊犬，3 月龄，当天早晨随主人外出晨练，主人回家洗澡后发现该犬倒地抽搐，口吐白沫，洗衣房内发现有安利浓缩洗衣液倒在地上，大量洗衣液外流，并有该犬舔舐痕迹。试分析该病例。

## 任务分析

**1. 去污剂中毒的临床症状**

患犬可见红斑性皮炎，黏膜损伤。毒物经消化道进入机体，宠物出现口腔炎、喉炎，流涎增多、作呕、呼吸困难、呕吐、腹泻、胃肠扩张。可见宠物精神萎靡、共济失调、极度沉郁、抽搐。

**2. 诊断**

根据接触毒物病史，结合特征性的临床症状如呕吐、腹泻、流涎、共济失调等，可做出去污剂中毒的诊断。

注意与酚类化合物、腐蚀剂、涂料稀释剂、松节油引起的中毒相区别。

## 必备知识

**1. 什么是去污剂和肥皂中毒**

去污剂和肥皂中毒是宠物因误食含有残留的去污剂的食物或误饮含有去污剂的饮水而引起的中毒。

**2. 中毒原因**

去污剂主要有：阴离子去污剂（如硫胺噻唑的钾盐、钠盐、铵盐，丁基苯磺酸钠：香波，洗衣皂）；阳离子去污剂（如常用的为烃基、芳香基季铵盐，可用于皮肤、手术器械、厨具、病房用具、尿布等的消毒，如苄索氯铵制剂、苯甲烃铵、苄乙铵制剂、西波林）；非离子去污剂（如烃基或芳香多醚硫酸盐、硫酸酯类、苯酚衍生物、多聚乙二醇、多聚乙醚乙二醇、苯代乙醚），这类化合物对皮肤刺激小，其代谢产物——羟基乙酸、草酸盐对机体有毒害作用。

**3. 中毒机制**

中毒发生机理尚不清楚；对皮肤有刺激性，正常皮肤表面的油脂被除去；侵蚀黏膜引起损伤。六氯酚能引起犬大脑蛋白质及背神经节明显空泡化。

## 治疗方案

**1. 预防**

将去污剂等妥善存放，含去污剂及肥皂水的水要及时弃去，避免犬、猫误饮，发生中毒。

**2. 治疗方案**

洗胃和灌肠：采用大量生理盐水洗胃和灌肠。

出现咽喉肿胀的宠物，应将宠物放于通风处，用大量温水冲洗皮肤，阳离子去污剂在吸收之前可被普通肥皂水中和而失去活性。同时配合支持疗法。

# 项目三　常用药品和植物中毒

## 任务一　士的宁中毒的诊断与治疗

### 任务导入

北京犬，1.5岁，母，约3.5kg，双后肢瘫痪，应用电针疗法、维生素治疗5日后，为增进治疗效果，采用硝酸士的宁注射液1mL/支（内含士的宁2mg），皮下注射，约3min后，病犬骚动不安，感觉过敏，肌肉强烈收缩震颤，瞳孔散大，呼吸困难。试分析该病。

### 任务分析

根据患犬的急性临床表现，以及士的宁的用药史，初步诊断为士的宁中毒。

**1. 临床症状和剖检变化**

摄入药物后10min～2h内出现中毒症状。患病犬表现神经过敏、不安、紧张、肌肉震颤，同时出现抽搐现象，呈木马状姿势。阵发性抽搐的频率增强，肢体僵硬，竖耳，瞳孔张大，呼吸停止，缺氧而死。

剖解：胃内充满未消化的食物，但显微镜检查没有损伤。

**2. 士的宁中毒如何诊断**

根据宠物接触毒物的病史，结合典型的恐惧、紧张、肌肉强直、磨牙、流涎等临床症状，可做出初步诊断。确诊需对胃内容物进行检验。

### 必备知识

**1. 什么是士的宁中毒**

士的宁中毒是指犬、猫误食含有士的宁的鼠饵或士的宁中毒的鼠类，或临床用于治疗时剂量过大、时间较长而引起的中毒性疾病。

**2. 病因**

犬猫士的宁中毒可能是误食中毒死鼠、临床治疗剂量过大，或是连续治疗时间过长，使药物蓄积导致的中毒，所以用药时应特别注意。致死量：犬每千克体重0.75mg，猫每千克体重1mg。

**3. 致病机制**

士的宁可抑制脊神经和神经元，具有拮抗作用，使神经反射活动进行性增强。

### 治疗方案

**1. 士的宁中毒的预防**

加强含士的宁毒饵的管理，中毒死亡的鼠尸深埋处理，避免犬猫误食中毒；用士的宁药物治疗时，严格用药剂量，防止过量用药导致中毒。

**2. 士的宁中毒的治疗**

（1）阻止药物的吸收　当发现宠物中毒时，应立即进行催吐，用0.5%高锰酸钾溶液洗胃，之后口服活性炭及硫酸钠导泻。

(2) 防止缺氧　出现呼吸衰竭时，可进行气管插管给氧。

(3) 吸入麻醉　地西泮 2.5～20mg，必要时可静脉注射。

(4) 促进药物的排出　氯化铵每千克体重 100～200mg/天，分 4 次口服，直到排尿，完全排出需 24～48h。

(5) 使用中枢神经抑制药，如水合氯醛、戊巴比妥钠等。

(6) 保持环境安静，避免任何直接和间接的刺激。

(7) 静脉注射葡萄糖，以补充营养及增强机体的解毒能力。

## 任务二　阿司匹林中毒的诊断与治疗

### 任务导入

一犬服用阿司匹林后 4～6h，出现呕吐，呼吸加快，体温升高，腹泻，粪便中带血，肌肉无力，运动失调，昏迷死亡。试分析该病例。

### 任务分析

根据患犬的主要临床表现，结合其阿司匹林用药史，初步判断为阿司匹林中毒。

**1. 临床症状**

临床小剂量中毒表现为呕吐、腹痛、腹泻；精神沉郁、昏睡、体温升高；肌肉无力、运动失调、代谢性酸中毒。大剂量中毒会出现顽固性呕吐、黑便、共济失调；少尿、急性肾功能衰竭等。

**2. 阿司匹林中毒如何诊断**

根据有无接触阿司匹林病史，结合可疑胃肠道疾病及肾脏功能异常症状，可做出初步诊断。也可进行实验室诊断：急性中毒时出现尿毒症、血尿、蛋白尿等；组织病理学变化：胃肠炎症、出血、溃疡、肾炎。

### 必备知识

**1. 什么是阿司匹林中毒**

阿司匹林中毒是犬、猫使用该药剂量过大所引起的，以消化机能障碍和酸血症为特征的一种中毒病。

**2. 阿司匹林中毒的原因**

犬、猫应用阿司匹林治疗时剂量过大，另外，儿童服用的阿司匹林多包有糖衣，存放不当，可被犬、猫食入引起中毒。一般认为，犬 8h 内每千克体重口服 25～35mg 可维持最佳的血药浓度。临床使用剂量过大可产生明显的毒性反应，犬、猫一次服用剂量超过每千克体重 60mg，可引起潜在毒性；猫口服剂量超过每千克体重 25mg，每天 3 次，连用 5～7 天，可引起中毒。

**3. 阿司匹林中毒的机制**

阿司匹林可抑制血小板环氧合酶，降低血小板的凝集速率而使出血时间延长。大剂量使用阿司匹林可使氧化磷酸化解耦联，引起高血糖和糖尿，偶尔也见低血糖。早期还可刺激呼吸中枢，因通气过度导致呼吸性碱中毒和尿液碳酸氢盐含量增多。阿司匹林在体内产生水杨酸和其他水杨酸盐代谢物，抑制糖酵解而继发乳酸血症，导致机体代谢性酸中毒。高剂量使用该药，还可以引起贫血、胃黏膜损伤、中毒性肝炎和骨髓红细胞生成抑制。

治疗方案

**1. 阿司匹林的临床应用**

阿司匹林又名乙酰水杨酸，难溶于水，在乙醇中易溶，是临床上常用的一种解热、抗炎、止痛药，可直接影响中枢神经系统，也可用于治疗宠物的感冒，促进尿酸排泄，治疗关节炎等疼痛性疾病。

**2. 阿司匹林中毒的治疗**

本病尚无特效疗法。在阿司匹林中毒时应进行催吐、洗胃、导泻以阻止毒物的吸收；胃肠道溃疡的治疗，犬西咪替丁每千克体重4～8mg，静脉注射，3～4次/天；猫每千克体重5mg，静脉注射，3～4/天；甲氧氯普胺（胃复安）犬每千克体重0.2～0.4mg，口服或皮下注射，每日4次。

## 任务三　阿维菌素类药物中毒的诊断与治疗

任务导入

德国牧羊犬，4岁，母，35kg，因两前肢肘突表皮脱毛、苔藓样增厚、奇痒，宠物医师配给10g装阿维菌素预混剂1包，内含阿维菌素200mg，夜间该犬步态不稳，次日呕吐，卧地不能行走，瞳孔散大，体温37.5℃。试分析该病例。

任务分析

根据病犬主要临床表现，结合阿维菌素用药史，初步诊断为阿维菌素中毒。

**1. 临床症状**

犬、猫可表现为食欲减退或废绝，步态不稳，共济失调，伸舌，呼吸困难，肌肉震颤，瞳孔散大，卧地不起，腹胀，肌肉无力，四肢呈游泳状划动，心音减弱。严重病例可出现昏迷，反射减弱或消失，死亡。在治疗犬微丝蚴时，犬可因微丝蚴死亡而发生急性过敏反应。剖检可见胃肠浆膜、黏膜有少量的出血点，水肿。肝脏肿胀且呈酱红色，切面流出大量紫黑色血液，易碎。脾脏散布出血点，肺脏呈淡红色有出血点，脑膜血管充盈，脑沟回平滑湿润多汁。

**2. 如何进行诊断**

根据使用阿维菌素类药物的病史，结合肌肉无力、共济失调、呼吸急促等临床症状，可做出初步诊断。确诊需检测胃内容物和相关组织阿维菌素类药物的含量。

必备知识

**1. 什么是阿维菌素中毒**

阿维菌素类药物中毒是犬、猫使用该类药物剂量过大或间隔时间过短所引起的一种中毒性疾病，临床上以神经机能紊乱为特征。Colies品系的牧羊犬对此药敏感。

**2. 病因**

阿维菌素类药物是一种高效、低毒、安全、广谱的新型驱虫药，对宠物体内线虫及疥螨、蜱、血虱等几乎所有体外寄生虫都有很强的驱杀效果。无论从药理作用上，还是在生产实际应用中，按推荐剂量使用阿维菌素类药物完全可以收到满意的驱虫效果，而且不存在任何安全隐患。但由于用户用药时的疏忽大意（主要是不注意看产品使用说明书）及擅自加大用药剂量等而致药物中毒的事例时有发生。中毒宠物主要表现为呼吸抑制及中枢神经抑制症状（超量使用阿维菌素还可能引起怀孕宠物流产），严重时还会导致宠物死亡。阿维菌素类药物是由阿维链球菌（*Streptomyces avermitilis*）产生的一组新型大环内酯类抗寄生虫药，已广泛应用的有阿维菌素（Avermectin）、伊维菌素（Ivermectin）、多拉菌素(Doramectin)。由于其对体内寄生虫，特别是线虫和节肢动物均有良好的驱杀作用，因而被认为是目前最优良、应用最广泛、销量最大的一类新型广谱、高效低毒和用量小的抗生素类抗寄生虫药。本类药物生物利用度较低，犬仅为注射量的41%。吸收后广泛分布于全身组织，并以肝脏和脂肪组织中浓度最高，98%从粪便排泄。

阿维菌素类药物中毒主要是由于使用剂量过大、间隔时间过短，偶尔见于给药途径错误，如肌内注射、静脉注射。犬猫常用剂量为每千克体重0.2mg。本类药物对犬、猫的毒性与品种、年龄有关，一般幼龄犬、猫较敏感。按每千克体重2.5mg的剂量给药，可出现瞳孔放大；按每千克体重5mg的剂量给药，可出现肌肉震颤；按每千克体重10mg给药，可出现严重的共济失调；超过每千克体重40mg时可致死。比格犬耐受力较强。Collies品系的牧羊犬对此药异常敏感，口服每千克体重0.05mg无明显反应，每千克体重0.1～0.2mg可引起全身震颤、瞳孔散大和死亡。

**3. 中毒机制**

阿维菌素类药物的中毒机理仍不十分清楚。该药可增加脊椎动物神经突触后膜对$Cl^-$的通透性，从而阻断神经信号的传递，最终使神经麻痹，并导致犬、猫死亡。这种作用的主要机制是通过增强脊椎动物外周神经抑制传递γ-氨基丁酸的释放，同时引起由谷氨酸控制的$Cl^-$通道开放。犬、猫外周神经传导介质为乙酰胆碱，GABA主要分布于中枢神经系统，在用治疗剂量驱杀犬、猫体内外寄生虫时，由于血脑屏障的作用，药物进入其大脑的数量极少，与线虫相比，影响犬、猫神经功能所需的药物量要高得多。因此，当大量阿维菌素类药物进入犬、猫大脑时，会通过3条途径增加GABA受体的活性：①通过刺激突触前GABA的释放增强了GABA对突触的影响；②增强了GABA与突触后受体的活性；③直接发挥对GABA兴奋剂的作用。GABA可打开突触后$Cl^-$通道，使$Cl^-$进入并通过膜超级化引起抑制作用。突触后运动神经元$Cl^-$含量的增加导致负电荷内留（低电阻），从而引起受体细胞交替出现兴奋和抑制信号。与乙酰胆碱的兴奋性作用相比，GABA兴奋允许$Na^+$进入细胞，从而产生一系列的毒性反应。

## 治疗方案

**1. 预防**

尽管阿维菌素类药物较为安全，但在临床上仍应严格控制用药剂量和用药间隔期，防止过量导致的中毒。

**2. 治疗**

本病尚无特效解毒药，经口服中毒的可用活性炭和盐类泻剂促进未吸收药物的排出。主要采取对症和支持治疗，如心动徐缓可用阿托品，急性过敏可用肾上腺素，同时强心、补液、补充能量。

处方：复合维生素$B_3$ 3mL，肌内注射；安钠咖0.2g皮下注射；10%葡萄糖酸钙0.6g、5%葡萄糖氯化钠注射液100mL，静脉注射；地塞米松注射液5mg、维生素C注射液

200mg、维生素 $B_6$ 注射液 25mg、CoA 50U、50%葡萄糖注射液 10g、5%葡萄糖注射液 250mL 混合缓慢静滴。

## 任务四 洋葱中毒

### 任务导入

八哥犬，2岁，母，体重 8kg，该犬 2 天前出现厌食症状，呕吐一次，精神差，不食，排红棕色尿液。试分析该病例。

### 任务分析

**1. 临床症状**

犬猫采食洋葱后 1～2 天，最大特征表现为排红色或红棕色尿液。中毒轻者，症状不明显，精神稍差，排淡红色尿液。中毒严重者，精神沉郁，食欲不好或废绝，走路蹒跚，不愿活动，眼结膜发黄，排深红色或红棕色尿液，体温正常或降低。严重者可导致死亡。

**2. 洋葱中毒如何诊断**

根据血红蛋白尿、贫血等临床症状，结合采食洋葱或大葱的病史，可做出诊断。进行血液学检查能辅助诊断，血液随中毒程度加重逐渐变得稀薄，红细胞数、血细胞比容和血红蛋白减少，白细胞增多。红细胞内或边缘上有海恩茨小体。

### 必备知识

**1. 什么是洋葱中毒**

洋葱中毒是犬摄入过量的洋葱或大葱导致的以血红蛋白尿、贫血为特征的一种急性溶血性中毒病。

**2. 发病原因和机理**

犬猫采食洋葱或含有洋葱的食物（如饺子、包子等），可以引起中毒。洋葱或大葱中含有 *N*-丙基二硫化物的生物碱，这种物质在加热、烘干时不易被破坏。*N*-丙基二硫化物能降低红细胞内葡萄糖-6-磷酸脱氢酶（G-6-PD）的活性。G-6-PD 能保护红细胞内血红蛋白免受氧化变形坏死，如果 G-6-PD 活性减弱，氧化剂能使血红蛋白变性凝固，从而使红细胞快速溶解和形成海恩茨小体。红细胞溶解后，从尿中排出血红蛋白，使尿液变红，严重溶血时，尿液呈红棕色。

### 治疗方案

**1. 治疗原则**

本病无特效治疗药物，原则是强心、补液、抗氧化和促进血液中游离血红蛋白的排出。停食洋葱或含洋葱的食物，给予易消化、营养丰富的饲料。

**2. 治疗措施**

应用抗氧化剂维生素 E，输液补充营养；给予适量利尿剂，促进体内血红蛋白的排出；溶血引起严重贫血的犬猫，可进行静脉输血治疗，每千克体重 10～20mg。

## 技能训练 犬洋葱中毒的抢救

**【目的要求】**

通过对犬洋葱中毒的临床观察和治疗，掌握洋葱中毒的发病原因、机制，掌握其主要症状、诊断和救治措施。

**【诊疗准备】**

1. 动物 犬1只。

2. 材料 洋葱炒肉丝（洋葱中毒剂量为每千克体重15～209）、10%葡萄糖溶液、10%碳酸氢钠注射液、维生素C注射液、三磷酸腺苷二钠注射液、辅酶A、肌苷注射液、安钠咖溶液、呋塞米注射液、注射器、输液器等。

**【方法步骤】**

1. 人工制造病例 实验前5～6天，按每千克体重15～20g剂量给实验犬投喂洋葱炒肉丝。投喂前观察并记录犬的精神状况、体温和呼吸等生理指标。

2. 临床观察 人工投喂洋葱后，每日观察并记录犬的精神状况和体温等。

一般投喂5～6天后，犬出现精神欠佳、食欲差、排淡红色或红棕色尿液。中毒严重的犬，表现精神沉郁、食欲废绝、走路蹒跚、不愿活动、口腔黏膜或眼结膜发黄、心率增加、排深红或红棕色尿液、体温正常或偏低。

3. 实验室检查

(1) 血常规检查 红细胞数、血细胞比容和血红蛋白含量减少，平均红细胞血红蛋白量、平均红细胞血红蛋白浓度和白细胞数增多。

(2) 生化检验 血清总蛋白、总胆红素、直接及间接胆红素、尿素氮和天冬氨酸氨基转移酶活性均不同程度升高。

(3) 尿液检验 尿液颜色呈淡红色或红棕色，尿比重增加，尿潜血和尿蛋白阳性。

(4) 血液涂片镜检 可观察到红细胞内或边缘上有海恩茨小体。

4. 治疗

① 促进血液中游离血红蛋白排出。皮下注射呋塞米注射液2mL，每日1次，连用2天。

② 平衡电解质，补充营养。静脉输液5%葡萄糖注射液50mL，10%碳酸氢钠5mL。

③ 补充能量，保护肝脏，预防休克和脱水。静脉输液10%葡萄糖溶液100mL、维生素C注射液4mL、三磷酸腺苷二钠注射液2mL、辅酶A 100 U、肌苷注射液2mL。

**【作业】**

根据洋葱中毒的诊断和治疗结果，整理犬洋葱中毒病例报告一份。

## 复习思考

**一、名词解释**

1. 中毒 2. 毒物 3. 烟碱样症状 4. 毒蕈碱样症状 5. 二次中毒 6. 解氟灵 7. 磷化锌中毒

**二、填空题**

1. 安妥中毒主要是因为其有毒成分萘硫脲导致机体__________、__________和__________的一种中毒性疾病。

2. 华法林钠俗称灭鼠灵，其进入犬、猫机体后干扰肝脏对__________的利用，抑制凝血因子，影响凝血酶原合成，使凝血时间延长而导致中毒。其中毒后的特点为__________。

3. 砷化合物可分为无机砷化合物和有机砷化合物两大类。__________比__________毒性强，三价砷毒性__________五价砷，其中以亚砷酸钠和__________的毒性最强。

4. 犬猫误食香烟，可引起__________中毒，主要临床特征是____________________。

5. 阿维菌素类药物使用剂量过大可引起犬猫中毒，临床上以__________为特征，对此药敏感的犬种是__________。

**三、问答题**

1. 叙述有机磷中毒的主要临床症状和治疗措施。
2. 简述犬、猫有机氟中毒有哪些临床表现，如何救治。
3. 简述磷化锌中毒主要临床症状有哪些，如何救治。
4. 简述中毒性疾病的一般救治原则与措施。
5. 简述阿司匹林中毒有哪些特征，如何防治。
6. 简述洋葱为何会导致犬发生中毒，其主要临床特征有哪些，如何治疗。

# 参考文献

[1] 杜护华，王怀友．宠物内科疾病. 北京：中国农业科学技术出版社，2007.

[2] 孙伟．宠物内科病．北京：中国农业出版社，2007.

[3] 贺生中．宠物内科病．北京：中国农业出版社，2007

[4] 高得仪．犬、猫疾病学．北京：中国农业大学出版社：2001.

[5] 候加法．小动物疾病学．北京：中国农业出版社：2002.

[6] 李毓义，杨宜林．动物普通病学．吉林：吉林科学技术出版社，1994.

[7] 谢富强，邓干臻，熊惠军．兽医影像学．北京：中国农业大学出版社，2004.

[8] 杨清容，郭洙琳．小动物外科手术学图解．台北：华香园出版社，1992.

[9] 张海彬，夏兆飞，林德贵．小动物外科学．北京：中国农业出版社，2008.

[10] 王力光，董君艳．新编犬病临床指南．长春：吉林科学技术出版社，2000.

[11] 东北农学院．兽医临临床诊断学．第 2 版．北京：农业出版社，1985.

[12] 韩博，高得仪，王福军．养狗与狗病防治．北京：中国农业出版社，2001.

[13] 宋大鲁，宋旭东．宠物诊疗金鉴．北京：中国农业出版社，2009.

[14] 石冬梅，蔡友忠．宠物临床诊疗技术．北京：化学工业出版社，2011.

[15] 何英，叶俊华．宠物医生手册．沈阳：辽宁科学出版社，2003.

[16] 林得贵．动物医院临床技术．北京：中国农业出版社，2003.

[17] 白景煌．养犬与犬病．北京：科学出版社，2001.

13555134448 王慧 [18] 何德肆．动物临床诊疗与内科病．重庆：重庆大学出版社，2007.

[19] 周惠林．常见犬皮肤病的防治．中国畜禽种业，2010，(10)：107.

[20] 李兰娟．感染微生态学．北京：人民卫生出版社，2002.

[21] 李秋明，谢富强，潘庆山．胃扩张-扭转综合征．中国兽医杂志，2004，40 (7)：41-42.

[22] 那彦群．中国腔内泌尿外科学的建立和发展．继续医学教育，2006，(11)：1-4.

[23] 张文静，郭峰，王春艳．宠物疾病治疗误区．中国畜牧兽医文摘，2012，28 (2)：161.

[24] 周庆国，邓富文，何锐灵．犬消化道与泌尿道 X 射线造影方法探讨．动物医学进展，2004，25 (3)：80-82.

[25] [美] Theresa W F，Cheryl S H，Donald A H，Ann L J，Howard B S，Michael D W，Gwendolyn L C. 小动物外科学．第 2 版．张海彬，夏兆飞，林德贵译．北京：中国农业大学出版社，2008.